The Wild Life of Our Bodies

Predators, Parasites, and Partners That Shape Who We Are Today

我們的身體，想念野蠻的自然

人體的原始記憶與演化

羅伯・唐恩Rob Dunn——著　楊仕音、王惟芬——譯

〈出版緣起〉

開創科學新視野

何飛鵬

有人說，是聯考制度，把臺灣讀者的讀書胃口搞壞了。這話只對了一半；弄壞讀書胃口的，是教科書，不是聯考制度。

如果聯考內容不限在教科書內，還包含課堂之外所有的知識環境，那麼，還有學生不看報紙、家長不准小孩看課外讀物的情況出現嗎？如果聯考內容是教科書占百分之五十，基礎常識占百分之五十，台灣的教育能不活起來、補習制度的怪現象能不消除嗎？況且，教育是百年大計，是終身學習，又豈是封閉式的聯考、十幾年內的數百本教科書，可囊括而盡？

「科學新視野系列」正是企圖破除閱讀教育的迷思，爲台灣的學子提供一些體制外的智識性課外讀物；「科學新視野系列」自許成爲一個前導，提供科學與人文之間的對話，開闊讀者的新視野，也讓離開學校之後的讀者，能眞正體驗閱讀樂趣，讓這股追求新知欣喜的感動，流盪心頭。

其實，自然科學閱讀並不是理工科系學生的專利，因為科學是文明的一環，是人類理解人生、接觸自然、探究生命的一個途徑；科學不僅僅是知識，更是一種生活方式與生活態度，能養成面對周遭環境一種嚴謹、清明、宏觀的態度。

千百年來的文明智慧結晶，在無垠的星空下閃閃發亮、向讀者招手；但是這有如銀河系，只是宇宙的一角，「科學新視野系列」不但要和讀者一起共享大師們在科學與科技所有領域中的智慧之光；它更強調未來性，將有如宇宙般深邃的人類創造力與想像力，跨過時空，一一呈現出來，這些豐富的資產，將是人類未來之所倚。

我們有個夢想：在波光粼粼的岸邊，亞里斯多德、伽利略、祖沖之、張衡、牛頓、佛洛伊德、愛因斯坦、蒲朗克、霍金、沙根、祖賓、平克……他們或交談，或端詳撿拾的貝殼。我們也置身其中，仔細聆聽人類文明中最動人的篇章。

（本文作者為城邦出版集團首席執行長）

〈推薦序〉

人體就像一座野生動物園

黃生　臺師大生命科學系名譽教授

人類長年企圖根除體內每一隻寄生蟲，改變人類與微生物的共存關係；也長年企圖破壞熱帶原始雨林，改變人類與大自然的共存關係。循著這樣的趨勢演進，愈接近文明的人類就愈遠離了自然，這該怎麼辦？我們的身體要和大自然痛癢相關呀！

在生命世界裡，生物之間存有寄生、共生等關係，寄生蟲對人畜有害無益的話我們從小就聽多了，要是您或我知道了您或我的腸道裡總趴著那麼幾條寄生蟲，那一肚子不舒服的感覺是怎麼樣也說不清楚的。因此，一聽說科學家們爲了人類的健康、牲畜的健康（也是人類的健康），正要建造一個沒有寄生蟲的文明世界，那可眞太美妙了！至少，我們在孩童時期都可能這樣期盼過。

今天，我們都知道那樣想太天眞，卻找不出什麼比較有深度的說詞告訴別人「殺死細菌！

殺光寄生蟲！」之後，人類必定將更不健康。我們頂多告訴人們：「在文明世界裡，腸道的寄生蟲已清光了，可是，免疫系統的發展過程需要寄生蟲，這又該怎麼辦？」我們要是總把寄生蟲當成是敵國外患，當思「無敵國外患者，國恆亡」之警句。

我們正面臨著物種遺失、生物多樣性急速減損的問題，保育和永續已是這一代文明人的基本素養了。可是當你問到在生物多樣性保育這張大傘下，細菌、眞菌，原生生物和寄生蟲的「保育」觀念建構在哪一個角落裡時，卻沒幾個人答得上來。

我們需要一本爲寄生蟲平反的書，這本書應該是一本故事書，講一段白蟻腸道的冷暖存亡；一段紅火蟻與ＤＤＴ；講一段詹姆斯的「無菌生態圈」和十二歲男孩的「無菌世界」，再加一段恐怖的潛水艇裡割闌尾；講原牛與歐洲人的共生演化；拿破侖、蝨子、體毛、戰爭與和平。此外，還要講人類免疫系統爲您而戰的戰史；而且一旦戰局逆轉，你的免疫功能失調，你要如何請救兵，你會不會前進非洲，到喀麥隆這個「鉤蟲聖地」去，打著赤腳在處處有新鮮排遺的街上散步，尋回演化途中遺失的寄生蟲？期待「鉤蟲救兵」穿過你那層細嫩的「文明肌膚」，順利進入體內救你。這些都是很另類的想法，《我們的身體，想念野蠻的自然：人體的原始記憶與演化》這本書裡的每一段故事都很另類。

人體是不是必須像一座野生動物園，收容大自然的、演化路程上失落的一小部分，讓它們進入體內。這些體型雖小卻舉足輕重的微生物細胞對人體而言，扮演什麼角色？後果又是什麼？人體該不該扮演「域外保育」的角色，把這些瀕絕和極絕的，細菌、眞菌，原生生物和寄生蟲引入體內照顧，盡一份保育責任？答案竟是確有必要。我的天吶！不過您也不必太緊張，這些都是在人類本身的福祉和永續生存的前提下設計好的。

〈譯者序〉

我們的身體，想念野蠻的自然

楊仕音

你是否曾經在某個悲傷痛苦、幾近絕望或不知所措的時刻，渴望過徹底切斷與生命軌跡連結的大腦記憶，如同電影《王牌冤家》（*Eternal Sunshine of the Spotless Mind*）裡男女主角的嘗試一樣？事實上，儘管有一天腦神經醫師眞的有能力辦到電影情節中的記憶操作，我們依舊無法完全擺脫歷史。

因爲歷史是悠久反覆、層層堆疊而成的，因爲歷史已深深植入我們的基因中。回顧這段宏偉的歷史，我們熟悉的名詞是「演化」；更精準地說，是「共生演化」。

我相信曾翻閱過數本談論演化書籍的讀者，看到「共生演化」一詞，腦中便浮現出天擇、蓋婭、全球氣候變遷、生態環境復育、永續生存等關鍵字。也或許，諸如此類的關鍵字對我們而言，畢竟有些「抽象」而「遙遠」。這也的確忠實地反映出近代生物醫學科學發展中，一個普遍的思維框架。直到有一天，我們自己的身體開始出現傳統西方醫學束手無策的各類症狀時，人類才終於對共生演化產生「具體」而「切身」的感受。

本書正是以每一個人感受得最具體而切身的這副身軀，從內而外、從近而遠，深入探討共生演化的意義。

作者羅伯・鄧恩由人體消化道——克隆氏症及闌尾炎——的故事說起。而上述的健康議題與類風溼性關節炎、紅斑性狼瘡，乃至於肥胖症、糖尿病、高血壓、憂鬱症、恐懼症等新型態的「瘟疫」皆可謂一體多面。除此之外，這些新型態的瘟疫使得「只要掏出錢，便能輕易獲得解藥」的美夢幻滅；恰恰相反地，此類疾病偏好造訪的族群，往往都居住在公共衛生系統相對健全、坐擁多數醫療資源的先進國家。

因此，長年投身於對抗相關疾病的基礎醫學家或臨床醫學家，一方面廣泛使用二十世紀最偉大的發明之一——抗生素，以及望著四周定期消毒滅菌的「文明空間」與其中充斥叮嚀民眾勤勞洗手的標語時，另一方面卻隱約感到哪裡不大對勁。而在苦尋不得治本的解藥後，他們決定從解謎著手。

其中一位解謎的科學家是喬・溫史達克（Joel Weinstock），他因受邀參與編輯審核一本有關寄生蟲與宿主的著作，而意外地對腸道發炎醫藥學的「本行」有了一個靈光乍現的新點子。主流的病原理論認為人類罹病是因為新品種的病原體入侵身體所致，但溫史達克從截然對立的角度思考：「疾病或許反而是起因於現代人將其他生物消滅得過於徹底所致。」就腸道而言，被消滅過度徹底的是寄生蟲與細菌；就人體內外的其他部分而言，被消滅過度徹底的物種更是不計其數、「多采多姿」。

隨著愈來愈多科學家接受類似觀點，並以堪稱「撼動主流醫學基礎」的革命性視野為出發點，解謎各種好發於已開發國家的「文明病」後，當初溫史達克靈光乍現的點子逐步受到證實，答案也更為清晰地拼湊成型。

人類汲汲趕盡殺絕自身判定為有害的物種，還引以為豪的「成就」，竟同時成就了當初始料未及的健康問題。

我在翻譯本書時，適逢李惠仁導演之《不能戳的秘密》一片引發台灣社會熱烈討論；在完整版中，片頭刻意擷取的授粉採蜜、清道夫等生態角色以及片尾引言於我是相當動人的：「有些生物密切共生，不能分開。強行分開，他們就無法生存。或許可以這樣說，共生是推動演化的力量。」

「共生是推動演化的力量」，與本書引用的多項學術論文之內容不謀而合，亦是不同領域的醫學研究者共同的修正方向。事實上，迫切的眞相是：我們在慣以人類為中心的狂妄立場環顧大地，進而衍生出「殺光所有『有害』物種」（Kill Them All）的行動之後，才驚覺到「原來我們正在集體自殺！」（Somehow, we are killing ourselves too）；眼前，這已是不得不前進的修正方向。

身爲提倡消滅飲用乳及食物細菌（巴氏殺菌法）之微生物學研究先驅巴斯德（Louis Pasteur）本人也相信微生物與人體之間是相依相存的；他認爲缺少了共享演化歷史的微生物，人類將無法存活。換言之，不是吞下一包保健益生菌我們從此就可以高枕無憂了，因爲微生物是人類「絕對型互利共生」（obligate mutualist）的夥伴，其中「絕對型」的涵義爲不可或缺的，而「互利」則代表彼此之間的雙贏關係。

平心而論，這些革命性的醫學理論在生態學家眼中只能算是後見之明。生態學家們早知演化是無法阻止的力量，而今日我們的樣貌，是人類祖先的共生夥伴一步步雕刻而成的。如「叉角羚通則」中所提出之論點，每一個物種皆擁有「回應」共處物種（無論是寄生蟲、微生物或天敵）的基因與遺傳特徵，即使具有互動關係的物種已經絕跡，這些特徵仍然不會消失，卻極可能會成爲一種過時的存在或負擔。叉角羚背負的演化包袱是逃離絕種天敵（北美獵豹）追逐的奔跑速度，我們人類呢？是否是失控的免疫系統、錯亂的大腦神經迴路或發狂的腎上腺素？彷彿處在我們親手爲自己量身打造，現今這個生物多樣性驟降、原始棲地殘破的生活環境裡，依舊藏有一度共生物種的鬼魂般。

攜帶著這套歷經漫長演化適應、形塑而成的基因與遺傳特徵，人類終究拋棄好不容易找到的最佳生態位置，選擇徹底切斷過去，進入接受種種「淨化儀式」洗禮的「美麗新世界」——

一個缺乏與原始共生物種相處經驗的美麗新世界，一個只剩鬼魂的美麗新世界。

在「美麗新世界」中，人類失衡的身體與心理，簡直是失衡蓋婭的鮮明縮影。失衡之初或許肇始於祖先面臨重大天災或饑荒時所採取的終極求生手段——當年沒有回頭路的唯一選項；但在今日，加速失衡的藉口顯然無法成立。如果昔日人類犯下的是無知的罪過；現在再不行動，即是有知的罪過，殃及子子孫孫的罪過。

基礎醫學家跳脫框架的修正方向，提供我們一個可彌補罪過的機會與可期待的未來；他們牽起生態學家的手，懷著謙卑的態度站在蓋婭之前，重新省思，而我們每一位地球公民亦應如此。如蓋婭假說創始人之一琳．馬古利斯（Lynn Margulis）定義的：「所謂的『蓋婭』，不過是從地球之外看到，共生所交織成的生命之網罷了。」同樣地，從人體之外看到的生命之網是每一個人的「小蓋婭」，唯有和諧對待，才有機會化趨於混亂的歷史包袱為新的演化力量。借用英國詩人約翰．克雷（John Clare）的一句話來形容：「沒有生命，也沒有歡樂⋯⋯一切珍貴，盡如沉舟。」如今這艘沉舟超出以往認知、環保專家口中的「待復育棲地」，這艘沉舟已然包含你我的身體。

最後，我想以一句土耳其諺語作為翻譯本書的心得總結：「世上沒有不帶刺的玫瑰，也沒有少了對手的愛情。」（No rose without a thorn, or a love without a rival.）當我們忙著置對手於死地、深怕「縱放任何一個敵人」之際，卻忘了刺是玫瑰身上的一部分。那些「錯殺千萬的」或許從來不是敵人。甚至不僅是朋友，而是我們的一部分；就像我們是他們的一部分般。

這綿延的共生歷史，終將不滅，每每騷動著現代人的身與心。

「少了你們，我們根本活不下去。」（And without you, we cannot survive.）

我們的身體，想念野蠻的自然

第二部 人類為什麼需要寄生蟲？該復育「野生消化道」嗎？

引言

在某個夜晚，月光已悄悄地鑽進臥室的窗簾，你卻遲遲無法成眠，這時試著觀察一下你的枕邊人（如果單身，姑且觀察一下自己吧），他緊鄰著皮膚、表面較爲光滑的指甲，與動物的爪子別無二致。接著瞧瞧他的雙手，由一束束肌腱繫成的骨骼，沿著這些骨骼向上是手肘、手臂，以及美妙的肩部與頸部構造，這眼前的生命彷彿是你今生最美妙的相遇。然而事實上，這副充滿原始欲望的血肉之軀演化自非洲及亞洲的叢林——光滑的指甲是遁逃利器，有了它們才能拚命抓緊樹枝，以防跌落至地面上天敵的血盆大口中。想到這，頓時你驚覺你的枕邊人就在不久之前仍是隻不折不扣的**野生動物**。

偶爾我們會突然追憶起與祖先緊密相連的往事。在目睹電視螢幕播放的黑猩猩影像之後，我們對牠們的一舉手一投足、善良與邪惡的情感，彷彿也能感同身受。另外，在路邊不小心發現一隻烏龜，撿起時，仔細看看牠奇特的足部、雙眼及軀體，感受牠蘊藏在每個動作之中紮實且深層的生命力，一切是如此地親切熟悉。但絕大多數的時間，我們往往淡忘了人類不過是地球廣大生命社群的一員，我們不再視自己爲大自然的一部分。

然而，無論我們是否有所覺察，歷史的羈絆依然不滅。近年來，包括人類學、醫學、神經科學、建築學及生態學等各領域的研究，所得到的種種新發現都更加確認這項事實（其中以生態學爲最）。一旦人類愈努力試圖與演化根源疏離，便愈擺脫不了祖先血脈相承的牽引。在心理及精神象徵層面，我們對於這樣的疏離或許會感到若有所失的惆悵與痛楚，但在此我要描述的是屬於生理層面的痛楚。當人類正逐漸遠離整體生態系統的同時（已約有數千年之久），生理的痛楚感也隨之與日俱增。自然界的生命網絡是人類演化的家鄉，疏離它勢必需要承擔一些後果——部分是正面的、部分是負面的。但無論如何，這些後果不僅影響著人類將如何生存，也決定了我們將轉變成怎樣的面貌，因此絕不容小覷。

儘管今日我們已將現代的工作或休閒模式視爲理所當然，但實際上人類多數的時間是以全裸或近乎全裸的姿態在野外度過。過去，我們在樹幹上棲息，在泥土與枝葉做成的巢中入眠，我們熟知周圍的地理型態，自如地穿梭其間覓食。這一切都攸關著生存大事，在享用自然資源的同時，也可能因誤食而喪命。在迎向現代生活的過程中，人類身體隨之失去的功能不勝枚舉。回顧歷史，不久之前我們才開始發展出笨拙的站立型態，因而在奔跑時，即使試圖前傾以接近祖先四足著地的移動姿勢，卻仍舊無法像從前一樣快速，且在久坐後常感背部痠痛不適。除此之外，知名科學家保羅・埃力克（Paul Ehrlich）在其著作《人口炸彈》（*The Population*

Bomb）一書中提及，站立使人類難以嗅出彼此的氣味。回首舊日時光，眞是何等美好！

數代以來，生物學家或哲學家常在反思，目前人類的文明生活是否與我們的起源與歷史過度脫節，甚至到了接近毫無關聯的地步。許多人認爲：如此走調的生活形式彷彿鬼魂般緊緊糾纏著所有的現代人；但看來，我們似乎忽略了這些鬼魂到底從何而來。從與人類互動的物種有所改變的那一刻起，鬼魂隨即誕生。在你身邊躺著的，只會是另一隻和你一樣的動物，儘管你可以選擇自己睡或是和貓睡的生活方式。同眠共枕的生活並不稀奇，但絕大部分的時間，人類是與一大群生物共枕而眠。如果有機會在亞馬遜雨林的泥屋中過夜，你將發現身邊充滿各式各樣的生物陪你入睡：上方倒吊著蝙蝠；身旁有一群蜘蛛；不遠處還有貓、狗；而成堆昆蟲，正爲了動物脂肪引發的微弱火焰你爭我奪。另外，乾草藥晾在棕櫚葉搭成的屋頂上；烹煮、調味過的猴子懸在一旁；所有盡是日常生活所需——人們宰殺的、蒐集成堆的，全是當地具名的「土產」。除了外在世界之外，你的內在世界也同樣多采多姿：消化道中滿滿的寄生蟲，不計其數的微生物遍布全身，肺部還住有因人而異的專屬眞菌種。踏進沒有人類村落的區域，那裡是一個更富野性的大自然：鳴唱的昆蟲忙著相互磨蹭身子，蝙蝠爲了搶奪果實彼此大打出手，林木的落葉靜靜歸根。當然，虎視眈眈的掠食者也正在一旁守候，隨時做好飽餐一頓的準備。

因此，人類生活最大的轉變，並非在於擁有新的居住型態或各項便利的設施（從戶外小屋到高樓華廈），而是我們**與生態網絡的連繫**。如今，人類融入大自然的生活模式變得極爲罕見，而環顧周遭環境，自然的蹤跡彷彿消失了一般。近幾世代，人類疏離自然的程度令人咋舌，加上其衍生的重大影響，在人類生活於地球的悠久歷史中，堪稱史無前例。

或許，我們對於這樣的生活轉變毫不在意，甚至樂在其中。畢竟誰會不喜歡現在的生活——明亮的照明、窗明几淨的陳設、香味撲鼻的美食及舒適的空調系統，至少理智清醒的大腦的確樂在其中。然而同時，我們的身體卻尚未完全適應「新生活」，它們無時無刻都處於備戰狀態，預期著隨時可能遇到過去自然環境中的「老朋友」，那千萬年、無數代以來與我們有著糾結宿命的各式物種。儘管並非所有形式的自然疏離對人類的影響都是負面的（有些轉變是中性且無利無弊的，有些則是正面的），例如，我個人就不怎麼懷念那段仍需對天花傳染提心吊膽的日子。然而無奈的是，多數背離自然的後果，顯然對人類有害。近年來，一波波新疾病來襲，鐮狀細胞貧血症（sickle cell anemia）、糖尿病、自閉症、過敏、各類焦慮症、自體免疫系統失調、先兆子癇（preeclampsia），肆虐且困擾著現代人，齒顎、視力等相關問題層出不窮，心臟病患者數目也與日俱增。漸漸地，學者發現，這些文明病與環境汙染、全球化或是健康醫療系統的關聯性不大，眞正的問題癥結反而出於人類與其他物種互動的急遽改變。儘管許多地球上的物種因我們而滅絕，人類屠殺了各種生命，從寄生蟲、細菌、野生堅果、水果到我們的天敵（上述的例子只不過是冰山一角），然而這麼做導致了更嚴重的問題，腸道寄生蟲的減少，使我們的身體生病；大腦爲對抗天敵演化出的神經迴路，在新環境中毫無用武之地，使我們的心智失控。也許，大腦的意識驅使人類「淨化」生活環境與周遭的大自然，但身體其他器官，無論是消化道或免疫系統，顯然對大腦這項決定有所遲疑。

針對人類與自然脫節的議題，許多不同領域的學者，已著手進行各項彼此獨立的研究計畫。免疫學家以截腸實驗觀察去除原有寄生蟲後身體有何變化；演化生物學家探究看似無用的闌尾存在於人體的意義；靈長類生物學家著眼於分析人類大腦中原本用於對付天敵的神經傳導區域；心理學家則將我們對陌生人及戰爭的恐懼感，以人類過去害怕傳染病的原始情緒詮釋。至今，每一項領域的研究各有重大斬獲，而藉著本書，我將盡可能地整合這些發現，敘述一個人類備受歷史鬼魂糾纏的眞實故事，與讀者分享。我會試著以客觀的角度，揭示許多今日再也無法視而不見的事實，以及忽視這些事實的後果。這些事實涉及人體內外無數的寄生蟲、微生物，以及鳥類、果實，還有其他顯而易見的生命證據。

生物多樣性驟減已是眾所皆知的事，然而因人類與自然環境互動關係的轉變而導致的危機，迫切程度相當卻鮮少受到重視。其實，這個危機在日常生活中就能察覺：躺臥或久坐造成的全身性痠痛，與人類起源或演化脈絡皆息息相關；就在你打噴嚏、腰痠背痛、感到驚慌失措時，甚至在你種植盆栽、選擇食物或購物時，祖先們在熱帶草原與原始叢林的生存習性，依舊如影隨形地跟著你。古老的鬼魂如芒刺在背，影響了每一個現代人的生活，誰也逃不掉，只是程度因人而異罷了。

接下來的章節，將由介紹人類身上攜帶的寄生蟲揭開序幕；接著輪到我們直接賴以維生的物種（即人類的互利共生者），以及人類在自然界中的天敵與各種疾病；末了，我將討論在現有的少數選項中，人類該何去何從。首先，第一個選項正是我們目前快速駛向的道路——疏離自然。選擇這條道路的代價是自然資源日益貧瘠，而人類固有的健康、快樂也逐漸被焦慮與壓抑所取代。直到最後，我們不得不以大量的藥物來解決問題，試圖仰賴各類化學物質補救投入文明懷抱的過程中所失去的一切。今日，人類彷彿是住在溫室裡的花朵，將自身與外界的其他生物隔離。另一個極端的選項是某些人提倡的「半野生環境」（half-wild），具體方案包括打造巨型綠建築、使肉食動物進駐人類居住的城市中，或是「復育」體內消化道的寄生蟲等等。

上述的手段顯然過猶不及，較爲可行的選項應是尋找出介於兩者之間的平衡點——「適度的野性」，在免於瘧疾、登革熱、霍亂等傳染病與天敵造成的生命威脅之餘，仍然能夠善加管理並享受自然。近來，「管理自然」一詞似乎成了環保禁忌，但別忘了，自從我們開始發展農業、防治害蟲以來，管理自然即未間斷過。只是如今，我們必須學習以更加謹慎小心的方式對待此事。舉例而言，細菌無須趕盡殺絕，我們有能力選擇在留下益菌的同時消滅害菌；我們也可以試著將無害的線蟲置入體內，恢復免疫系統的正常功能。除此之外，與能夠治癒心靈的物種接觸有助我們重拾歡笑、幸福感，以及對世界的好奇與樂趣。再積極一些，我們可以創造一座「活的城市」，除了現在常見的空中花園或綠化屋頂之外，以生態概念規畫整個市區。想像一下，如果有朝一日能在摩天大樓的陽台花叢間看到蛹蛻變為蝴蝶的景象，或是更進一步，近距離地與肉食動物相處，像是在阿拉斯加的費爾班克斯（Fairbanks）市區處處有熊出沒，在人潮熙攘的曼哈頓有老鷹自由在天空飛翔，或是所有（或部分）的野生動物就在我們門外互相對話，該有多麼美好。

我們為了對抗單一品種的致病菌使用抗生素，最後導致消化道所有的細菌全都無一倖免；我們為了防治農作物的少數害蟲，使田野間絕大部分的昆蟲近乎絕種；我們也為了保護豢養的羊群，濫殺各地的狼；我們還為了「消毒滅菌」奮力清理公共場所。這些都是上個世紀人類的豐功偉業，我們確實因此拯救了無數人命，但也為自己帶來許多新的慢性疾病及問題，並且剝削了大自然長久以來豐沛的資源。此刻，人類終於意識到可以選擇一個更有智慧的生活型態，活得更加健康、更加接近自然。解答當然不是反其道而行那麼簡單，而是一種改變現有生活型態的革命。在新型態生活之中，人類不再濫砍森林、濫用抗生素，也不再以干擾生態平衡的方式與周圍互動。在新型態生活之中，我們可以明智地灌溉大自然。

讓我們可以再度與野生生物們和平共處。

第一部　我們曾經是……

第一章

人類的起源與掌控自然

現代人種出現至今，年歲極為短暫，但地球因此改變的程度卻令人咋舌。人類屠殺物種、豢養牲畜，創造出新的棲地。我們再也無須擔心天敵的虎視眈眈，也不再受寄生蟲的威脅，然而自然環境的改變所帶來的後遺症，逐一反應在我們的身體。

一九九二年的夏天，提姆・懷特（Tim White）偶然發現了一堆骨骸，從此改變了他的一生。他一步步走近沙坑挖掘之處，不確定自己眼前看到的是什麼，也不確定這些骨骸是否屬於一個或多個主人，甚至連它們的主人究竟是少女還是狗也不清楚。隨著太陽升起，日光漸漸地將這些骨骸照耀得更爲清楚。終於，懷特理解了它們的重要性——在肉體早已蕩然無存的此刻，骨骸顯露出的明確輪廓，正在訴說一個故事。

懷特往後退了幾步，試圖觀察骨骸的全貌。他將雙臂交叉於胸前、放下，吐了口氣並繞著這堆骨骸踱步沉思。在仔細檢視後，懷特逐漸釐清思緒，骨骸屬於多個主人，而其中一個主人特別引人注意——她，在嚥下最後一口氣的許多年後，仍呼喚著世人的注目。她的存在令他完全無法忽視，也令他情緒激動。或許這份激動來自於大熱天下的自我意識所造成的某種消化不良心理，但是懷特發覺不僅是如此單純而已。所有從事化石考古的科學家都曾夢想有天走進浩瀚的沙漠之中，因其他人不小心錯過的新發現而佇足，而這項新發現足以使這片沙漠變得格外珍貴。此刻，懷特終於相信，他的激動是因爲夢想成眞了。〔註1〕

提姆・懷特是加州柏克萊大學的人類生物學家，長年研究人類祖先與靈長類的骨骼，專精於辨別猴子、猿類及人類的骨骼結構。他的手觸碰過成千上萬個骨頭，並且進行描繪、記錄、檢驗與挖掘工作。根據懷特豐富的經驗以及科學家的直覺，他認爲眼前這具骨骸的主人既非人類，也非猿類，而是介於兩者之間的物種。他無法斷定此曖昧不明的物種應該歸類在演化樹的放棄這種做法，因爲他很清楚，欲速則不達。在人類演化史的領域中，某項研究成果的信譽奠定極爲不易，但是卻可能於一夕之間化爲烏有。懷特決定接下來在上千片骨骸碎片中，要小心翼翼地處理每一個細節，盡可能使拼湊結果臻於完美。這項任務困難重重，一般而言，單是處理一小片下顎骨就需要數個月的時間，而一個骨盆碎片則得花上好幾週，更遑論其他部位的骨骸，看來像是曾經遭到遠古犀牛無情的踐踏。*除此之外，地層摩擦、白蟻侵蝕以及注定難逃的歲月洗禮等因素，均使得修復遺骸的難度大增。畢竟，這些骨骸已歷經四百四十萬年的解體，現在只能祈求恢復「她的原貌」無須耗費同等的時間。懷特的考古隊在奮力對抗歷史風化的過程中，發現不僅是骨骼四分五裂，連已四分五裂的骨骼碎片本身都十分脆弱，稍稍處理不當即化爲塵埃，其中某些碎片的下場就是如此。

懷特有時會希望某個眞相大白的衝擊瞬間能夠從天而降，但是實際上，慶祝豐收的一刻在等了一兩年後才正式誕生。一九九四年，懷特發表了一篇短篇論文，其中關於此遺骸涵義的著墨甚少，主要是確認其在分類族譜中的位置。〔註4〕當時，一切尙未明朗，尤其是有關她生命故事的原委：她以什麼爲食？移動方式爲何？整體而言，她的生活型態是什麼？一旦完成骨骸重組，懷特考古隊就能將她與其他距今年代較近的相關骨骸（當然也包括現代人類的骨骸）進行比對，而上述疑問的解答或許有機會得以浮現，例如頭骨大小可決定腦容量，髖骨形狀則與行走方式密切相關，而雙腳（生物考古學家向來對腳有著濃厚興趣）腳趾的著地點決定了她是在樹林間攀爬移動的高手，還是陸地上的短跑健將。除了這堆複雜的骨骼結構之外，考古隊還蒐集了在她周圍出現的其他動物、植物化石，想一窺她曾經經歷過的世界，無論這個世界會呈現怎樣的面貌。《國家地理雜誌》（*National Geographic*）的編輯傑米・薛弗（Jamie Shreeve）曾將懷特形容爲「豺狼虎豹」〔註5〕，但更貼切地說，懷特團隊更像是鬣狗，盡全力蒐集骨頭碎片。

最早的人類祖先：雅蒂

懷特的考古隊鮮少與外人談及他們的挖掘工作，因此只有隊員才能知道他們究竟發現了什麼。縱然有些細節仍「不經意」地洩漏出去，但洩漏的內容彼此互有矛盾，彷彿是考古隊刻意給出的「假情報」。此時，懷特又開始注視著眼前躺在沙漠裡的她，並滿懷情感地將她命名爲「雅蒂」（Ardi）。以人類最早的祖先而言，雅蒂可能是至今保存最爲完整的骨骸了〔註6〕。若果眞如此，雅蒂將是最重要且最原始的人科化石。單憑這點，考古隊的工作熱情不知不覺就被點燃了——以「熱情」一詞形容似乎還過於輕描淡寫了些。

隨著懷特的考古隊一步步地埋首於拼湊工作，雅蒂也逐漸成形。她的外貌無庸置疑與人類相近，同時骨骼架構與現代人的差異也微乎其微。更令人出乎意料的是一個歲數已經四百四十

＊此處並非比喻，懷特認爲它們眞的曾被犀牛踐踏過。

萬年的女人，還原其遺骸的結果，發現她骨架竟與現代人種的孩童骨架十分接近，可惜她已沒有任何細胞或器官殘存下來，否則應該也會得到類似結論。現代人類與她極度相似的原因很簡單，因爲人類身體構造的演化之始，較目前發現最久遠的人科遺骸，甚至猿類遺骸都來得早，而其他分類上較爲低階的動物遺骸則存在於更深的地層中。距今四百四十萬年前左右，人類的外表基本上已經定型，之後發展出的僅是一些「華麗的配備」，或以實在一點的詞彙來說，那是一些使用工具及語言的能力。

我們身體許多現存的構造，在演化進程中所扮演的角色不僅與今日大不相同，也與懷特發現的「雅蒂」不同。儘管懷特可能會辯解，人類與黑猩猩的基因極爲相似，同時與雅蒂的基因又更加接近，但人類的基因表現與果蠅的相似度也極高，事實上，現代遺傳學的成就，果蠅研究貢獻良多。我們身體中每一個細胞的基因甚至與多數細菌的基因相似，與地球上第一個細胞的基因也十分接近。

提姆．懷特挖掘到雅蒂的地層，最深處距離地表約莫兩呎，也就是說，必須歷經四百四十萬年的時間，才能堆積出厚度達兩呎的沙土。沉積層中化石的分布不均匀，但假設深度與歷史年代成正比，約位在距離地表兩千呎深（大致等於六個足球場長度）的地層，可以找到地球生命最早出現的證據——活體細胞的存在。此細胞已經具備現今各種生物型態的雛型，同時內部擁有組成細胞基本結構的基因。而在第一個細胞到雅蒂出現的這段期間，地球更進一步演化出賦予細胞能量的粒線體、細胞核、多細胞生物以及動物脊椎結構。靈長動物最早的遺跡出現在地表三十呎以下（大約等於一個井深），最早的靈長動物體型迷你且並不算聰明（絕無冒犯之意），但是體內的基因已經與人類幾乎相等。

早在雅蒂演化成形之前，我們的心臟就已開始跳動，免疫系統準備戰鬥，關節也已喀答作響了。這些零件經過周遭環境數億年的嚴苛測試，對抗過歲月摧殘、氣候考驗、地殼移動。然而，在種種變動之中，有些事依舊恆常不變，像日升日落、重力牽引，以及無所不在的寄生蟲與掠食者——沒有一個動物逃得過牠們。另外，雖然不比寄生蟲或掠食者的現身來得頻繁，各種病原體仍隨處可見。每一個物種的生存都取決於其他物種，環環相扣，而每一個物種的演化都建立在第一個細胞的基礎之上。因此，從古至今，沒有任何一個生命是孤島，也沒有任何一個物種是獨自面對自己的生命。

上述事件不是從雅蒂或靈長動物開始演化後才發生的，而是打從第一個微生物細胞形成，同時其他細胞發現相互合作有利可圖，即奠定了此一模式。物種間的互動關係如地心引力般，理所當然且不可或缺。然而，約在雅蒂出現、距今更近一些的年代，固有的互動模式漸漸改變。生命歷史上頭一遭，我們的祖先與其他物種開始疏遠，最終演化爲一個新物種——人類。人類與其他生物最大的區別，並非在於腦容量、文化、語言或工具的使用，這些都不是我們的獨創，我們獨創的是應用他們，然後系統化且或多或少刻意地改變周圍的生態世界：人類飼養有利自身生存的物種，同時也有計畫地培育植株，並進一步發展爲農業。人類學者對於如何精確定義「人類」一事，爭辯了百年之久，至今結論仍模糊不清。我認爲，人類之所以爲人類是因爲我們選擇了掌控世界。這個選擇使地球及其他生靈成了黏土，而人類血肉構成的雙手則成了塑造黏土的工具。

離懷特考古隊初次發現遺骸已過了五年，懷特依舊沒有發表更多的研究成果。此時，學界謠言四起，其中一個版本說他在拼湊上千個骨骸碎片後，因過度執著於完成完整的骨骼架構，拚命尋找剩下的片段，而終於在沙漠裡發瘋了。二〇〇九年，懷特發表了論文粉碎外界謠言，共計十一篇獨立論文成功刊登在知名期刊《科學》（*Science*）裡。文中，懷特向世人介紹雅蒂——一隻年輕、雌性的始祖地猿（*Ardipithecus ramidus*）以及其他相關個體的骨骼結構。對懷特而言，彷彿是他親手讓雅蒂死而復生。站在世人眼前的她身高四呎左右，鼻部平坦，而模擬重建圖中，雅蒂的目光直直地盯著前方，手指修長，內側腳趾向外突出，貌似手的大拇指。平心而論，她不是什麼美女，但在懷特眼裡，雅蒂簡直可愛極了。

研究成果公開後，雅蒂成了全球的頭條新聞。圖片中的雅蒂睜大雙眼，彷彿剛受到了什麼驚嚇一般。懷特是否成爲名垂青史的科學家還不得而知，但可以確定的是雅蒂勢必不朽。國家地理頻道已爲雅蒂製作了系列影集，她是新「露西」——然而年紀更大，且根據懷特的說法，重要性更高。從她的身形來看，確實像是人類祖譜中的一個祖先，至少一定是我們的近親；同時，雅蒂與至今發現的類人猿遺骸截然不同，她的腳趾寬大，以四足攀走於樹枝間，並以雙足直立行走於陸地上（後者僅屬臆測）。然而，無庸置疑的是，雅蒂是迄今類人遺骸中重建得最爲完整的一具。

關於雅蒂生活環境的推論也少有爭議。由她周圍發現的生物骨骸提供的證據顯示，她與同伴們的棲地爲潮溼的熱帶林地，而非沙漠。另外，同一時期此棲地中也有羚羊、猴子及棕櫚樹。另外，雅蒂的骨質說明了她以無花果等果實及堅果爲食，偶爾也從昆蟲及其他動物身上攝取肉類蛋白質。她似乎曾經站立在某個枝頭享用無花果，就在距離懷特發現她的地點不遠處，或許她是在揣想更遠大的事——自己扮演的生命角色。*她在覓食時會使用樹枝等工具，但沒有跡象顯示她會用火及石器。雅蒂尚未發展出掌控棲地的行爲，她與其他物種一樣，依舊維持著野生的生活方式，身上時時覆蓋著各種寄生蟲與微生物。除此之外，雅蒂自然老化死亡的機率不高，依推測她可能是因大型貓科動物的獵殺而喪命。

*儘管今日皆將蘋果形容爲知識之果，然而早期生物學家曾經熱烈地討論其他果實代表知識之果的可能性。偉大的生物命名及分類學家卡爾・林奈（Carl Linnaeus）曾提出香蕉是知識之果，因爲其形狀似乎可與「性」做聯想。另外也有人提出雅蒂常吃的無花果可能啓發智慧。我個人傾向這個推測，因爲一個成功結果的無花果，果實之中必埋有死亡的授粉者——蜜蜂，意味每一個甜蜜的果實都須仰賴物種間的密切互動，可惜如今人類已經改變此關係了。

隨著懷特的論文問世，雅蒂一夕之間由無名小卒搖身變成一個大明星。重組後的雅蒂最後將如何安置，目前還未確定，但依照目前的標準，她很可能會被安插在展示中的某部分演化祖譜裡。祖譜從微生物、魚類開始依序排列，最後出現的是一個在電腦前打字的人類。因此，以上述方式展示的結果，雅蒂可能會被設定爲身軀略向前傾的姿態。然而，如果將發現她時四散的骨骸狀況列入考量，讓雅蒂躺在她（或我們）長久的歷史之上，往天空方向凝視，也未嘗不可。以這樣的姿態，雅蒂將會盯著頭上淺淺的砂石堆，那象徵了現代人類短暫且骯髒的演化歷史。現代人的出現，首次改變寄生蟲、病原體、天敵與共生者的存在生態。

工具使用的能力，掌控自然的欲望

雅蒂身上覆蓋的沉積物與其中的生物遺骸和她生前看過的沒有什麼太大不同。森林是猴子與棕櫚樹屹立不搖的家園，這個家園維持了二百萬年之久。接著，重大變化發生，雅蒂的後代創造出史上第一批工具——粗製的岩塊、鋒利的石器、鑿子及掘鑿器具，雖然外型簡陋，卻是功能性十足，並且的確可見曾被使用的痕跡。當雅蒂身上覆蓋的沉積物達到百萬年的厚度時，地球上早期人科的直立人（*Homo erectus*）將舞台讓給了手持石斧的新人種。而儘管當時的手斧已有用來砍劈肉類的淚珠狀鋒利面，卻仍不足以當作殺人武器。另外更驚人的是，之後的五十萬年（地層累積了六吋以上的厚度）一切如常，石斧的製造技術沒有任何進步的跡象。

來到距今二十萬年以前（地層累積離地表僅一吋的深度），尼安德塔人與其他原始人種開始發明出將石器綑綁在棍棒上的新工具，這項發明的巧妙之處在於它賦予人類殺死其他動物的能力。試想當你手持一塊石斧追逐一頭獅子時，擊斃牠的機率有多少？但是當你手持連結著銳利石器的棍棒時，勝算顯然就高多了。依據專家推測，在這個年代長形棍棒的需求大增，而此種看似笨拙的工具，其實極具實用性。因爲有了它，人類開始屠殺動物，也因爲它，原始人類的洞穴中出現成堆的動物遺骸。所幸當時我們依舊是生物圈的一分子，也還沒有能力造成任何物種的滅絕；然而，人類心中的貪婪已漸漸萌芽。

距今兩萬八千年前到今日的這段期間，沉積而成的砂石彷彿一層薄薄的砂糖堆。你、我以及世上其他的人類，全都在漫長演化長卷中的短短這一頁出現。我們畫出了一條與其他物種區隔的界線，我們發明了宗教，也造成尼安德塔人絕種。在尼安德塔人之後的人種不僅發展出宗教，還創作了相關主題的藝術品。考古學家在早期的沉積物與墓地裡挖掘到許多石子串成的項鍊。除此之外，數量繁多的女性雕像（個個身型豐滿）出土，證明了當時的人類不但已經具備物品複製的技術，還擁有風靡一時的流行文化。然而文化、語言、神祇或魯本斯式的女體繪畫技巧（Rubenesque，指崇尚豐滿女性身形的畫風），全都不是造就今日人種的關鍵。眞正定義現代人的元素是「對自然的掌控欲」，當人類追殺獵豹不再是出於自我防禦或覓食的理由時，當人類企圖握有周遭其他物種的生殺大權時，人類才成爲眞正的人類。

沒有回頭路的自然改造之途

雖然自現代人種出現至今年歲極爲短暫，但地球因此改變的程度令人咋舌。或許一路上我們犯下許多錯誤，然而這些行爲終究是無可避免的生存手段。殺死其他動物與用火的能力改變了我們，我們開始烹煮食物，開始以粗暴、冷漠的手段焚燒廣大的土地、森林及草原。爲了慶祝，只要是可燃的物品我們都燒。另外，我們建立自己的住宅、屠殺大型動物、改變自然景觀。加上人類遷徙的強烈動機，我們改變的自然景觀不再侷限於熱帶非洲或亞洲，而是整個地球。大約五萬年前，人類抵達澳洲，不久之後，所有澳洲大陸的大型動物都邁入絕種的命運。大約一萬三千年到兩萬年前，人類進入美洲新大陸，同樣的悲劇再次上演——乳齒象、猛瑪象、野狼、劍齒虎，連同其他七十餘種大型哺乳動物全數絕跡。

有關人類屠殺物種的故事，離尾聲還遠得很。隨著人口遽增，自然界提供的肉類、堅果、果實等糧食已呈現缺乏狀態，於是人類開始正式選擇性地栽種植物，並且馴服和豢養牛、羊、豬等野生動物。農耕文明日益普及，人類生活型態也跟著轉變，而我們對自然環境的破壞則更爲嚴重，像是焚燒清理大片土地以利農耕，獵殺自然界中對牛隻、羊隻有威脅性的物種，以利畜牧。

在人類刻意的改變之中，同時造成了一些意想不到的影響。豢養的物種隨著人類遷徙而遷徙，豬、羊、雞與大火都抵達了每一個新的人類居住地，因此每一個「新家」都與「舊家」愈來愈相似。另外還有一些不知不覺跟著我們一起偷渡至外地的物種，例如老鼠與蒼蠅。逃過人類縱的火與捕殺武器的物種才得以倖存下來，而無法忍受我們的原生物種只有死路一條。某些原生物種則是間接地因爲人類攜至的老鼠、豬、羊等外來生物而絕跡。

人類一點一滴地改變世界，創造出新的棲地，使我們眼中「有益的」物種適於生存，而「有害或無用的」物種只得遭到淘汰。基本上，人類不斷在全球各地複製類似的棲地，同時，複製的速度隨著人口擴張及科技進展而持續加快。大型槍枝的發明使捕殺動物變得更有效率，DDT大幅提升農作物害蟲的死亡率，抗生素則將多數細菌品種斬草除根。而後果是人類再也無法選擇「放下屠刀」了，因爲自然棲地已經改變，放下屠刀意味著傳染疾病將於高密度的人群裡蔓延，或病蟲害在單一培育的植株中恣意猖獗。如果放下屠刀，一切將會歸零（或更糟），因此我們已經沒有回頭路了。

糾纏現代人的生態幽靈

學者們在四十年前討論露西時，對她的生活型態曾以「原始」一詞形容。以現代人的觀點而言，的確難以用享受「詩意的田野生活」（idyllic）來描述雅蒂或露西，因爲我們眞的太過「成功」了。然而，四百萬年前衣索比亞阿拉米斯的生活就算稱不上美好，至少堪稱和諧與完整。雅蒂與周遭的「生態拼圖」緊密相接，沒有遺漏任何一片。她的生活方式與其他在地球居住上億年以上的物種大同小異，住在充滿著寄生蟲、天敵的環境裡，她挑揀身上的跳蚤、在獵豹的腳步聲中驚醒，此時人類對自然的影響不著痕跡。如今我們生活周遭則處處充滿人工痕跡，天敵及森林消失在眼前，田野僅生長著我們需要的植物（如麥子與玉米）。任何害蟲、致病原或寄生蟲都被人類趕盡殺絕。在這段極爲短暫、大地只來得及堆積出單薄又鬆散之砂石層的時間內，這些「成就」已然完工。綜觀人類歷史，我們依舊渺小如螻蟻，但近距離來看，我們掌控大自然的程度十分驚人。日升日落依舊，然而整個地球的溫度因我們而上升，看似突破的科技已使我們與生態圈的關係徹底改變。從來沒有一個物種能夠獲得此等「成就」。

在「成功」的生活中，我們無須擔心天敵的虎視眈眈，也幾乎不受寄生蟲的威脅。然而，我們幾乎無法看到周遭哪一件事物不鑿人工痕跡，或沒有人爲因素影響。野生自然瀕臨死亡邊緣，後果超乎人類想像。「成功」帶來的後遺症正敲著我們的大門，它們是生態歷史裡的幽靈——它們輕輕地敲，警示著我們正背負了數十億年生命的重量。

第二部　人類為什麼需要寄生蟲？該復育「野生消化道」嗎？

人類的野心極大，我們追求的不僅是比雅蒂年代來的有所進展而已，而是與昨日相較是否有所進步。至於最簡單的「人類進展指標」莫過於生活品質及平均壽命了。不久前，在體毛遍布全身的時期，我們的祖先預期自己能夠活到四十歲就算長壽了，而死於狩獵過程是相當普遍的。與之相較，上個世紀末已開發國家的居民，平均壽命已經快要突破八十大關。多數人一般活得較上一個世代更久，但並非全部的人，因爲當平均壽命到達某個巔峰值將會回降。〔註1〕舉例而言，一八五〇年美國人的預期壽命爲四十歲、一九〇〇年爲四十八歲、一九三〇年爲六十歲，以此類推。直到最近，此成長趨勢在許多文明國家已逐漸減緩，甚至在某些地區，平均壽命有縮短的現象（有些人指出生活品質也正在下降）。〔註2〕富有國家對未來國民是否活得更久、更健康快樂開始抱持懷疑的態度。我們的後代子孫很可能比我們短命，且較易受病痛或其他因素的折磨。這項預測具有相當的可信度，但背後的成因目前尚未明朗。爲什麼人類會成爲這懸疑死因的受害者呢？

身爲萬物之靈，我們既然早已是掃蕩天敵或其他威脅我們生命物種的專家了，爲什麼仍無法從此安心享受長命百歲、健康無虞的生活呢？如果今天有異物鑽進口中或皮膚內，一個口腔噴劑或藥膏即能解決；預防細菌，抽一張溼紙巾即可搞定；條蟲感染，吞藥就成了。絕大多數長期困擾著人類的疾病，現在只要你付得出錢，都有解藥。然而正當「宿疾」遠離之際，新的問題卻一一浮現：克隆氏症、發炎性腸道疾病、類風溼性關節炎、紅斑性狼瘡、糖尿病、多發性硬化症、精神分裂症、自閉症等等。這些新型態的「瘟疫」與日俱增，同時，與過去的認知相衝突，上述疾病的好發地區全是在醫療照顧及公共衛生領域投入最多資源的國家，包括美國、比利時、日本、智利等，文明世界同時「進展」出各式各樣新型態的疾病。

可想像有許多理由都能解釋爲何已開發國的「新瘟疫」問題較嚴重。所有已開發國家與未開發國家的差異，都可能是這場新瘟疫的元凶：從各種環境汙染、農藥或殺蟲劑的濫用、水質問題，到飲食、社交關係的轉變。一九〇〇到一九五〇年間，先天患有自體免疫疾病或過敏體質的病患，幾乎成爲常態。那段時期，正好也是現代人生活方式出現重大轉變的起點——我們旅行的次數日益頻繁，家家戶戶以吸塵器取代掃把並使用食物調理機，同時，人們逐漸搬移至郊區生活。除此之外，含氟牙膏納入生活必需品，而鼻毛剪、彈簧高蹺、重拿鐵、電子狗、兒童安全瓶蓋，還有那些該死的「翹臀訓練錄影帶」入侵日常生活。上述每一項均爲釀成新瘟疫的頭號嫌疑犯，且單一因素可能導致多項生理或心理疾病。

病因眾說紛紜的克隆氏症

也許試著研究一些更具體的疾病，將有助於我們釐清問題癥結。從目前最棘手的克隆氏症著手，可能會是不錯的第一步。如果你認識的人當中有人罹患此病，你應該了解它屬於一種腸道的自體免疫疾病；換句話說，這疾病引發體內的領土爭奪戰，而勝利永遠屬於免疫系統那方。克隆氏症患者常見的症狀包括腹痛、皮膚發疹、關節炎，有時還會出現眼球發炎等莫名症狀。病情嚴重的患者需要忍受長年嘔吐、體重減輕、重度抽筋及腸胃堵塞等不適，因此他們往往必須辭去工作、待在家中調養，並且強迫自己進食。現有的治療方式是以外科手術將一段小腸及結腸切除，然而不能保證術後患者能夠痊癒。對急性重度患者而言，這偏偏又是唯一的選擇，手術的確可緩解燃眉之急，但以長遠的角度來看，這樣的治療方式只會使患者將來的病情更加惡化。受此病長期折磨，患者通常會日漸虛弱，而不幸的是大多數病患終生無法康復。另外，此病與前文提及的各種文明病具有突然爆發的相同特徵，但比起症狀爆發，這類文明病的普及更讓人頭疼。

回顧一九三〇年代，克隆氏症仍十分罕見，且多數病患未被診斷或檢測出來。接著到了一九五〇至一九八〇年代中期，發生率開始逐年攀升。在明尼蘇達州奧姆斯特德郡（Olmstead County），一九八〇年代的病例數量是一九四〇年代的整整十倍；而在英國諾丁漢、丹麥哥本哈根以及絕大部分高度開發的區域，該病的發生率也正在急劇上升。如今，美國有六十萬左右的人患有克隆氏症，若將未正式記錄歸檔的案例列入考量，則約每五百人中即有一人受到了克隆氏症折磨。而在歐洲、澳洲或亞洲高度發展的國家中，病患比例也大致接近此數據。因此，克隆氏症已經屬於一種全球流行性疾病，起碼是全球已開發地區的流行性疾病。

克隆氏症除了上述所提及對病患與世界的影響之外，最近還確認了兩項與該病相關的發現：第一，儘管目前看來相關基因位置表現的強度及一致性不高，但克隆氏症仍可歸類於遺傳性疾病；第二，吸菸者罹患該病的機率較高。然而，以上兩點卻無法構成發病因素。舉例而言，即使一位肯亞婦女居住在美國的親兄弟爲克隆氏症患者，她依舊可以盡情地抽菸，而幾乎終身不罹患克隆氏症。也就是說，無論是與該病相關的基因CARD15或吸菸習慣，充其量不過是讓患者病情惡化的原因罷了，皆非直接致病的元凶。以目前的研究看來，眞正罹病的先決條件反而是富裕與現代化的生活：克隆氏症來自於人類過去認知的「成功」生活型態。在過去幾年中，當印度及中國的經濟發展尚未如此成功時，克隆氏症從未在兩國出現。然而近來，隨著兩國愈來愈富有，克隆氏症的病例也開始出現，且特別集中在有錢人身上。

我們對如此常見的疾病知之甚少，這似乎是件不可思議的事，但事實上，至今人類對大多數疾病成因的理解都相當有限。儘管目前人類已知並命名的疾病超過四百種，然而未知的疾病尚有數百種之多。而在已知疾病當中，除了少數如小兒痲痺症、天花、瘧疾等的研究還算透澈以外，我們對其他絕大部分疾病仍一知半解。今日我們針對所知有限的疾病，通常是以緩解症狀或殺死致病原的方式治療，但這些症狀發生時在人體內的機轉仍是一團謎。所幸謎團背後常有一群充滿奉獻精神的科學家努力找出解答，以克隆氏症爲例，尚皮耶．雨果（Jean-Pierre Hugot）即爲其中之一。

雨果是巴黎羅伯特．德伯雷醫院（Hôpital Robert Debré）的研究人員，根據他的推論，克隆氏症的起因可歸咎於冰箱中滋生的細菌。雨果常在「案發現場」找到冷藏室常見的細菌，但儘管目前所得的證據支持他的推論，且尚無任何反證出現，但數據仍嫌不夠充分。〔註3〕近來有研究結果呼應雨果的推論：擁有家庭式冰箱與克隆氏症的發病率顯示出正相關。另外還有研究指出，擁有電視、汽車或洗衣機的人罹患該病的機率也較高。其他一些學者還發現，在肺結核流行的地區，克隆氏症的出現率偏低，而居住在氣溫低、日照短區域的人，較易罹患該病。然而在科學研究中，兩件事情具備相關性，並不能證明兩者必然互爲因果，建立因果關係還需要更進一步的連結，才能證明「A導致B發生」。雨果或其他科學家至今只找到A與B，但無法建立兩者的因果連結。簡單來說，案發現場的確找到冰箱中滋生的細菌品種，但牠們也可能只是凶手的「目擊證人」之一。假設冰箱的細菌株是無辜的，那麼眞凶究竟是誰？

某些生物學家提出，包括牙膏、硫的攝入過量或汙染都可能是原因，甚至是因麻疹疫苗接種造成。也有學者認爲克隆氏症可能是屬於「心身症」（psychosomatics，心理影響生理的疾病）的一種，通常高度發展國家居民的大腦有「疾病臆想症」（hypochondria，又名疑病症）的傾向。〔註4〕由於克隆氏症好發地區的分布與第二型糖尿病及精神分裂症的分布相似，因此引發學者各式各樣的臆測。

寄生蟲的絕跡才是元凶？

暫且不論雨果的推測有幾分眞實，至少有件事他說對了：現代生活青睞某些特定物種的生存（以雨果提出有關克隆氏症成因的假設爲例，即是冷藏室的菌種）。克隆的論點著眼於「演化偏袒」（evolutionary preference），然而還有一個相反的可能性，克隆氏症或其他文明病是否起因於現代生活「不適合」某些特定物種呢？這是由目前任職於美國塔弗茲大學（Tufts University）的醫學研究者喬・溫史達克（Joel Weinstock，過去曾在愛荷華大學從事相關研究）提出的觀點。一九九五年溫史達克從家鄉愛荷華州前往紐約市，參加美國克隆氏症暨結腸炎基金會（總部設於紐約）所舉辦的研討會。〔註5〕在長程飛行途中，他完成了一本探討肝臟及消化道寄生蟲著作的編輯工作，並撰寫一篇有關發炎性腸道疾病的評論。發炎性腸道疾病爲各式腸道炎的總稱，其中包括克隆氏症。在閱讀過上述兩份資料後，他開始意識到寄生蟲對宿主有兩種對待方式：傷害他或幫助他，而後者建立在宿主能確保自身存活的前提之下。據此，溫史達克發現，孟買及曼哈頓居民所共同擁有的不僅僅是現代冰箱、電視和閒暇而已，更重要的是他們都共同缺乏一種經驗，缺乏現代人與原始物種「相處」的經驗，因爲在文明世界，我們幾乎將所有腸道的寄生蟲趕盡殺絕。傳統的病原理論認爲人類罹病是因爲新品種的病原體入侵身體所致，但溫史達克從截然不同的角度思考：疾病或許反而是起因於現代人將某些品種的生物消滅得過於徹底所致。

其實避免腸道寄生蟲感染不需要太有錢，只要有一雙鞋子及一間室內廁所，就可以遠離絕大多數的腸道寄生蟲。回顧一九三〇與一九四〇年代，近乎半數美國孩童的腸道裡有蠕蟲寄生，包括大型的蛔蟲、條蟲和小型的鞭蟲等。在今日的美國與世界上其他先進國家，腸道寄生蟲已成爲遙遠的歷史。而溫史達克發現，腸道寄生蟲愈罕見的地區，克隆氏症的案例卻愈常見。是否寄生蟲的絕跡才是導致克隆氏症的元凶呢？此時，溫史達克的臆測與上述其他科學推論無異，完全只憑藉兩件事情的相關性而非因果性，結論似乎有些天馬行空。克隆氏症與寄生蟲減少的確有關聯，但與冰箱或電視的普及率也同樣有關。然而在幾千呎的高空中，溫史達克對自己的推測深具信心。

當某個領域的研究處於初期階段時，天馬行空的臆測將帶來豐富的價值，因爲凡事皆有可能，人人都有希望。這個階段有時持續數十年以上，卻毫無任何重大進展；此時，一開始的百花齊放漸漸演變成一場追逐眞相的競賽。而儘管多數學者肯定天馬行空的價值，但某些過度衝擊傳統科學的觀點仍難被接受。以克隆氏症的研究爲例，即使雨果的「冰箱假設」聽起來有些不對勁，但至少它建築在傳統科學的基礎上：新品種的病原體使人罹病。雨果提出一種耐寒的菌種爲元凶，其他科學家則提出了另外二十幾種候選名單。

然而溫史達克的理論卻是前所未聞的。他假設當人類的生活經歷都市化及現代化的改變後，身體「失去」的新物種導致我們罹病，並非身體「得到」的病原體害我們生病。他認爲病因不是我們的身體出現新的入侵者，而是少了原有的寄生者。人類的身體因爲失去長久以來的夥伴，而開始自我毀滅，以侵蝕腸道的方式表現。在侷促的機艙內，溫史達克感到豁然開朗，有關克隆氏症的謎底似乎揭曉了：藍領階級的勞工罹患該病的機率低於白領階級，原來是因爲他們較常接觸泥土灰塵與其中的寄生蟲！頓時間，所有先前的觀察變得合理。機艙內所有的旅客都在抱怨空間狹小又充滿異味，不滿空服人員無禮的服務態度，但溫史達克對這一切視若無睹，反而覺得眼前一片遼闊且令人心滿意足。

其實溫史達克的理論並非全然天馬行空、毫無依據。之前即有一個理論提及，當某個物種（如人類）失去長久以來共存的夥伴，儘管牠們原先對我們有害，身體卻會不自覺地思念起牠們的陪伴。例如，接下來要說的有關叉角羚（pronghorn）的故事，不僅與克隆氏症密不可分，還可能是一個提供我們釐清現代慢性疾病的重大契機。

從生態圈中找線索：叉角羚為何而跑？

叉角羚（學名爲 *Antilocapra americana*）是種與山羊體型相當的動物，但在分類上牠們既不屬於羚羊，也不屬於鹿，自成一個獨特的物種*。回溯叉角羚在演化族譜中與其他物種分支的起

*叉角羚屬於叉角羚科、叉角羚屬、叉角羚種。

點，比人類與靈長類的分支還早。過去牠們曾經種類繁多，但現在倖存的只有單一品種。叉角羚的特徵為背部呈褐色、腹部呈白色，頭部有一個暗色的鼻子及兩支長長的黑角。與駝鹿、麋鹿甚至真正的羚羊相比，叉角羚的體格像是經過苦練一番那般纖瘦輕盈、肌肉結實，奔跑的時速可達每小時一百公里。曾經有某位生物學家企圖在科羅拉多州的矮草原中追蹤數隻叉角羚的移動，牠們在跑了三公里之後突然加速，而儘管該名科學家將駕駛的觀察型飛機加速至時速七十二公里（註6），仍無法趕上叉角羚們飛也似的步伐。更驚人的是，在馬拉松式的高速奔跑後，牠們毫無疲態，繼續以更快的步調奔跑得更遠，或許連子彈的速度也無法與之比擬，畢竟叉角羚最終甩開的是一架拚命追趕牠們的飛機。

在繁盛時代，從加拿大延伸至墨西哥的整片北美大陸共有數千萬隻叉角羚。接著，人類的西進帶來了槍枝與貪婪，叉角羚與野牛的命運相同，皆淪為滿足人類口腹之欲與打獵嗜好的工具。終於，叉角羚的數量從原先的數以千萬計下降至數百萬、數十萬，最後，全北美洲僅剩下數千隻叉角羚。少數倖存的雌性叉角羚慢慢地以身為母親的力量，賦予此物種一線生機，而此時人類也終於驚覺土地保育的重要性，因此在兩者相乘影響下，今日北美叉角羚的數量終於又回升至一千萬到一千兩百萬左右。牠們散居在草原上，低頭覓食，而現在一旦周圍有風吹草動，叉角羚們即不假思索地逃命。

統計叉角羚的數量與試圖計算烏鴉或雲朵的數量一樣艱難，因為牠們一向來無影、去無蹤。在大部分的棲地裡，人類對叉角羚的生活一無所知，牠們屬於全然野生的物種之一。但在美國蒙大拿國家野牛保護區（National Bison Range of Montana）的叉角羚卻是個例外，這裡的草大約生長到牠們背部頂端一半的高度就不繼續長下去了，風吹草低時即可見到成群的叉角羚，以牠們棕色的大眼回頭盯著你。大致而言，國家野牛保護區的環境還算適合野生動物在無人干擾的條件下生存、交配、死亡。然而一九八一年時，該保護區有兩個人類「入侵」——動物學家約翰・拜爾斯（John Byers）與他的妻子凱倫。他們決定跳脫原本的生活模式，親自近距離觀察野生動物，以學習自然界中更爲開闊的眞相。於是，他們夫妻倆離開芝加哥，到了愛達荷州的莫斯科（Moscow），約翰在此取得教授職。接著暑假來到，他們開著一台名爲巴基的休旅車，搬遷到國家野牛保護區。雖然巴基稱不上是什麼高性能的車，但至少能順利地帶領他們抵達目的地，開始另一段生活。〔註7〕

當約翰及凱倫迎向草原時，眼前壯麗的景觀也迎向他們。國家野牛保護區的草原與全世界其他地方的草原，包括非洲大草原等地一般遼闊寬廣，因烈日曬成了美麗的大地褐。駛近草原時，兩人的心情猶如返鄉——一個眞正有歸屬感且意義深遠的故鄉。他們繼續前進，來到一片灰綠色的牛毛草、鼠尾草及麥草的田野間，森林伴隨著他們的日常生活在身後漸漸消失。約翰之後將他所見到無邊無際、錯綜綿延的草原形容爲「天空之地」。〔註8〕「天空之地」使他們決定在此佇足，待上一整個暑假，甚至一輩子。

當拜爾斯夫婦抵達終點後，他們發現了叉角羚。他們觀察叉角羚奔跑，直到再也見不到任何一隻的身影。他們決定先捕捉這些動物，且在每一隻捕捉到的個體上做記號，以持續追蹤研究。完成這項任務起碼需要好幾年的時間，而捕捉叉角羚本身就挑戰重重，因爲成年個體跑得太快，年幼的個體又難以尋獲。終於，在約翰及凱倫的堅持下，事情出現了轉機。他們發現一隻叉角羚媽媽帶著兩個孩子，躲在劍形葉片之間。當約翰一步步接近牠們時，媽媽立刻逃走，而兩隻年幼的個體嚇得一動也不動。約翰將牠們拾起，並測量身長、體重，做好標記。年幼的叉角羚如小鳥般微小，而草原就是牠們的家。約翰及凱倫希望能夠藉著追蹤這兩隻標記好的叉角羚，捕捉到預期即將前來會合牠的雙親。在拜爾斯夫婦測量與標記的過程中，兩隻小傢伙的心臟像是要跳出來一般，直到牠們被釋放後才逐漸平靜下來。

拜爾斯夫婦決定先留守草原，定點觀察叉角羚的移動模式、飲食和交配行爲等。如同任何一位科學家的期待，拜爾斯夫婦希望透過觀察此單一物種而見微知著。從叉角羚的跳躍與奔跑中，約翰及凱倫彷彿看到了其他物種的奔馳方式；從叉角羚的身軀，他們彷彿感受到所有動物身體構造的代表。

然而就在約翰及凱倫期待他們能夠發現某些物種生存的通則時，一切卻事與願違。拜爾斯夫婦所記錄到的叉角羚生存模式，被認爲不會在絕大多數動物身上發生。牠們的行爲屬於特例，而牠們非比尋常的奔跑速度，對生物學家而言，已是困惑多年的疑問。之前，奧杜邦

（Audubon，美國博物學家）就曾經注意到叉角羚突出的特徵，而事實上任何一個人只要花幾分鐘觀察叉角羚，都會注意到叉角羚驚人的奔跑速度。以中距離的奔跑而言，叉角羚較非洲獵豹還要快，也比一台正常速度駕駛的野外露營車來得快，牠們的奔跑速度整整是野狼的兩倍。叉角羚可能是有史以來中距離奔跑時速最快的物種，而其驚人的速度並非來自什麼特殊的生化魔術，純粹來自牠們的身體結構——細長的腿、前端精巧且幾乎毫無特殊之處的腳部形狀、耐得住快速拉扯的肌肉，以及效能絕佳的肺活量。叉角羚似乎將可用以成長爲較大體型或是繁衍後代的資本，全都投資在速度上，彷彿只是爲了追求卓越而演化出如此適合中距離快跑的身形。所有討論叉角羚奔跑速度的科學論文〔註9〕，均有志一同地得到一個結論：此演化結果相當有趣且不合常理。叉角羚不是單獨行動的物種，牠們採緊密群體模式遷移或逃跑（遇到天敵或其他威脅時），與其將牠們與陸地上的物種相比，倒不如說牠們與魚類或鳥類的集體移動模式較爲接近，都是同步調地高速前進。暫且不問叉角羚是如何辦到的，另一個更引人入勝的問題是：爲什麼牠們要跑得如此快？

被天敵的鬼魂追逐

根據達爾文的演化理論，過度的性能設計是不合理的。天擇塑造生物的過程一絲不苟，所有演化都是爲了利於競爭，沒有絲毫浪費的設計，一切存在與追求卓越無關，所以沒有個體會演化成比所需要的更高、更快、更強壯。如果地球上不存在烏龜，當一隻兔子就沒有任何好處了，只需要當一隻速度最快的烏龜即已足夠。然而回到叉角羚的奔跑速度，在集體的移動中，究竟爲何會發展出誰也追趕不上的速度呢？在拜爾斯夫婦與其他研究學者，甚至獵人及當地居民無數的觀察結果都顯示，仗著其驚人的奔跑速度，一頭成年叉角羚被天敵捕捉到的機率微乎其微。爲了追蹤之便，許多叉角羚身上裝有無線電項圈，而科學家常可發現天敵成功捕食到年幼叉角羚。〔註10〕年幼叉角羚的天敵包括老鷹、郊狼等，但不是因爲年幼個體奔跑速度較慢，而是牠們在遭遇天敵時，往往嚇得一動也不動（與上述拜爾斯夫婦記錄的一致）。然而成年個體一旦開始奔跑時，無論是熊、灰狼甚至郊狼都不會白費氣力去追逐牠們。拜爾斯夫婦初次目睹叉角羚的奔跑速度時，感覺猶如目睹一個華麗的特例物種和其無謂的速達炫耀，當眾羞辱天擇論。

約翰於是開始思考此特例背後的涵義。漸漸地，他看到叉角羚身後的鬼魂在衝刺，並逮到牠們的腳踝，撲倒牠們。這些鬼魂躲在高聳的草叢間伺機而動，約翰看得見鬼魂存在的證據，就在風裡。目前最大體型的熊類是叉角羚的天敵，但除此之外，約翰還看到了非洲獵豹及獅子的蹤跡。當他瞇起眼睛仔細瞧，甚至看到了追逐叉角羚的鬼魂。約翰相信這些鬼魂是叉角羚不合乎演化邏輯的解答，這些鬼魂眞的存在——在過去。

一萬年前，亞洲的牛隻開始被馴化。當時的美洲大陸上，叉角羚與灰狼、黑熊、棕熊、郊狼及其他大型肉食動物生活在同樣的棲地。人類首度抵達新大陸時，他們發現叉角羚及其他各式各樣的草食性動物，但除此之外，這些草食性動物身旁也充滿各式各樣的天敵。美洲草原與非洲草原相較野性十足，最早移民到美洲大陸的肉食性動物與今日所有肉食性動物對照，體型大、速度快，也更為凶狠，其中包括掠劫犬（*Borophagus* spp.）、短足犬（*Protocyon* spp.）、野狼（*Canus dirus*）、巨型獵豹、巨型穴獅（*Panthera atrox*）、劍齒虎、巨型短面熊（*Arctodus simus*）以及其他面目猙獰的野獸。不幸的是，牠們的獵食速度也極快。巨型穴獅身長約十二呎，劍齒虎體重一千磅，而巨型短面熊更重達兩千五百磅。至於叉角羚故事中的主角北美獵豹（*Miracinonyx trumani*），是一種體積大、身形長、速度快的肉食性動物，也是對叉角羚威脅最大的天敵。〔註11〕若以狩獵行為類比，昔日北美獵豹熱愛叉角羚的程度，與今日非洲獵豹熱愛非洲羚羊的程度不相上下。因此，叉角羚的高速集體奔跑技巧源於演化歷史的鬼魂——拜爾斯想像的鬼魂——只是今日這些鬼魂已然絕種，徒留下叉角羚必須拚命逃跑的記憶。過去，北美獵豹與叉角羚的奔跑速度是一場不折不扣的演化競賽；當後者贏了，前者必須跑得更快，反之亦然。接著，人類的出現造成許多美洲大陸的大型哺乳動物滅種（約六十幾種），其中包含叉角羚的天敵北美獵豹。其他隨著人類入侵棲地而絕跡的還有獅子、猛瑪象、乳齒象及駱駝等。巨型猛獸的消失，尤其是北美獵豹的消失，使得叉角羚飛也似的奔跑速度在現代顯得唐突。

之後出現更多數據及分析資料佐證了拜爾斯的洞見，而叉角羚的生活型態也變得合乎演化邏輯。叉角羚所有的生物機能皆爲了躲避一度存在的天敵而設計，特別是雌性個體。雌性叉角羚傾向選擇奔跑速度較快的配偶，以提升後代面對天敵時生還的機率。另外，雌性個體雙角子宮（double-horned uterus）與脊柱壓縮（compressed spine）的生理特徵，似乎也是歷史的痕跡。因此，叉角羚不僅不是演化特例，反而是提供了天擇法則最有力的證明，進一步而言，牠們就是天擇法則。今日，叉角羚的奔跑速度及生理特徵似乎過於浪費；假設演化的「審判」結果果眞如此，加上叉角羚的數量日益增多，棲地卻日益減少，牠們的奔馳速度可能就得減慢——因爲跑得最快的那隻，爲了閃躲天敵的「鬼魂」而消耗過多精力，要付出英年早逝的代價。假以時日，叉角羚的奔馳速度也許將不再創造非凡紀錄。〔註12〕

叉角羚通則

科學家們都在追尋一件事：從特殊現象的研究結果中獲得通則。當約翰・拜爾斯與其他科學家討論他對叉角羚的發現時，他就益發體認到這並非特例。叉角羚不但不是特例，還是個經典故事，訴說了在長年共存的物種消失之際，存活下來的物種仍擺脫不去對鬼魂的思念（即使在此例中，思念對象是避之惟恐不及的天敵）。在哥斯大黎加，熱帶棲地生物學家兼生態保育家丹・傑森（Dan Janzen）提出另外一個類似的例子。他認爲目前世上體積最大的水果，之所以生長在不見天日的陰暗處，是爲了等待現已絕種的巨型動物前來播種，而這些巨型動物絕跡的年代與北美獵豹相近。一九七九年，傑森在觀察到一種豆莢長達三呎的紅花鐵刀木（*Cassia grandis*）後做此推測，而歷經三十年的考驗，證實傑森的理論爲眞。古生物學家保羅・馬汀（Paul S. Martin）曾說：「我們活在鬼魂出沒的年代，史前鬼魂一度存在的證明藏在甜美的大型果實中。」〔註13〕不少深受人類喜愛的水果，事實上曾經以巨型哺乳動物的消化道爲交通工具四處遷移，包括木瓜、鱷梨、番石榴、番荔枝、桑橙與氣味濃厚但美味十足的榴槤。〔註14〕除此之外，生物學家也發現一些缺乏公開授粉者的花株，曾經與一種擁有細長口器的授粉者共存，但授粉者本身已絕種。將來或許會有更多相關的例子被發掘，更多失去夥伴的物種思念著往日的羈絆。

叉角羚與上述的例子仍有微妙差異。大型水果思念的猛瑪象、樹懶，因爲他們曾爲其播種，但叉角羚思念的竟是曾經獵食牠們的北美獵豹。然而一旦少了北美獵豹，叉角羚已不知正爲誰奔馳與衝刺。因此，儘管北美獵豹是威脅叉角羚生命的天敵，天敵的消失卻又意味著另一種形式的威脅——固有的生活型態突然顯得沒有意義，卓越的速度突然顯得白費精力。叉角羚已經可以靜靜休息時，卻不得不繼續奔跑，全只爲了逃離昔日鬼魂的追逐。

我們也是。

拜爾斯以切身經驗了解叉角羚的奔馳，並從中發現一個通則，我們姑且稱之爲「叉角羚通則」。叉角羚通則由兩項要件組成：（一）每一個物種皆擁有某些基因及生理特徵，與其他具有互動關係的物種密切相關；（二）即使具有互動關係的物種已經絕跡，這些特徵或能力仍不會突然消失，並且成爲一種過時的存在，甚至是負擔。舉例來說，植物爲了保護葉子而生產毒素，爲了引誘授粉者而製造花蜜，爲了吸引播種者而結果。相對地，動物爲了採蜜而演化出細長的口器，爲了偵測果實的香甜而發展出敏銳的嗅覺；肉食動物長而尖銳的牙齒是爲了捕捉獵物。同理，腸道寄生蟲擁有的附器（appendage），其形狀剛好與宿主腸道的構造互補對應，因此可以牢牢地附著其中。地球上每個生命與其他物種的互動關係（即生態學家所稱的「種間交互作用」〔interspecific interactions〕），對自身演化方向的影響力，絕不亞於生存、攝食、呼吸及交配等基本需求；這也正是達爾文提出的「樹根糾纏的河岸論」（tangled bank）。拜爾斯在觀察叉角羚的過程中進一步領悟出一項道理，倘若互動物種消失，對原本應運而生的生理特徵會有何影響。此現象可見於失去北美獵豹的叉角羚、失去播種者的大型水果，甚至是失去寄生蟲的腸道，這些物種最終只得畢生攜帶著演化遺跡，痴痴枯等那早已絕跡的互動物種。

雖然對生態或演化生物學家而言，叉角羚通則在生命世界中十分顯而易見，但包括拜爾斯在內，鮮少有人將其與人體內的世界做聯想。一般來說，醫學研究者在演化領域的知識有限，因此習於將人類當作隔離於其他物種之外的「孤島」，而忽略了人類過去漫長而原始的歷史

（例如我們曾經擁有敏銳的視覺及嗅覺，以尋覓果實等食物）。直到最近，當人類消滅周遭所有天敵與腸道寄生蟲之後，溫史達克等學者才漸漸注意到此問題，並開始思考：那麼是人體的哪一部分受到鬼魂糾纏呢？當人體拋棄原有的互動夥伴時，無論與其是友好或敵對關係，會發生什麼事？

想念寄生蟲的腸道

可惜事實上，溫史達克對叉角羚通則一無所知。他與多數醫學研究者一樣，從大一開始，完全沒有修過任何演化學或生態學相關的課程，因此要他說明人類的祖先或期待他熱愛大自然，可能有些強人所難。溫史達克的本行畢竟是免疫系統以及寄生蟲對人體的影響；你或許會覺得他的研究領域過於狹隘，但與絕大多數的生物學家相較，其實已經算是「廣泛」了。從紐約返家的長途旅程中，溫史達克快速翻閱有關克隆氏症及其他文明病的資料，一如其他科學家，他看著眼前日益增多的病例趨勢，不禁問自己：背後的原因是什麼？接著他回想起克隆氏症好發的這幾年，恰好與已開發國家中寄生蟲感染罕見的時期相互重疊。溫史達克成功地應用自身對人體免疫學及寄生蟲學的知識，將上述觀察到的現象結合，然後靈感乍現，克隆氏症的成因可能是腸道寄生蟲！反覆看了一次又一次的資料之後，他更加確定這是標準答案。而這個答案與叉角羚通則的關聯性，遠遠大於正統醫學的解釋。

一個科學家找到解答的瞬間是令人振奮的，他會心跳加速，還可能在實驗室內繞跑一周，振臂歡呼。通常在這種時刻會忍不住找個人來分享，而依據我的個人經驗，這正是回到殘酷現實的開端。有時，會出現某個聰穎的學生回應我：「我不確定這個想法可行。」於是我漸漸清醒，懷著鬱悶的心情正視事實。然而偶爾，靈感會是對的——或至少從天堂跌入地獄的時間還沒到。

時間最終將證明一切，對溫史達克而言亦然。他認爲克隆氏症是人體腸道的免疫系統無法忘懷昔日的演化夥伴——寄生蟲，而包括克隆氏症在內的所有發炎性腸道疾病，皆起因於身體逃避古老的鬼魂。當叉角羚爲了擺脫絕種天敵的糾纏而狂奔時，平白消耗著身體的能量；當人體急於在寄生蟲的幻影中逃命時，免疫系統便出了差錯。又或許，自始至終我們的免疫系統從未學會如何正確地逃命。

但目前畢竟只有溫史達克身爲科學家的直覺，而沒有任何科學證據。在先進國家，克隆氏症的好發率遠高於寄生蟲感染，而在較爲原始落後的地區，情況則剛好相反——單是兩種鉤蟲（美洲鉤蟲〔*Necator americanus*〕、十二指腸鉤蟲〔*Ancylostoma duodenale*〕）的感染人口即高達十億之多，更遑論加上條蟲、鞭蟲等其他寄生蟲的感染人口。爲什麼呢？因爲人類與寄生蟲的相遇之初其實「純屬巧合」。寄生蟲的祖先原是海棲生物，自從以動物消化道爲交通工具而順利登陸後，我們的腸道系統便化身爲牠們的新海洋、新棲地。

然而，在正統醫學學者眼中，這段深厚的淵源令人難以接受。長久以來，藥物研發的基礎建立在藉由「消滅」體內病原體的手段來恢復健康，因此無論抗生素、防腐劑或驅蟲藥之類的「對抗有機體用藥」（antis），其原理皆在掃蕩外來物種。溫史達克的論點卻與眾不同，而他也準備好在公開發表人體因「缺乏」寄生蟲而生病的假說後，迎接來自各界的議論。幸好，一般而言，瘋狂假說若是出自德高望重的學者之口，議論聲浪相對較小，因此他們還算擁有「大放厥詞」的權利。但是一旦占了媒體版面，仍不免有人會質疑道：「拜託，接受歐普拉訪問之前難道不能先準備點實驗數據嗎？」

的確，透過科學實驗證實新假說的可信度是個好方法。但如果進行的是一項「人體實驗」時，常會遇到重重阻礙，有時甚至會引發道德爭議。試想在現實生活中，企圖驗證冰箱對克隆氏症的影響有多麼困難——即使是病情嚴重的患者，也不見得能夠放棄對冰箱的依賴。至於如何驗證寄生蟲與克隆氏症的關係呢？唯一可行的方式與研究叉角羚的奔馳行爲相仿：重新尋回天敵，尋回腸道中的北美獵豹。

拯救叉角羚！再野化棲地

如果消化道缺乏寄生蟲是罹患克隆氏症的主因，理論上，重新引入牠們或許是最好的解藥，但是這可能僅是個過度簡化的推測，正如有人想以復育叉角羚天敵的方式「再野化」

（rewild）棲地一般。如果寄生蟲引入患者的實驗不成功，有可能是因爲在人體早期免疫系統發展階段即需要寄生蟲存在，或是寄生蟲在人體內的時間必須夠長（慢性感染），才能使消化道的免疫功能恢復正常。上述原因皆純屬猜測。但是一旦將寄生蟲植入病患體內，並且病情出現好轉，則代表這或許是個有效的治療手段，而若參與實驗的病患數增加，溫史達克的論點就會變得更加具有說服力。

我在查詢克隆氏症的相關資料時，曾懷疑過其實驗程序是否能夠符合道德標準，有可能因某人反對的聲音而不得不中止研究嗎？這項疑問同樣可以回到保育叉角羚的議題上。當時包括拜爾斯在內的某些科學家，曾建議將北美西岸大陸徹底再野化，拋棄保育生物學的成見，大規模復育現有肉食動物。北美西岸的原生肉食動物包含熊、狼等，而今日牠們的活動面積大不如前，只剩下原本的百分之一。同時，由此觀點衍生，我們還需要引進其他替代動物，舉例而言，引進象群以填補因猛瑪象與乳齒象絕種所留下的生態空缺，引進非洲獵豹替代絕跡的北美獵豹，引進非洲獅替代絕跡的美洲獅，甚至引進雙峰駱駝替代一度曾生活在北美大陸的同類。當所有消失的物種重返齊聚，當老鼠、野草或蒲公英等外來物種被驅逐出境時，復育工作才堪稱「成功」。屆時，叉角羚的飛奔將不再只是爲了躲避鬼魂虛幻的追逐，而是爲了躲避眞實存在的天敵。

上述的革命性論點是由以喬許・唐藍（Josh Donlan）爲首的康乃爾大學保育生物學家們率

先提出，他們各個都是曾經親自在野生環境中追逐大型哺乳動物及蛇類的「猛男」。這群科學家既不畏大型野生動物，也不畏公然提倡自己的主張。像多數男人一樣，如果要在心臟病發以及與老虎搏鬥中喪命二擇一，他們寧可選擇後者。唐藍在某篇文章中曾提及：「眼看美洲原本豐富的野生環境在僅僅一百年之內快速流失，你能坐視不管嗎？」唐藍顯然無法這麼做，他認爲應該爲北美洲找回失落的獅子與老虎。由於唐藍研究團隊的迫切渴望，他們決定深入荒漠，將計畫付諸行動。事實上，他們目前已從墨西哥生態保育區以卡車載運一些野生生物，通過邊境帶入美國德州，並於泰德·透納（Ted Turner，ＣＮＮ創辦者）的牧場野放。不過那群野生生物並非獅子，而是重達一百磅的墨西哥陸龜（*Gopherus flavomarginatus*）。牧場雖然占地廣大，但周圍設有防護柵欄，這倒也無關緊要。唐藍的終極目標是要恢復所有絕跡物種的生態功能，只是若要引進獅子之類的大型動物，可能需要更大的卡車。

野放觀點向來是個禁忌〔註1〕，唐藍及其他提倡「再野化」的學者受到了各界激烈的回應，其中包括反對郵件以及消極式攻擊的學術論文。舉例來說，農民認爲先人們搏命剷除大型動物、拓荒墾地，好不容易才有今日的成就，怎麼可以輕易放棄。這類緬懷前人的感傷情懷，早在兩百四十年前左右，英國生物學家威廉·杭特（William Hunter）即描述過：「儘管身爲一位生命哲學家，對多數物種在一個世代內滅絕感到遺憾，但身爲人類，我只能對上蒼心存感激。」〔註2〕換句話說，老虎生活在孟加拉是件好事，但跑到我家的後院可就得另當別論了。

顯然，社會大眾對於再野化愛達荷州綿延的草原，與再野化人體內部兩者的接受度有天壤之別，而後者高出許多。

也正因如此，唐藍至今仍苦苦等待有關當局通過北美野放的申請計畫。雖然仍不易取得哺乳動物的野放許可，但他們的努力已經換來些許成果：丹麥生態學家丹尼斯・漢森（Dennis Hansen）成功引進亞達伯拉（Aldabran）象龜至隔離的模里西斯島（曾有原生大型龜類居住於此），並且發現由於亞達伯拉象龜對播種的協助，當地植物族群的生機因此恢復。藉由亞達伯拉象龜的排泄物播下的種子，發芽後植株成長得較爲高大、茂密，與直接落地的種子相比，其淪爲食物而無法散布的機率也較小。然而，是否准許將亞達伯拉象龜進一步野放到模里西斯島以外的棲地，依舊懸而未決。〔註3〕同一時間，溫史達克在「體內棲地」的野放計畫也已經展開，並以老鼠爲第一個實驗對象。研究團隊發現在老鼠體內植入線蟲後，可預防牠們罹患發炎性腸道疾病。溫史達克接著乘勝追擊，向愛荷華大學研究審核委員會申請人體實驗計畫。出乎他們的意料，計畫順利通過了。

人體野化實驗：復育腸道寄生蟲

一九九九年初，克隆氏症患者一個接著一個進入愛荷華大學研究室，接受實驗前的醫學檢驗，確認是否符合受試資格。在淘汰有孕在身、病情過度嚴重以及過度輕微的患者後，篩選出二十九位受試者。大部分的患者在當時對寄生蟲療法可能帶來的風險幾乎一無所知，而在充分了解後，全數都願意參與這項理論極端的實驗。如果溫史達克的推測正確，他們將有機會痊癒；但如果溫史達克錯了，他們的病情則可能更加惡化。無論是何種結果，這些受試者勢必成為寄生蟲——人類曾經耗費數百萬美金根除的物種——的宿主。簡單來說，這項實驗是在醫療前進的道路上「逆向行駛」。

通常，當我們健康時，身體彷彿不存在似的；一旦出現狀況，肉體的感受就變得格外清晰，每個器官、組織似乎突然有了敏銳的知覺。克隆氏症患者也不例外，病痛無時無刻提醒著他們，肉體（尤其是消化系統）一天比一天更加衰弱。正常的進食過程是從咀嚼開始，運用起源於魚類、演化歷史悠久的牙齒構造磨碎食物；接著，口腔分泌的唾液澱粉酵素等進一步將食物分解成黏稠物，並以舌頭將其往下方推至胃裡。經胃酸溶解後的物質將通過數公尺長的腸道，而被腸道壁吸收的養分則隨著血液流動，運送到各個細胞產生燃料。對多數人來說，上述奧妙的機械系統從未罷工，並且工作時數往往超過垃圾處理機或汽車引擎等任何一台人造機器。然而，對克隆氏症病患來說並非如此，他們終身都必須隨時有心理準備，面對消化系統無預警的故障或罷工。因此，其中某些飽受折磨的人寧可選擇看似極端的寄生蟲治療手段。

溫史達克的醫療實驗所採用的寄生蟲種類為豬毛首線蟲（明確地說，即是鞭蟲）。為了確保這些寄生蟲沒有從原宿主的腸道攜帶其他病原體，所有實驗用蟲卵均先從一般豬隻身上取得，再置入另一批無菌豬隻體內孵化。經同種交配後*，孵化成功的蟲卵以每組約兩千五百個的數量平均分配。豬毛首線蟲蟲卵的形狀像兩端帶有門把的橄欖球，內部緊緊地蜷曲著一隻活生生的幼蟲。

一九九九年三月十四日，二十九位受試者均被分發到一杯懸浮著鞭蟲卵的運動飲料，其中添加有深色炭粉，使蟲卵無法以肉眼看出來。在研究人員的監督下，每個患者都非常配合地喝光泥漿色的「運動飲料」，沒有人吐出來。〔註4〕他們大口嚥下蟲卵，擦一擦嘴，靜待接下來即將發生的事。

在此的一年之前，六位重度克隆氏症患者曾預先參與過小型的測試〔註5〕，除此之外，溫史達克的理論，沒有任何可供參考的背景資料，因此這次實驗結果完全無法預料。倘若如同小型測試的結果，理想狀況下豬毛首線蟲附著於腸道的時間不應過長，然而，誰也不敢保證實際狀況。一旦寄生時間延長，即可能出現嚴重的副作用——這點受試者在事前已經相當清楚，他們在圖書館也可找到許多鞭蟲的相關資訊，包括各式各樣寫實的圖片。從圖片中可見鞭蟲像極了形體細長且無特殊特徵的蛇，一隻雌性鞭蟲每天可產下上千個卵，以委婉一些的說法形容，這些卵會被宿主「遺留」在土壤裡。此時，蟲卵無法做什麼，只能等待時機成熟時，下一個宿主不小心將牠們吃下肚中。換句話說，數百萬年以來，鞭蟲向來是藉著一次又一次類似的意外繁衍後代，延續族群生命。接著，重返消化道的卵會在動物體內孵化成幼蟲，並爬行至腸壁黏膜表面附著、發育，長成成蟲後再度回到前述的交配週期。然而在這項實驗過程中，鞭蟲的交配階段不應在宿主體內發生，根據溫史達克的構想，鞭蟲的功能僅在於誘發克隆氏症患者恢復正常的免疫反應，然後在成熟以前就要離開宿主。

眼看一星期、兩星期過去，所有受試者卻依舊無法感受到病情明顯好轉的跡象，也因此相當猶豫是否應該繼續參與接下來的實驗，就在此時，四位病患選擇退出。隨著時間一點一滴流逝，在吞下蟲卵後的第七週左右，某些病患開始出現些微好轉的現象；第十二週時，受試者們回到實驗室接受追蹤檢查。終於，溫史達克的人體野放計畫成效到了見眞章的時刻。實驗管理人在電話裡通知他們檢驗結果：選擇留在計畫裡的二十五位受試者中，病情確認好轉的共計二十二位；第二十四週（本實驗最後一週）時，所有受試者的症狀都獲得紓緩，其中二十一位受試者的病情受到有效控制。此項實驗得到的結論是：克隆氏症患者在腸道有寄生蟲的情況下，身體變得更加健康。

這項實驗的發現引發了兩極回應。第一種是對溫史達克藉由「再野化」人類腸道而成功改善原先治癒希望渺茫的克隆氏症〔註6〕感到興奮。克隆氏症的實驗結果僅是個開端，而此開端鼓舞了許多科學家前仆後繼地以類似的理論基礎，投入各類醫學領域的研究，包括自體免疫、

＊有人想像當時線蟲交配的背景音樂可能是馬文蓋（Marvin Gaye）的曲子。

過敏等，甚至有些學者認爲抑鬱症或癌症與缺乏寄生蟲也息息相關。科學實驗的範疇愈來愈廣，幾乎到了一發不可收拾的地步。當然也有一些醫學家抱著懷疑的態度，以反覆實驗、累積數據的方式檢驗溫史達克的研究，但事後反而更加鞏固他的理論基礎。除此之外，罹患其他發炎性腸道疾病的患者在接受寄生蟲療程之後，症狀也顯著減輕。另外相關的科學發現，患有糖尿病的老鼠，在植入寄生蟲後血糖值竟恢復正常（註7），甚至心臟病以及多發性硬化症也可獲得改善。

從前，先進國家向來以根除寄生蟲，作爲公共衛生的重大成就，這也是人類有效控制大自然的里程碑。溫史達克的實驗結果卻使我們驚覺「控制大自然」未必是項成就，我們甚至應該重新將某些種類的蠕蟲（當然不是全部）帶回體內。然而猶如密西西比河渠道的整治一般，過程必須小心翼翼，才能將外流洪水導入「正途」。人類習慣視自己爲地球上獨一無二的物種，也因此許多衝突與矛盾油然而生；的確，我們的文化、行爲、飲食、藥物全都改變了，但我們的身體並沒有。打從祖先開始狩獵、逃避天敵追逐、徒手取水或仰望滿天繁星以來，歷經六千個世代交替，人類的身體始終「本性難移」。古老的記憶極爲深刻，人體在沒有察覺文化改變的同時，已經做出本能性的反應，儘管這些本能在今日已像叉角羚或巨型水果。

作家瑞克·巴斯（Rick Bass）曾爲拜爾斯的著作寫過序言：「世上幾乎沒有任何一個新發現能夠立即交織出縝密的眞相，卻可啓發人們探索未知或未經驗證的科學荒地。由此，第一個答案繼而衍生出更多的疑問。」溫史達克的發現引發的第一個疑問是：爲什麼？爲什麼人體需要絛蟲、鞭蟲或鉤蟲的陪伴？爲什麼牠們離開，我們會生病，而牠們重返人體（雖有「腹背受敵」之感），我們卻變得健康？當然，在急著吞下蟲卵之前，早被判定有害的寄生蟲似乎值得我們重新了解。只是無論答案爲何，大多數人的體內已經失去牠們了。

溫史達克漸漸相信，免疫系統的發展過程需要寄生蟲，少了牠們，免疫系統就像在無重力環境中生長的植物。過去，陸生植物演化的基礎建立在征服重力之上，成功克服地心引力的種類才能由沼澤區一步步順利登陸。厚實的細胞、強而有力的莖（之後甚至演變爲木質樹莖）以及運輸糖分、水與氣體的結構，全是爲了對抗地心引力。這也正是一棵樹及一株沼澤雜草之間最大的差異。如果少了重力，陸生植物的枝芽與根莖將變成梅杜莎雜亂的髮絲，無法區分方向和向上生長，而我們的免疫系統正面臨類似的問題。

寄生蟲是敵？是友？

或許你會認爲以上的類比過度曖昧不清，但免疫學家本身在解釋人體免疫系統與寄生蟲的關係時，往往比前述的譬喻更加隱晦。溫史達克等免疫學家曾形容：少了寄生蟲，免疫系統將陷入「失衡及不和諧的狀態」，相形之下較爲直接的說法：陷入「紊亂的狀態」（out of whack）。「不同」的免疫系統是先進國家人民的共通點，而「不同」一詞代表了我們對此事的「不確定」——沒有人知道完全遠離寄生蟲的身體將會發生什麼事，唯一確定的是，生病的機率似乎提高了。

對此，溫史達克心中有一個較為具體的答案，當然，其他學者心中也有，然而科學家們通常彼此意見分歧，並且難以達成共識。溫史達克心中的推測（最初由劍橋大學的免疫學家格雷罕・魯克〔Graham Rook〕所提出）看來相當合乎邏輯，雖然這並不意味它必定屬實，但至少提供了我們一個可能答案。

在進一步解釋之前，先稍加介紹人體的免疫系統。如果將人體視為一個國家，這個國家擁有兩種軍隊：第一種專門用來對抗病毒與細菌，第二種則專門用來對抗線蟲等寄生蟲。它們互相合作，但是當身體消耗較多能量在第一種攻擊行動時，第二種攻擊行動獲得的能量將會減少，反之亦然。上述說明看似過度簡化或有些「卡通化」，然而事實上，科學家們直到一九八〇年代初期才得知這項事實。我可以在此洋洋灑灑地用更多專有名詞描述細節，例如 TH1s、TH2s 以及其他連專業字典都無法翻譯的詞彙，但說穿了，這不過是在掩飾我們目前對免疫學的知識匱乏罷了。所以，只需記得一個觀念：兩種免疫系統的軍隊在前線分別奮力地抵禦外侮。

而這兩種免疫系統軍隊存在的時間已長達兩億年之久，舉凡鯊魚、松鼠、魚類、昆蟲的體內都具備與我們相同的軍隊，足見動物與細菌、病毒以及寄生蟲之間的淵源有多麼深厚。寄生蟲對我們來說如重力之於植物般不可或缺，牠們使得免疫系統發動的戰爭有了意義。然而在漫長演化史最近的一秒鐘，鉅變驟然發生——人類開始居住在建築物裡，開始使用廁所。

如前所述，免疫系統的兩種軍備分別攻擊不同目標：病毒細菌及另一種較大型的病原體——寄生蟲。但在過去五年，科學家逐漸發覺這不是故事的全貌，其中有什麼關鍵元素似乎遺漏了。當寄生蟲藏匿在體內一段時間後，免疫系統最終會自動休兵。但究竟是爲什麼呢？

原來，我們遺漏的關鍵是免疫系統的另一種軍隊——和平部隊（peacekeepers）。一旦免疫系統與寄生蟲初步交手失敗後，該怎麼辦？它可以選擇繼續作戰，而事實上在某些情況下，身體也的確繼續作戰下去。然而無窮無盡的免疫戰爭爲人體所帶來的麻煩，往往超過寄生蟲感染本身。因此，比較聰明的選擇是休兵，學習接受現實，與敵人和平共處。這也是多數免疫系統的選擇：和平部隊發表止戰宣言，將能量分配到對付那些較有勝算打敗，或是更具威脅性的敵人。

溫史達克、魯克等科學家認爲，那些甫發現的和平部隊是免疫系統昔日的調停方式，但從某方面來看，卻成爲今日棘手的問題。學者推測，這類免疫物質只有當情勢需要時，人體才會製造。如果在免疫系統發育初期，敵人壓根兒未曾現身，和平部隊自然不會出動，也因此這項免疫功能將隨之衰退、凋零。然而前述的第一種軍隊依舊維持著強大武力，並且急於取得勝利。此本能使得所有在士兵眼中看似外來敵人的物質皆難逃轟擊，其中包括我們的身體結構。而本該負責中止這場「無差別攻擊」的和平部隊又偏偏因免疫功能不全而在緊要關頭失效。於是，免疫系統與「身體內部」（非外來病原體）的戰爭永無止盡地持續下去，人類也變得愈來愈虛弱，皮膚過敏、腸道發炎、肺衰竭及呼吸困難等症狀便層出不窮。最後的下場即是原屬同一陣營的雙方兩敗俱傷。

調停腸道免疫戰爭

那麼溫史達克實驗成功的原因何在？依據他的推斷，引入鞭蟲至克隆氏症患者體內，可誘發免疫系統恢復和平部隊的建立，達到休兵目的。但如同北美獵豹的復育計畫勢必對叉角羚產生威脅般，接受寄生蟲野放的人體也得付出相對代價。最常見的副作用是由嚴重感染導致的腸道失血（因寄生蟲會吸取我們的血液），或在進一步惡化時，轉爲貧血症。無論如何，這樣的代價與免疫系統的無差別攻擊相較，實在算是件無關緊要的小事。而如果寄生蟲成功隱居在消化道中，爲了不浪費身體的能量，和平部隊的自動免疫機制將會率領大部分「第二種軍隊」的士兵撤退，避免無差別攻擊的發生與戰場擴張。換句話說，若說免疫系統和平部隊的職責是在維繫體內和平，那麼寄生蟲則是促進和平協議誕生的推手——這是一種可能的解釋。

而我個人比較偏好的另一種解釋，與前述推論沒有任何衝突，甚至彼此互補。長久以來，科學家即知道當寄生蟲寄生於動物體內時，會分泌一種抑制宿主免疫系統的化合物，此化合物類似通知宿主的訊息，告訴宿主：「嘿，別擔心！這裡沒事，不必發動戰爭。」寄生蟲分泌的「訊息化合物」與人體本身擁有的化合物相仿，因此得以順利矇騙過我們的免疫系統。在發育過程中，我們或許必須仰賴這類的化合物（至少必須仰賴少量的寄生蟲化合物），而免疫系統可能由於「預想」寄生蟲的抑制作用，所以備好更爲強大的武力應戰。雖然至今依舊無人能夠具體證明上述現象，但不可否認，這也是個十分合理的解釋。

然而，最終的結論都是：我們必須面對一個骯髒的事實——寄生蟲是免疫功能正常發育的必要因素。生物學家將此稱之爲「衛生假說」（hygiene hypothesis），該假說認爲：免疫系統需要暴露於含有寄生蟲、微生物等病原體的環境中，才能正常運作。不僅如此，除了腸道之外，我們口腔分泌的酵素，甚至我們的視力、腦部發展、文化等都必須仰賴其他物種的陪伴與「塑形」。在努力對抗自然界的「重力」之後，我們才驚覺它的重要性，儘管至今科學家對於失去寄生蟲或其他物種的生活是利是弊仍有爭議，但顯然人類已成了在生態界失去舞伴的獨舞者。

人體終將記得與其他物種互動的過去，也記得腸道的共生者和自然界的天敵與獵物。就在你閱讀這段文字的當下，體內的軍隊沒有一刻懈怠，而這場戰役的勝負取決於寄生蟲的存在與否以及你天生的遺傳基因。在意識完全無法控制的狀態之下，免疫系統永遠爲你而戰。如果你的運氣不錯，這場戰役將不會帶來過敏反應、糖尿病、克隆氏症等麻煩，而你該好好感激體內的共生者或好基因。然而萬一運氣稍差，萬一你的免疫功能失調，該怎麼辦？你會不會，或能不能尋回演化途中遺失的寄生蟲？

目前，全球有數百萬人正在為免疫失調相關的疾病所苦，並且對醫療進展緩慢的速度漸漸失去耐心，因為等待新理論證實的過程，無異於等待死亡，而兩者同樣令人絕望。約在二〇〇六到二〇〇七年間，黛伯拉・韋德（Debora Wade）閱讀了許多溫史達克的寄生蟲理論，決定不再枯等下去。如同多數患者，二十年來的病痛煎熬使她對無止盡未知的等待感到厭倦。韋德一心只求擺脫病苦糾纏，無奈選擇有限，克隆氏症已不知不覺成為她日常生活的夢魘。

黛伯拉終於下定決心，她願意為了治癒宿疾付出任何代價。對一般人來說，溫史達克的「鞭蟲特製飲品」相當噁心，但對黛伯拉來說，在服用多年藥物卻始終不見病情好轉的情況下，這是個吸引人的選項。她無法當一個正常人，長年以來她受困家中，日益憔悴，同時飽受慢性腹瀉、腹痛及夜間盜汗的折磨。享受美食的權利早就被克隆氏症徹底剝奪，稍微「健康」一點時，消化道只允許她喝一些湯。

她已經無法記得自己吃了多少種藥，但藥物帶來的副作用倒是十分難忘。在遍尋網路及圖書館的資料，並與朋友、專家反覆討論過後，終於，她從醫師口中得知一項新訊息，一個參與臨床實驗的機會，但相對風險是增加罹癌機率，這彷彿是渴望健康的一種懲罰。由於風險過高，她又重來一遍上述的過程，尋找資料、諮詢專家，最後又回到了原點——寄生蟲。與其他選項（未經測試的密集化療或骨髓移殖）相較，這個選項反而顯得較不駭人聽聞。黛伯拉暗忖：「將蟲卵吞下肚能有多糟？不可能比現在的處境更糟了吧？」幾經掙扎後，她決定採用寄生蟲療法。

在與主治醫師確認過後，她準備郵購一包鞭蟲卵（配方與溫史達克實驗助理交給受試者的相同），但新問題來了：依據美國食品藥物管理局（ＦＤＡ）的規定，郵寄蟲卵是違法行為，而就算她有辦法私下取得，前兩週的劑量得花上四千七百元美金，接下來按月計費（價格仍維持四千七百元美金之高），同時可能需要終身服用。

她好不容易得來的一絲希望再度落空。接著，轉機出現，她得知一項鞭蟲醫療臨床實驗將在英國諾丁罕進行，並且正在召募受試者。實驗採雙盲（double-blind）方式，即某些受試者實際吞下鞭蟲，另一些受試者服用的則是安慰劑，而兩組受試者事前均不知道取得的是哪一種。實驗末了，研究人員會評估鞭蟲對於過敏性鼻炎、氣喘、克隆氏症的療效如何。黛伯拉按捺不住心中的期待，立刻致電詢問，對方表示願意接受美籍受試者的申請，這是個天大的好消息！但當黛伯拉的心情漸漸平復下來之後，她發現自己剛才似乎有些被滿腔樂觀給沖昏頭了。現在是面對現實的時候，為了參與所有實驗過程，她必須在一年之內飛往英國六次，這對她目前的健康及經濟狀況而言是個相當沉重的負擔。而就算她成功克服上述障礙，要能夠拿到真正的鞭蟲卵仍得拚一拚運氣（百分之五十的機率會拿到安慰劑）。

正當黛伯拉陷入煩惱之際，腦中突然靈光一閃：為何不憑自己的力量去尋找寄生蟲呢？其實我在撰寫本書時，也曾試著輸入「克隆氏症臨床實驗」、「改善克隆氏症」或「克隆氏症的治療」等關鍵字於網路上搜尋相關資訊，我發現大約只需籌備三千九百元美金，就可以在墨西哥買到一劑鉤蟲，這可不是取自寄生在豬隻身上的鉤蟲，而是墨西哥傳統醫學中所使用寄生在人類體內的鉤蟲。這種鉤蟲的感染途徑是透過皮膚鑽進人體內，有時會導致患者出現貧血或其他更嚴重的感染症狀。黛伯拉發現的網路廣告與我查到的類似，廣告中號稱以購買一台中古車的花費，即可換取夢寐以求的寄生蟲。你可能會質疑她是不是欠缺理性、周詳的考量，才會相信一則來自墨西哥蒂華納（Tijuana）小診所的誇大宣傳。畢竟這是二十一世紀，一個崇尚現代醫療系統的時代，黛伯拉竟然會選擇一間來路不明的小診所，而且連裡頭的醫師是否具備醫學院學歷都還搞不清楚（事後證明他沒有）。話說回來，或許一時之間死神還不至於立刻降臨在她身上，但每日活在反覆的病痛折磨與生不如死的絕望中，她還有其他選擇嗎？

醫療體制外的配方

黛伯拉於是告知她的主治醫師那則寄生蟲廣告以及她的計畫，醫師力勸她打消這個念頭，儘管醫師十分了解她的心情。因爲現代醫學對體內「物種遺失」的問題，除了不斷開處方箋直到新藥物發揮療效爲止之外，向來束手無策。萬一發揮療效的那一刻無法成真，醫師與患者都只得莫可奈何地聳聳肩（黛伯拉的醫師也是一直遵循這樣的程序）。然而對黛伯拉來說，她很難欣然接受醫師的建議。與她現在所接受的各種療程相較，寄生蟲帶來的困擾顯得微不足道，她早已厭倦了長期頻繁的注射、大量用藥與隨之而來的身體排斥反應。寄生蟲彷彿是她唯一的解藥，如果順利的話，鉤蟲將從手臂的皮膚鑽進她的血管中，通過心臟、肺臟，並進入腸道中定居下來。而若鉤蟲覺得黛伯拉的腸道算是個不錯的棲地，牠們可能一待就是三年至五年不等，有時更久。這些定居下來的鉤蟲當中若恰好有一雄一雌，便極有可能在黛伯拉的腸道裡交配並繁衍後代，但人體內寄生個體的總數不會因此增加，因爲蟲卵會流入馬桶，進入加州（黛伯拉的居住地）下水道的汙水處理系統。另外，根據廣告內容，黛伯拉毋須每週都喝一杯「蟲卵特製飲品」，她只需三年重返診所複診一次（或少至十年一次），接受相同的治療。這感覺與其說是治療，倒不如形容爲「在體內收養一群野生『寵物』」可能更加貼切，雖然這群寵物比較另類，牠們有細長、半透明的身軀，且以吸食主人的血維生。

這項絕佳的選擇背後，當然有風險存在。然而黛伯拉心想：她現在接受所謂的「最先進療程」又何嘗沒有風險呢？醫師開給她的藥物，其副作用爲增加罹癌及器官感染的機率。除此之外，這些最先進療程的臨床研究基礎與寄生蟲療法同樣薄弱，但至少後者的副作用明確且可預測性高（建立在現今全球數百萬個病例之上）。因此，黛伯拉說服了家人一同陪伴她開上前往墨西哥的五號公路。

途中，黛伯拉的腦海不斷地浮現醫師警告她的每一句話：「到了當地診所，妳無法隨自己的意願決定要不要服用藥物，也無從得知藥物成分，甚至不一定能夠確定妳取得的是否是妳需要的鉤蟲。當然鉤蟲的來源也無從得知，妳不知道原宿主是否帶有其他寄生病原、細菌或病毒？」她明白主治醫師的話相當中肯，但不知何故，她的心情絲毫未受影響。她直覺自己為生命做了一個重大的決定，使她終於有機會擺脫二十餘年來病魔的糾纏。

黛伯拉此行還有另一個目的——拜訪賈斯柏．勞倫斯（Jasper Lawrence）。雖然素昧平生，但她對他的故事早已耳熟能詳，而每一個聽過勞倫斯經歷的人莫不印象深刻。

非洲找尋寄生蟲之旅

勞倫斯原是一位在矽谷工作的資深廣告人，事業上表現得有聲有色，卻長年為氣喘所苦。隨時可能發作的宿疾，使他時時對自己的健康狀況提心吊膽。儘管隨身備有氣喘吸入器，脆弱的肺臟仍不斷提醒著他：死亡彷彿只在呼吸之間。勞倫斯自幼體弱，最近他可以清楚感覺到病情日趨惡化。其中一個可能造成病情加重的因素是菸癮，勞倫斯的內心常因無法成功戒菸而充滿罪惡感，然而肺部衰弱是否單純因為吸菸導致，抑或由其他更為複雜的成因造成（例如遺傳），在科學家眼中至今依舊是個謎。無論實際原因為何，勞倫斯近來開始頻繁進出醫院，並完全仰賴強體松（Prednisone）類固醇錠控制病情。另一方面，無關於他的氣喘問題，而是勞倫斯轉職並對新工作雀躍不已。當時的他尚未察覺，此刻，是他生命的轉捩點。

轉換工作後，勞倫斯需要處理的第一件事即是加入新的健康保險計畫，以支付所需的各項醫療費用，但保險公司以「既存病史」爲由拒絕受理他的申請，這爲他帶來強烈的不安全感。惶恐之餘，他禁不住想到自己的墓誌銘上將刻著：「賈斯柏・勞倫斯——因『既存病史』離開人世——長眠於此。」他邊想邊感到呼吸愈來愈淺，也愈來愈珍貴。

或許目前看來，勞倫斯的病情還不到危及性命的地步，然而他內心隱約湧起一股預感，「這個地步」已經近在眼前。因爲氣喘頻頻復發，與雪上加霜的拒保事件，使他不願錯過任何可能改善健康狀況的機會。勞倫斯對於「改變」並不排斥，而這趟改變之旅的起點是英國的阿姨家——他毫不遲疑地立即動身。在阿姨家某個輾轉難眠的夜晚，他處於亢奮卻無法專注思考的精神狀態，坐在電腦前瘋狂地搜尋治療氣喘的相關資料。勞倫斯記起阿姨曾向他提過前一陣子ＢＢＣ播出一部紀錄片，討論鉤蟲對多發性硬化症及氣喘的療效，因此他試著在網路上尋找此片。在此同時，他意外地發現了溫史達克等科學家發表的文獻。起初，勞倫斯對文獻所敘述的內容感到半信半疑，但隨著一篇接著一篇相關文獻的瀏覽之後，他止不住胸口的興奮與悸動。縱然讀完後他只依稀理解溫史達克的實驗，主要在討論蟲卵劑量及腸道發炎的關係，但當天「清晨」就寢前，他已下定決心放手一搏，把自己的健康託付在寄生蟲身上。他想，最糟的情況不過就是當一個失敗的蠢蛋罷了，而相反的情況卻是能夠從此獲得這輩子最渴望的健康。

接著，勞倫斯進入夢鄉，他夢見許多糾結、緩緩蠕動的寄生蟲。醒來後，他重新回想了剛才的夢境，他發現對他而言，這是場美夢。

接下來勞倫斯花了整整一個月的時間，研讀所有寄生蟲對人體健康影響的文獻。但如同多數決定將健康掌握在自己手裡、而非任憑醫師擺布的人一般，要讀懂此類專業文獻不是件容易的事。至於科學文獻的內容之所以顯得艱澀，一方面是因為其中充斥了成堆的專有名詞，另一方面其實是因為科學家本身也無法確定眞相為何，因此即使他們眞的發現了眞相，多半也是無心地歪打正著。儘管如此，勞倫斯本身愈讀愈確定他所需要的正是「重新尋回體內的寄生蟲」。他首先遇到的問題與黛伯拉相同：該選擇哪一種寄生蟲？該怎麼取得牠們？當年他能夠找到的所有文獻中沒有一篇提供上述問題的答案，而寄生蟲的種類多到不計其數——鞭蟲、可在結腸長到三十呎長的條蟲、使睪丸腫脹的絲蟲等等。考量利弊之後，雖然看來最可能治癒氣喘的是條蟲，但由於其再感染率過高，因此最後他選擇鉤蟲。當然，另一個原因是勞倫斯不願意在體內豢養一隻三十呎長的「怪獸」，同時，能否成功擺脫這隻怪獸還得憑個人運氣。*勞倫斯的決定或許不夠專業，但至少是一項經過審愼評估的可行方案。

但經過漫長的十八個月，勞倫斯依舊毫無頭緒該如何取得寄生蟲。他的病情似乎更加惡化了，不過對寄生蟲治療的信心卻與日俱增。他時而陷入沉思，時而埋首於文獻中，另外還試著打了幾通諮詢電話。終於，他恍然大悟，某些領域（例如寄生蟲療法）在現代醫學的體制內屬於蠻荒之地（此類療法在當時不存在於體制內）。換句話說，他得憑藉自己的力量，以最原始的手段，從他人身上「取得」所需要的鉤蟲。從他讀過的相關資訊中，勞倫斯得知在第三世界國家鉤蟲感染隨處可見，再加上公共衛生資源匱乏，「取得」鉤蟲簡直輕而易舉，就算你不願意。「DIY感染計畫」的第一步是訂機票前進非洲，他挑選的地點是喀麥隆，近乎百分之百的當地人體內都帶有鉤蟲。因此，在「鉤蟲聖地」，理論上他只需要「稍不留意」，DIY感染計畫應該就會成功。萬一計畫不小心失敗了，他心中也已準備好備案：他願意爲此付出更多。

這趟旅程既昂貴又瘋狂，對一個在美國加州土生土長的企業家，而且未曾到過開發中國家旅行的傢伙而言，的確是個相當大膽的冒險。當他抵達喀麥隆機場時，環顧四周，他壓根兒感覺不出自己到了航空安全的管理站，在這裡他反倒比較像是置身於某間中學的校園裡頭。一走出機場，勞倫斯立刻感到熱氣逼人，同時也親眼目睹當地人民一貧如洗的普遍程度。接下來的日子，他每天都可在路上見到斷指的痲瘋病患與成群的乞食孩童，還有許多公車事故以及一個駭人的事實：生命在喀麥隆並不值錢。勞倫斯感到自身的所作所爲相形之下是何等諷刺（他一時想不出比諷刺更強烈且更貼切現實的詞彙）。包括喀麥隆在內，世上絕大多數的地區，因受

＊一般而言，成功擺脫的機率並不高。另外，我在訪問一位寄生蟲專家時，他將此擺脫過程描述爲「排泄出一條龍」——相當寫實而未經修飾的科學用語。

限於衛生條件及匱乏的醫療資源，使得人民一直無法擺脫寄生蟲感染病，並且時時刻刻都有不計其數的幼童爲此喪命。另外，這裡的人民也飽受愛滋病毒（HIV）、瘧疾、登革熱的威脅，進而導致政局不穩定及戰爭的發生。然而如同溫史達克般，對勞倫斯來說，這些致命的寄生蟲或傳染病具有另一層意義及「信仰」，而勞倫斯打算以自己的身體作爲試煉信仰的工具。

勞倫斯與一個在機場初次相遇的當地家庭同住。可想而知，當他向這家人解釋此行的目的時，他們心中可能暗想著，這個西方人瘋了。但事實上。勞倫斯並不是第一個爲了獲取珍貴寶藏或解藥，拋下生活的一切跑到原始叢林及非洲草原的西方人。他的行爲無異於早期的西方探險家，只不過他的目標更加明確——他要深入這個國家最落後、骯髒的地區，赤足而行，並祈禱鉤蟲願意選上他。這當然不是最理想的治療方式，而如果他的病情無法因此好轉，他就眞的得面臨山窮水盡的處境，加上身邊的強體松一旦吃完，他甚至可能客死異鄉。既然已經沒有退路，勞倫斯毫不猶疑地一腳踩進眼前成堆的人類排泄物之中，期待幾隻「救星」能穿過他那層細嫩的「文明肌膚」，順利進入體內。

在喀麥隆滿是新鮮糞便且潮溼、惡臭的「戶外公廁」中赤腳來回行走多次之後，勞倫斯才得知，其實根本沒有必要採取如此極端的手段。由於鉤蟲的成熟過程爲期數天，因此想要感染上牠們，於乾燥的排泄物中即可找到。乾燥的糞便通常位於一般住家後方的坑洞，那種有時還附有衛生紙，是當地的「私廁」。勞倫斯企圖到那裡尋找鉤蟲，想當然耳，附近居民對這位形跡可疑的外國人態度不會太友善，他們追著他吼叫，似乎在阻止他接近私廁。陷入半瘋狂狀態的勞倫斯站在這群人面前，努力解釋自己來此的用意，但不知何故，他解釋愈多，人們愈憤怒，雙方持續對峙。依照目前的情勢發展下去，故事結尾極可能是一個絕望的西方人與一群非洲原住民在糞坑裡扭打成一團——西方人為了性命而戰，原住民為了尊嚴而戰。此時，故事卻突然出現意料之外的轉折，當地人的態度軟化下來，原本僵持不下的局面也和平落幕，他們允許勞倫斯進出各戶的私廁。終於在某一天，勞倫斯的腳上出現了一吋正在蠕行的鉤蟲，緩緩鑽入他曾經文明的皮膚。望著這「一吋的好運」進入體內後，他不禁仰頭向上蒼祈禱，奇蹟能早日降臨。

黛伯拉在決定踏上尋找寄生蟲之旅前，就曾聽說勞倫斯的故事了。她知道他波折的長途旅程，也知道這個故事的高潮——勞倫斯的血管將鉤蟲運送至心臟，並成功進入腸道，接著鉤蟲與免疫系統開戰，而這場戰役最大的贏家是勞倫斯本人。他的氣喘近乎痊癒，原本對花粉及其他過敏原的過敏反應隨之消失。他的免疫系統不再引發各種折磨人的症狀，他的呼吸也變得十分順暢。這趟奇蹟般的體驗自此改變勞倫斯的人生觀：他發覺自己的使命在於幫助需要寄生蟲的人（當然不會是在喀麥隆），於是在距離故鄉加州不遠的墨西哥，他開了一間專門實施寄生蟲療法的診所。這位前矽谷廣告公司的高階主管在網站上宣稱：「我的生命因寄生蟲而改頭換面，而你，也可以。」

寄生蟲療法

當黛伯拉駕著車逐漸接近目的地蒂華納時，她感到一股莫名的焦慮。因爲擔心感染寄生蟲，從前她一直不敢來墨西哥旅行，但現在她竟然專程到此接受感染。黛伯拉不斷質疑自己：「我到底在搞什麼鬼？」二〇〇七年十二月十七日，她從聖地牙哥跨越美、墨邊境，進入一個嶄新的「寄生蟲世界」。她與家人事先訂了一間蒂華納的度假旅館套房，畢竟在面對寄生蟲世界之前，來點放鬆心情的享受行程是情有可原的。然而，在她還沒來得及辦理入住手續時，勞倫斯已現身在旅館櫃檯附近，而這番無預警地握手致意與自我介紹，彷彿提醒著她：明天一早寄生蟲就要進駐妳的身體，別忘了！

當晚黛伯拉睡得還不錯，但早晨醒來時，一陣緊張再度向她襲來。她的心臟隨時都要跳出來似的，腎上腺素也充滿著全身。但該來的總是躲不掉，她終究得面對現實，驅車前往勞倫斯的診所。這間診所毗鄰的住宅區看來相當落後，而診所本身則坐落於一條繁忙的街道旁，樓高兩層，同時也是勞倫斯的自宅。一開門，黛伯拉隨即看見勞倫斯以及他身旁一位名爲亞馬斯的醫師，這位醫師將負責操作整個感染流程。黛伯拉與丈夫在一間等候室兼客廳的地方短暫歇息，隨後就被領至走廊盡頭一間類似一般醫師辦公室的房間，裡頭陳設有一張鋪上白紙巾的家用長椅。亞馬斯醫師十分親切地問診，一邊聆聽一邊不時流露出同情的眼神，同一時間，一名護士提著一袋血液走進來。黛伯拉突然意識到：在這裡，旁人如何「安排」她的身體不容她置喙，她唯一能做的只有在醫師、勞倫斯與野生寄生蟲的「處置」下不計後果地接受治療，而令她心中格外發毛的是，她是死是活，對野生寄生蟲而言無關痛癢。次日，重頭戲登場，亞馬斯爲她植入「重返健康生活的解藥」（至少這是黛伯拉的希望）。如果進展順利，來自勞倫斯感染到的鉤蟲的後代幼蟲會鑽進她的皮膚裡，啓動免疫功能恢復正常。當所有程序完成的那一刻，黛伯拉起身向診所裡的每個人道謝，並偕同丈夫駕車返家。

寄生蟲真能治病？

而今，寄生蟲之旅已不再稀奇，至今約有上百名爲氣喘、潰瘍性結腸炎、克隆氏症或其他自體免疫疾病所苦的患者，到黛伯拉造訪的同一間診所尋求協助。而黛伯拉本人呢？在她等待病情好轉的期間，回想整個過程，她總覺得與當初的想像不同。一方面是因爲這趟旅程花了她一大筆錢（八千元美金左右），另一方面是因爲沒有人預先告知過她有關幼蟲捐獻者的資訊。事前，她對幼蟲直接取自他人體內一事一無所知，當然更沒有料到「他人」就是網站上那位知名的勞倫斯，因此完全沒有調查過勞倫斯的背景。她暗忖著勞倫斯是否符合捐獻資格；她依稀記得在勞倫斯抽血時，她不小心瞄到他汙穢的指甲；她還記得診所本身的環境衛生也有待改進。想到這裡，黛伯拉又質疑起自己當初的選擇究竟是否正確。

她拆下繃帶，原以爲會看到十個並排的紅點（醫師爲她植入幼蟲的位置），卻只找到一個，這個結果使她有些沮喪。兩天過後，黛伯拉的病情沒有出現任何好轉跡象，她整夜都得待在廁所，無聊地盯著窗外的星辰。接著，在聖誕節當天，黛伯拉開始發燒，她由衷期盼這是個好徵兆，那代表寄生蟲與免疫軍隊之間終於開戰了。之後幾天，她的克隆氏症及高燒更加惡化，儘管她不願承認，但身體愈來愈糟卻是不爭的事實。又過了一陣子，她隱約感覺到病情似乎漸趨好轉，但因速度過於緩慢且與預期的復原進度有所落差，她無法百分之百確定現狀是否稱得上是「好轉」。

再來的日子她可以相當確定，現狀不是好轉，而是惡化：宿疾未癒，關節炎、腳踝腫脹等新症狀又莫名地接踵而來。〔註1〕然而隨著煎熬期結束，黛伯拉的狀況改善了，而且是大幅地改善，近乎痊癒。正當她沉浸於擺脫克隆氏症糾纏的喜悅時，病情再度急轉直下。在無計可施的情形下，她重新接受寄生蟲接種。黛伯拉發現，每次寄生蟲感染後，病情就會好轉，然而只能維持數個月，她猜想這時間長度可能是寄生蟲在她體內存活的壽命。二〇一〇年六月，復診的時間又到了，而黛伯拉接下來的生活都會以規律接種寄生蟲的方式繼續下去，周而復始地「再野化」自己的腸道。儘管無法痊癒，病情卻持續改善。對此結果，黛伯拉已經心滿意足了。

精準、有效、資訊透明化向來是人們對醫學的期待。過去，埃及人與印加人相信在頭蓋骨鑿洞可帶來健康〔註2〕，有些患者果眞康復了，有些卻因鑽孔器具卡在頭部而死亡。古今中外所有的醫療手術，結果是好是壞都難以預料，但至少我們能夠從錯誤中學習，藉由案例累積歸納出成敗的原因，並且盡可能地避免重蹈覆轍。黛伯拉的故事明白點出，我們對醫學的認識往往僅是皮毛而已——我們知道是否發揮療效，至於爲何發揮療效，通常仍是個謎題。醫學進展到今日，人體依舊被視爲一部機器，故障時彷佛只需要焊接、拿把鐵鎚敲打，或補給幾滴化學藥劑就能修理好。可惜人體不是機器，是複雜的生物體，是與其他物種交互作用、共同演化而成的生物體。機器具備邏輯性與規律性，但人體處處充滿特例，即使歷經好幾個世紀的發展，醫學對大部分的人體運作仍毫無頭緒。我們需要更充分的資訊，尤其人類長期以忽略演化及生態環境的態度面對疾病，究竟會導致怎樣的後果？

目前針對克隆氏症之類的疑難雜症，最普遍的處理程序是「症狀治療」，然而這種治標不治本的方式說穿了不過是緩兵之計罷了，終有一天將會一觸即潰。克隆氏症可比擬爲北美生態保育問題的縮影，無奈醫界對此領域的知識極度貧乏。寄生蟲或許可以減輕某些病患的痛苦，但絕非全體病患，我們不能指望發現了寄生蟲等於發現了萬靈丹。依據勞倫斯粗略的估計，約有三分之二在他診所接受過治療的患者，病情有所改善，若將那些返家後從此不曾回診，或無法聯繫上的人納入考量，這個追蹤結果只能當作參考。另一項可供參考的數據來自黛伯拉，在她訪問過擁有相同經驗的病患之中，約有百分之七十的人認爲寄生蟲療法有效。其中有些患者的故事的確堪稱奇蹟：其中兩位患多發性硬化症的病人，好轉的情形穩定維持兩年之久，還有許多氣喘及過敏患者因此而痊癒。反之，寄生蟲在某些個體體內似乎無法發揮療效，同時如潰瘍性結腸炎之類的症狀，寄生蟲看來也不是解藥。至於克隆氏症呢？黛伯拉保持聯繫的病友當中，多數都遇到與她相同的狀況——感染寄生蟲的初期，可明顯感到症狀大爲改善，但「好景」只能維持半年，之後必須每半年定期接受再感染，以穩定控制住病情。

雖然與其他病友相較，黛伯拉的治療結果難說是成是敗，但她儼然已成爲寄生蟲療法的信仰者之一。在常態性的再感染下，大部分時間她的病情控制得相當不錯，只是偶爾會有一些莫名的新症狀發作。黛伯拉無法確定寄生蟲是否就是元凶，正如她當初在接受正統醫藥治療及注射的那段期間，當身體出現難受的排斥反應時，也沒有人能確定是否是藥物帶來的副作用。她與其他病友期待能夠盡快看到更多相關的研究報告出爐。在我訪問黛伯拉時，她說：「有關這項理論的研究幾乎算是一片空白，我們不知道自己接受的治療到底算是什麼，也不知道是不是感染次數愈多療效就會愈好。」因爲至今沒有任何學者提出再感染之「適當頻率」的資料。的確，有爲數不少的科學家投入這個研究領域，但身爲一名病患，黛伯拉覺得進度實在過於緩慢。以她曾經考慮參與的諾丁罕研究計畫爲例，應已如期完成所有的臨床實驗及追蹤程序，然而目前仍未見到任何文獻發表。

據我所知，諾丁罕實驗室的計畫主持人，生物學家大衛・普里查德（David Pritchard）博士，正忐忑不安地推動下一步研究計畫。普里查德不安的原因來自於他認爲臨床測試參與者眾，而探討寄生蟲對人體免疫系統有何影響的學者卻少得不成比例。尤其在臨床測試的體制下，患者可自行選擇接受寄生蟲感染，更提高了未知風險發生的可能性。而除了普里查德及勞倫斯之外，正在進行臨床測試計畫的，還有一間位於美國（由溫史達克主持）、兩間位於英國（愛丁堡、倫敦）以及一間位於澳洲的實驗室。另外，在墨西哥還有兩處提供類似於勞倫斯寄生蟲療法的診所，分別爲歐發醫療研究中心（Ovamed）與寄生免疫醫藥公司（Wormtherapy）。其中，寄生免疫醫藥公司的經營者蓋林・阿格利提（Garin Aglietti）爲勞倫斯過去的合作夥伴之一。

普里查德博士的擔憂其實非常合理，在墨西哥的診所完全是以野生的寄生蟲及野生的途徑感染人體。以勞倫斯的診所爲例，其治療方式缺乏充分證據支持，又不屬於臨床實驗的範疇，因此基本上沒有正式的醫療控管或病情追蹤，也沒有未經治療的控制組資料以供對照。

那麼，萬一生病的是你，該怎麼辦？如果你不幸被克隆氏症、發炎性腸道疾病、過敏、糖尿病或多發性硬化症糾纏，對於重拾健康能夠抱持多大希望？依現有的研究結果來看，寄生蟲與這類疾病確實息息相關，然而科學家對於兩者之間的關聯性為何仍然一知半解，答案極可能隱藏在歷史之中。儘管歷史一去不復返，我們可以藉由新的途徑找回某些遺失的元素，寄生蟲即為一例。或許有朝一日我們可以將牠們「馴養」在體內，使感染的可預測性及可控制性增高，因為截至目前為止，正統醫學對於由缺乏寄生蟲所導致的各種頑強疾病，治療選項不但少，同時還效果不彰。如果你反問我相同的問題，我可能會告訴你，我願意在審慎評估之後，選擇到一個寄生蟲普遍又還算安全的地區來段「赤足旅行」；而萬一幸運點，說不定我體內早已居住有寄生蟲了。沒有人知道標準答案，但我們必須認清這個「骯髒的現實」：人類終究無法（或至少現在無法）從漫長演化史交織而成的糾結生態網中，成功掙脫。

由「骯髒的現實」裡，我們記取一個重大教訓：以消滅體內物種為基礎的傳統醫療思維，顯然是錯的。包括免疫系統在內的身體機制，都是透過與仰賴我們維生的物種交互影響、共同演化而成；人體不僅是單純的宿主，也是與其他生物環環相扣的「夥伴」。昔日學界認知的「人類」及「其他物種」之間的界線愈來愈模糊，甚至「有利物種」及「有害物種」的分類也必須重新修正。寄生蟲只是這個故事的開端，我們身體內外的「房客」種類成千上萬，人體是一座不折不扣的「野生動物園」。即使以當初繁衍巔峰期的北美野牛數量當作參考值，仍比不上我們身上的細菌總數。更驚人的是，我們身上的微生物細胞（microbial cell）總數，甚至大於人類細胞（human cell）。現在關鍵的議題在於：這些體型雖小卻舉足輕重的微生物細胞，在人體內扮演著什麼角色？人類長年企圖改變的共存關係，原貌究竟為何？而改變的後果又是什麼？即使根除體內每一隻寄生蟲，也沒有人能夠真正成為一座孤島。

第三部　闌尾的原始角色及轉變

一旦人類學會殘殺生靈之後，從此便欲罷不能。因熱中狩獵，人類發明出各種武器刺殺乳齒象、劍齒虎、野狼以及叉角羚的天敵——北美獵豹。隨著槍枝誕生，這迫切的渴望進一步促成大規模的物種屠殺。終於有一天，當狼或熊等大型動物的族群數量只剩下一小撮時，我們開始將槍口瞄向侯鴿（passenger pigeon）等小型動物，偶爾會將屍首烹煮來吃，但絕大多數只是單純爲了滿足人類嗜殺的欲望。接著ＤＤＴ等殺蟲劑問世，一次性的噴灑即可消滅方圓百萬畝以上的小型生物，然而曾經有一段時間，人類甚至將ＤＤＴ直接噴灑在身上，並將其塗抹於孩童的頭髮。只要我們一發現有什麼可用來消滅微生物的化合物，就毫不猶豫地往肚裡吞。人腦對自身身體裡外或四周生物的排斥感，與喜愛風景畫，或在觀光景點瞥見野生動物時的興奮感同樣自然，彷彿那是我們天性的一部分。

以上所提及的各項技術基本上都可歸類爲「抗生素」（anti-biotic，名符其實的對抗生命），儘管至今尚未有任何技術能夠眞的消滅全部人類企圖對抗的物種。事實上，這些化合物在殲滅某些物種的同時，卻助長另一些物種的繁榮——生命力強且繁殖快的物種，漸漸取代生命力弱而繁殖慢的物種。起初，在我們獵捕大型天敵時，大型與小型掠食者物種間出現消長〔註1〕，而在我們使用ＤＤＴ殺死田裡或家中的害蟲之後，原本潛伏的頑強抗藥性物種，勢力日益龐大。另外，對農作物及庭院草坪使用除草劑後，生命力超強的野草也悄悄地在農地、水泥牆的裂縫間欣欣向榮。因人類的介入，在今日的文明世界之中，隨處可見的物種演變成生命力強韌的蒲公英、豬草（菊科）等，有時它們的葉子甚至會破壞柏油路堅固的結構。

當我們將叉角羚的生態圈視爲一個非刻意建立卻活生生的實驗場，檢視著牠們因失去天敵所付出的代價時，別忘了人類才是這項實驗最廣泛的受試族群——我們不僅失去了原本共存的各種天敵，也同時失去了體內外的寄生蟲、微生物，而目前倖存下來的物種爲何，現狀又將帶給人類怎樣的衝擊，依舊有待釐清。唯一能夠確定的是，生活在文明世界的全體人類皆無法擺脫這項有史以來規模最大的研究計畫。在醫學成功地將寄生蟲阻擋在外之後，緊接著就開始試圖大舉殲滅細菌，最後製造出「抗微生物藥劑」（antimicrobial agent），試圖摧毀全數單細胞生物，此類藥劑即爲抗生素。抗生素的發明人是亞歷山大・佛萊明（Alexander Fleming），他意外地從麵包黴菌中萃取出能夠殺死微生物的化合物，直到今日，它已成爲現代生活不可或缺的一部分。即使你未曾主動使用抗生素，你的身體也必定逃不過抗生素的「汙染」，因爲抗生素無所不在——當你吃飯喝水時，農作物或牛、豬等畜養肉品全都殘留有抗生素。根據統計，世界上每年抗生素的消耗量爲二十萬噸〔註2〕，無論是個人消耗量或整體消耗量皆日趨增加。加上我們習慣的洗手、擦手、洗頭洗澡等儀式，每個動作都再三確保微生物被徹底消滅。這是打從遠古時期起，人類根深柢固的文化之一，在其他觀點成爲主流之前，我們將持續遵循此項古老的儀式。因此，我們的確應該深入探究抗生素所帶來的微生物新生態，及其中優勢物種消長爲人類帶來的影響。

殺光細菌真能帶來健康？

盤尼西林（Penicillin）*是醫療史上效果第一且救人無數的藥物，而效果排名第二的藥物也是另一種抗生素。初期，由於迫切的需要，人類開始服用抗生素，而佛萊明的發明不僅爲他及其他兩位研究夥伴贏得諾貝爾獎的殊榮，也的確造福許多罹患淋病、結核病、梅毒的病人。〔註3〕然而在今日，抗生素治療致命性疾病的案例只占少數，大部分的抗生素治療用於解除鼻塞、耳道疼痛等小症狀，甚或用於感染疾病的預防。（例如許多求診的病人常主動跟醫師說：「我覺得身體不大對勁，可能是得了某種病，不確定是什麼……嗯……但我想，吃點抗生素應該會有幫助。」對現代人來說，將成堆的阿莫西林（amoxicillin）、安比西林（ampicillin）、盤尼西林等各種抗生素往嘴裡送，似乎是件稀鬆平常的事，彷彿吞下它們，身體的自我防衛武器立即裝備完畢。但是我們一直沒有搞清楚，在扣下扳機的一刻，這把名爲抗生素的槍能夠瞄得多準。

大多數在醫療系統中「歷史悠久」的抗生素，背後皆缺乏詳盡的研究，我們不了解服用後對消化道的細菌有何影響。一般而言，醫療研究的手段會以「有無療效」爲優先考量，確認了這點之後，才會開始細究藥物在人體內作用的方式及原理。目前已知的是抗生素可殺死梅毒等病原體，因爲醫師投予抗生素後，病患的梅毒症狀消失了，然而梅毒病菌死亡的同時，其他種類的微生物受到什麼影響，卻無從得知。理想的研究技術當時並不存在，加上醫學界的首要目標是「治療」——既然多數疾病起因於細菌，我們很自然地將所有細菌都視爲對人類有害（像之後將提到的「詹姆斯泡沫老鼠王」一樣）。細菌等同於豹、狼等天敵，牠們攻擊家畜和兒童；細菌也等同於害蟲，殘害農作物等糧食。當時，人類只有一個念頭，那就是「殺光所有細菌」，其他問題都只是次要。而從醫療的時代背景來看，這也的確算是合情合理。

畢竟，一開始會發明這項工具是爲了求生存，因此手法有些粗暴是可以理解的。我們的邏輯是當某種症狀的病因確定，而我們有能力控制病因時，就必須有效控制它。但當我們已然學會分辨輕重緩急、益菌與壞菌的差異後，我們採用的「控管」手段仍大同小異。以消化道爲例，直到最近，我們才漸漸能夠區分何謂益菌、何謂壞菌，也對於我們的武器——抗生素——瞄準的目標屬於哪一種菌稍有頭緒。又或者，問題其實出在人類的大腦，它雖然促使武器的發明與使用，卻無法爲消化道（尤其闌尾）瞄準眞正的病原體；不幸的是，全盤皆知的消化道本身卻說不出一句話來。

我們對自己體內一無所知的理由很簡單：消化道就像熱帶原始雨林般神祕，卻少了雨林迷

＊或稱青黴素，是一種能夠破壞細菌細胞壁的抗生素。

人的景致及浪漫傳說，因此向來乏人問津。如果在朋友的餐會中提及你研究的環境是在巴西或哥斯大黎加的雨林，人們的反應常是：「啊，我聽說過哥斯大黎加是個釣魚的聖地！」或是：「好羨慕你去過！」接著，各種興致高昂的對話旋即展開。但是如果在餐會中提到你研究的對象是結腸，人們頂多跟你聊聊纖維素的攝取。不僅是因爲腸道難以在享用美食的過程中構成什麼有趣的話題，也是因爲腸道研究本身非常困難。對於生活在雨林中的生物，科學家至少可以帶回研究站或實驗室進一步觀察、觸碰，或是給予特定刺激，探索牠們的行爲反應。同樣的方法對於生活在消化道裡的微生物就眞的完全不可行，更遑論多數種類肉眼無法觀察得到，也無法培養。依據目前的發現，約有一千種以上的微生物居住在消化道中，而另外一千種則住在人體其他部分。其中，絕大部分的品種離開「原生棲地」便無法生長，因此科學家無法在實驗室的環境中成功培育。雖然近在眼前，雖然其家園就是我們的身體，但至今面對這些微生物，我們依舊極度陌生。

隨著遺傳學的發展，我們擁有一項新利器：「基因體序列地圖」（geneoscope），這不是用來殘殺生命，而是用來觀察生命。「基因體序列地圖」就像望遠鏡，但觀察對象並非人類周圍的世界，而是我們體內的世界。藉由解析RNA（DNA的親戚，在細胞內從DNA轉錄、轉譯成蛋白質的中間物質），我們得以一窺生存於體內的物種爲何。我們只需取一匙雨水或糞便樣本，分析其中的RNA組成（相當於基因組成），即可在無法培養微生物的情況下，間接探索一個欣欣向榮的迷你生態圈。這項低成本的遺傳技術非常方便，因此如艾米・克洛斯威爾（Amy Croswell）這樣的年輕技術人員，與指導老師尼塔・薩爾茲曼（Nita Salzman）再加上三位同事，就可著手研究了。

克洛斯威爾在威斯康辛醫學院小兒科工作，他是一位微生物及免疫學家，與薩爾茲曼的第一項研究計畫即是以白老鼠爲實驗對象，探討服用抗生素對消化道系統的影響。首先，克洛斯威爾將白老鼠分爲兩組：一組爲投予抗生素的實驗組，另一組爲不投予抗生素的對照組。實驗組中的白老鼠又進一步被分爲「高劑量組」及「低劑量組」。前者服用四種抗生素，而根據目前的研究，應可殺死所有的腸道細菌；後者則僅服用一種抗生素（類似於幼兒耳道感染時醫師開的處方藥）。〔註4〕整個研究計畫與人類實際面臨的問題相較，其規模可謂微不足道。

由於科學家已建立起一套既方便又可行的白老鼠研究方法，因此牠們是現今最普遍的實驗動物。薩爾茲曼及克洛斯威爾於本計畫使用的白老鼠，是完全在實驗室飼養成長到第十代以上的族群。換句話說，牠們的生活環境與絕大多數文明人的生活環境相仿。首先，研究團隊以剖腹手術接生鼠寶寶後，開始餵食固定配方的飼料，並於滿五週時分別投予不同劑量的抗生素。

我們先在此預想一下這個實驗可能得到的結果。一般人的直覺應該會推測與服用前相較，老鼠在服用抗生素之後，腸道中的「壞菌」數量將會減少，而「好菌」數量至少維持不變，甚或有增加的趨勢。至少，在正統醫療理論中，這項結果向來是我們希望的。但實際結果爲何？

沒有任何專家可以給你一個滿意的答案。另外有一派極端的生物學家，則認為本實驗中使用的抗生素將消滅老鼠腸道內所有的微生物。在克洛斯威爾與薩爾茲曼投予鼠群抗生素數天後，他們收取每一隻個體的糞便樣本進行RNA分析，並如其他老鼠實驗的程序一般殺死牠們、採樣，接著丟進公墓——實驗室的大型廢棄物收集桶——之中。

不出所料，研究團隊發現在未投予抗生素的對照組中，無論是老鼠的糞便樣本或腸道樣本，皆充滿各種微生物。投予抗生素的實驗組呢？這些相當於接受過人類醫藥治療的老鼠，其腸道中仍有微生物存在，這個結果意義重大。然而與對照組相較，數量已大幅減少，尤其是大腸及結腸的微生物數量。除此之外，雖然抗生素的效果在高劑量組的老鼠群中最為顯著，但在低劑量組的老鼠群（例如僅投予鏈黴素的個體）之中，抗生素的效果也存在。也就是說，只要服用抗生素，老鼠腸道內成千上萬個微生物皆會被消滅，無論服用的種類為何。沒有一種抗生素會專門針對「壞菌」〔註5〕，幾乎所有品種的細菌都會受到影響，不分好壞。而由於人類與老鼠的消化系統高度相近，這項實驗結果意味了抗生素對我們消化道的影響大致也是如此。簡單來說，服用抗生素之後，我們腸道內絕大多數的微生物細胞將會死亡，僅剩少數頑強的物種苟延殘喘地活下來，而這些頑強的物種將重建一個全新的生態圈。這項結果也讓我們發現，有必要對抗生素殺死的物種進行深入研究——牠們**原本**在人類消化系統中**扮演的角色究竟是什麼**？有一位年輕人為了找尋答案，曾經試圖創造一個無機的世界。

自從人類研究微生物開始，這個問題就一直困擾著我們。雖然巴斯德（Louis Pasteur，微生物學研究先驅）本人提倡消滅飲用奶及食物中的細菌（巴氏殺菌法的由來），他同時也相信微生物與人體之間關係密切，兩者相依相存。巴斯德認爲由於共生的演化歷史悠久，因此缺少了微生物的我們將無法存活。換言之，細菌是人類絕對型互利共生（obligate mutualist）的夥伴，「絕對型」意指不可或缺，「互利」則代表彼此間的雙贏關係。反之，另一派支持「細菌致病論」（germ theory of disease）的學者們，主張多數人體內外的微生物對我們弊多於利。在兩方均未提出有力證據爲自身假說背書的情況下，文明世界卻依舊持續地剷除細菌，使這個議題又再度浮上檯面。

在此提醒一下讀者，前文提及的叉角羚通則或許是一個相當好的借鏡。拜爾斯提出「失去天敵後的物種下場如何」，與溫史達克質疑「細菌消失對人體的影響爲何」，其實是一體兩面的問題，只是發生在不同的物種身上，並由不同科學家提出而已。

打造無菌世界

一九〇九年出生的詹姆斯・瑞尼爾斯（James Reyniers）是同儕眼中的奇葩，同時也是一位機械操作人員的兒子，和一位溫順的天主教徒。因爲熱中於找尋上述細菌問題的正確解答，他平凡的一生意外地變得不平凡。詹姆斯的第一個想法是：有沒有可能創造出一隻完全無菌的老鼠？他想要確認生存在我們體內或體表的微生物對人類究竟是有益、有害或中性的〔註6〕。這個問題換句話說，是在釐清這些微生物究竟屬於人類的共生者（與我們是雙贏關係）、片利共生者（在不影響我們的情況下，從我們身上得到好處的物種）或是病原體（在危害我們的情況下，從我們身上得到好處的物種）。按照他的邏輯，這個問題屬於簡單的「是非題」——如果答案是肯定（微生物對人類有益），我們應該保存下來；如果答案是否定（微生物對人類無益），我們理應服用抗生素或以其他手段消滅他們。而此時，滅菌與撲殺農田中的害蟲或集體畜養的牛隻一般，可視為一種科技的進步。

在詹姆斯眼中，這問題是個再單純不過的機械問題罷了，最大的挑戰與淘金沙的概念相似——如何成功地將人體與細菌分開。依據他的想像，這個實驗「成功的第一步」在於創造出一隻無菌鼠。到了一九二七年左右，他有自信能夠在實驗室裡創造出無菌動物，因此打算朝此方向著手。在詹姆斯之前，所有研究這個主題的人都試圖採取「威猛先生」的方法：一舉殲滅動物身上的細菌。〔註7〕這也是我們日常生活中最為普遍的方法之一，透過反覆的洗手、洗澡，盡可能殺光體表無數的微生物細胞（實際數字約等於百萬兆，是「人類細胞」的一百倍）。無奈不論是靠威猛先生或日常清潔儀式，人類依舊只能殺死「絕大多數但非全數」的細胞，同時結果往往造就一個新環境，只有利於少數頑強細菌存活。而細菌的強大之處，在於即使你只留下一個活口，它仍然能夠快速地繁殖出成千上萬個後代子孫。

然而詹姆斯的著眼點相當獨到，他以一個機械工程學（非生物學）的背景，選擇了另外一條研究途徑。他打算利用金屬、塑膠等材質打造一個完全無機（無菌）的世界。當時，人類剛發明出人工鐵肺及機器人，因此詹姆斯認爲他可以應用相關技術建立無機（無菌）環境，並讓懷孕的雌性動物在其中生產後代。既然諾亞有辦法將所有物種一雄一雌帶到方舟上繁衍，他就有辦法使其再度分離。

一旦詹姆斯成功達成此項目標，他必定將成爲史上第一個繁衍出無菌動物的人（這裡的無菌泛指沒有任何細菌、太古菌、原生生物、眞菌、病毒等）＊。無菌動物聽起來是個既迷人又現代感十足的構想，而無菌動物的出現，對學術界的意義也勢必非常重大，因爲牠們可提供學者一個零微生物的基點，並將單一品種的微生物逐步放回動物身上，研究每一物種對動物體的影響。科學家不再需要使用現有的動物體進行病原體實驗，避免動物體身上原本攜帶的各類未知微生物會造成的極大實驗誤差。詹姆斯希望自己能夠改變目前的研究方法，爲微生物學領域開啓另一扇窗。

詹姆斯腦海中的藍圖愈來愈清晰，他不僅將創造史上第一個無菌動物，更計畫創造上千、

＊原生生物是由原核生物發展而來的眞核生物，大部分是單細胞生物，比原核生物更大、更複雜。原生生物大致分爲原生菌、原生動物與藻類。

上萬隻無菌動物，甚至一個如動物園規模般的革命性「無菌生態圈」。於是，他開始向自己就讀的美國聖母大學（University of Notre Dame）教職員們，提出一項爲期五十年的研究計畫。五十年間他預計製造出第一隻無菌鼠，並且進一步大量繁衍其後代。詹姆斯的夢想似乎遙不可及，尤其他不是以教授、副教授、博士後研究員或研究生的身分提出計畫，那年才十九歲的他，還只是個衣著不合身的瘦弱大學生。

我不確定若我聽到學生提出這樣的要求時，我會做何感想，至少第一個反應不會是「ＯＫ」或「沒問題」，我的第一個反應應該比較接近：「別異想天開了吧！」但詹姆斯卻出人意表地從校方某位院長的口中得到了肯定的回覆，並且獲得一間理學院實驗室的使用權、一堆金屬材料，以及一個小型發焰熔接裝置。事後有人猜測，這位院長其實沒有發覺詹姆斯不過是個大學部的學生而已。總之，研究計畫順利地付諸實行，而這項微生物學史上最具野心的實驗之一，將由一位年輕男孩一手主導。

詹姆斯打算在無菌空間完成後，於其中以不接觸任何細菌（包括操作者手上、飛沫或呼吸中所攜帶的細菌）爲原則，剖腹接生鼠寶寶。他認爲只要新生的小白鼠體內外完全無菌，同時這樣的無菌狀態可以維持，他就可以擺脫傳統的滅菌思維。而在無菌環境裡的小白鼠從出生、成長、交配到死亡，終生都得以生活在美好的無菌世界中。假設一切按照詹姆斯的理想逐步實現，那麼，他將能在六十九歲時達成終極目標——無菌生態圈。

善用父親及兩個哥哥教過的機械工程技術〔註8〕，詹姆斯的第一步是打造一間又一間金屬製剖腹接生室。依據他的想像，接生室的構造為潛水艇及病房的綜合體。偶爾，父親會到他的實驗室幫忙，但多數時間他都得靠自己的力量，因此路過的學生常常見到他一個人如同雕塑家或視覺藝術家般，日以繼夜地忙著焊接金屬。有時工作告一段落，詹姆斯會退後幾步，仔細欣賞自己的傑作，心想：「這裡的弧度真是完美，接縫處一點空隙也沒有！」當然他或許會陷入低潮的情緒，雖然這部分已不可考，但畢竟所有的實驗都難免歷經挫折，有時甚至必須耗費好幾年的時間才看得到成果。至少根據相關文獻的記載，詹姆斯大部分的時間都表現出不屈不撓的精神，偶爾還會睡在自己的作品旁，他一位體型瘦弱的男孩被成堆巨型金屬物所包圍，而每一個金屬結構都彷彿模擬著一座地球生態圈。

他發現在此研究計畫的初期，某些步驟相當容易，例如消毒待產動物只需要將鼠媽媽全身剃毛、拔毛後（細菌喜歡藏在毛髮中），稍微浸泡在殺菌劑中，立刻蓋上預先以抗生素處理過的「毯子」即可。其實你在家中也可以用類似的程序進行全身性殺菌，但我猜應該極少人有意願這麼做。較為困難的是下一步：他必須將覆蓋著毯子的母鼠運送至金屬圓筒中，並以剖腹手術取出鼠寶寶。首先，金屬圓筒本身要達到完全無菌的狀態就已困難重重，再加上剖腹手術用的手套必須完全密封，以防止手部細菌感染新生兒；除此之外，無機手術室橡膠圈墊的結構容易出現空隙，因此手術室內部必須隨時消毒。上述過程皆相當勞神費力。再者，詹姆斯對於實驗動物種類也經過幾番思量，一開始他想用家貓，但貓爪常把手套抓裂，最後他還是決定使用一般實驗用的白老鼠。幾經波折之後，他的決心似乎沒有絲毫動搖，就算有，他也沒有回頭路了。

歷史文獻對於詹姆斯當時的情緒著墨甚少，但不難想見他的沮喪，畢竟在他快滿二十歲時，仍沒有一座無菌手術室宣告完工。而到了他二十六歲、手術室終於正式啓用時，另一個要件——無菌動物——卻依舊未現身。由於剖腹手術的難度極高，當時操作此手術必須配戴相當厚重的橡膠手套，加上每項步驟之後必須確認個體的無菌狀態，因此在繁瑣的過程中，已經死過無數的白老鼠、大鼠、貓或雞等動物。在成功率極低的狀況下，詹姆斯選擇不屈不撓地堅持下去（如果是我，說不定會選擇放棄）。一九三五年，詹姆斯滿二十七歲，第一隻無菌白老鼠終於順利誕生。他旋即將研究成果公諸於世，不是以論文發表的方式，而是直接接受《時代雜誌》（*Time*）的訪問〔註9〕。文章中提及，一九三五年六月十日，詹姆斯．瑞尼爾斯成功創造出史上第一隻無菌動物。接下來只剩一個問題：這隻無菌鼠寶寶是否能夠存活下來？

詹姆斯長年的努力換來母校重視，在獲得學士學位後，他直接受聘爲教授。〔註10〕當時的他沉浸於一片歡欣鼓舞的氣氛中，就算一時忘記初衷，應該也不會有人苛責，何況他始終沒有忘記。詹姆斯立刻著手比較無菌室內、外白老鼠的差異何在。他假設，如果巴斯德的推論屬實，那麼無菌室內的白老鼠將因缺乏必要微生物而無法存活。

但詹姆斯的無菌鼠活下來了！事實上，無菌鼠不但沒有死亡，牠們的食欲及活動力甚至更加旺盛。另外，無菌室中的動物似乎壽命較長，也從來不必為蛀牙問題困擾。〔註11〕對詹姆斯而言，這項成果為人類未來的生活模式樹立了典範，他在一九六〇年《科技時代》（*Popular Science*）的文章中指出：無菌室是一個微型的未來世界，生活在其中的物種將再也不必與細菌等微生物共存——這儼然成為一項共識。〔註12〕該文進一步提及將來我們可以將無菌人或無菌猴送往太空，而對讀者來說，打造一個類似於詹姆斯為白老鼠建立的無菌居住空間，顯然是個不言而喻的可能。人類不需要諾亞方舟上其他物種的陪伴，人類只需要人類。詹姆斯不僅實現了他的初步目標，更為一般民眾帶來希望，一個無菌、健康、長生不老的希望。

詹姆斯的研究計畫日益擴張，而聖母大學也提供他更大的實驗室，最後乾脆給他一整座研究機構。他與父親將無菌室的創立方法申請專利，許多內容至今仍在全球各地被採用，目前總計共有上萬隻（保守估計上千隻）的無菌動物存活在無菌室中。現代的無菌室結構益發精密複雜，外觀較接近泡泡形狀而非原始的潛水艇，孤獨又詭異地存在於各地的實驗室之中。

打破「無菌神話」的迷思

詹姆斯非凡的成就應歸功於他的遠見及能力，以及優秀的合作夥伴，其中如菲力浦・崔克斯勒（Philip Trexler）就進一步將無菌室改良得更小、更省錢，也更便於操作。而詹姆斯雖然沒有活到六十九歲，親眼見證到自己的研究成果，但這全然無損他的貢獻，因爲無菌動物本身將可提供許多疾病研究新的契機。不幸的是，這項結果同時也讓許多科學家包括詹姆斯本人忽略了一件事實，並且使他們認爲大多數的腸道微生物對人類來說有害無利。也就是說，如果我們以此結論重新思考巴斯德提出的疑問——消滅所有細菌對人體有何影響，可能就會引發誤導。

其實也不能怪到詹姆斯頭上，對於身爲機械工程師的他而言，巴斯德所提出的問題複雜又廣泛，同時還牽涉到微生物及人體長久以來的緊密關係，這是一個詹姆斯不熟悉的領域。他習於站在無機的立場思考，而非細胞。另外，他也沒接受過演化學或生態學的教育。因此，隨著研究計畫的擴張，詹姆斯轉而投入組織管理與資金募集的工作，卻無法從生物學的角度思考實驗發展的方向，理所當然較容易忽略了操作過程中死亡的動物。眞正的問題在於當時得知此實驗結果的生物學家們也忘了本行，而傾向以詹姆斯的眼光看待這個無菌世界。當詹姆斯及其研究團隊在公開場合的發言機會增多，進而主導微生物學領域後，該研究結果近乎與眞相畫上等號，最後簡化爲嘹亮的口號：「殺死細菌！殺光細菌！」彷彿自此人類可以擺脫演化歷史的包袱；彷彿在細菌消失的世界人類必定將更健康、更快樂——像生活在無機世界裡的老鼠一樣。

在詹姆斯研究結果的基礎上，民眾堅定相信微生物對人體有害，而我們也應該住進美麗的無菌室中。還好當初詹姆斯的計畫不是一項爲期五十年的集體人類實驗，不然我們或許都將成爲眞正的「白老鼠」。事實上，人類已經以反覆清潔身體及大量使用抗生素的方式，朝此方向前進許久，而看到長壽健康的白老鼠，我們更加渴望遠離與微生物共存亡的骯髒歷史，住進牠們的無菌天堂。詹姆斯的研究為此帶來一線曙光，人類的子孫們有機會擁有一個純淨的未來，也能夠在成長過程中將細菌（甚至其他人類）完全隔離在外。這對先天罹患免疫缺乏症的子孫而言，無疑是項福音。因此，無機世界勾勒出美好的前景，而首批受惠的受試者應該是免疫功能不全的病患。

然而，就算拿出所有抗生素當防護罩，我們依舊無法避開全部的微生物。現實生活中，「無菌空間」只是個想像，關於這一點詹姆斯本人也很清楚——人類終將難以擺脫微生物如影隨形的陪伴。以病毒為例，許多品種是透過母體直接感染新生兒，而其中更有某些品種的病毒基因，是以嵌入母體基因之中的方式代代相傳。這些天生帶原的個體，「天生」就不可能是「無菌的」。*嚴格來說，除了某一特殊品種的大鼠之外，世上沒有任何真正的無菌生物。因為人類的粒線體中本來就含有微生物的DNA，若缺乏它們，我們根本不可能存活。而事實上，粒線體本身即為古細菌的後裔，負責將能量供給體內每一個細胞。以此觀點，巴斯德的理

*或許讀到此處，你心裡正想著：「把病毒也全數消滅不就行了！」這個想法與科學發明的動機如出一轍，滿足人類的能力追求、好奇心、偏執以及自大。身為一般讀者，你絕對有資格追尋自身的「五十年研究計畫」，至於困難可能超乎想像的問題，交給保守派科學家就綽綽有餘了。

論顯然比較正確。

除此之外，即便是天生無菌的幸運兒，要維持此狀態也近乎是一項不可能的任務。細菌、病毒等微生物總會想盡辦法悄悄潛入無菌室中，而只要有一個細菌或黴菌細胞成功了，苦心建立的無菌空間將會整個被摧毀。因為微生物無孔不入且繁殖快速，霸占無菌室對它們來說簡直輕而易舉。某些無菌室的白老鼠受到微生物病原體的攻擊後，下場可能比正常個體更為悲慘，但絕大多數的個體反而會因為細菌、病毒的「洗禮」，變得愈來愈強健。簡言之，自然界的微生物熱愛完全無菌或無塵的密閉空間，同時，常以獨占之姿稱霸入侵的生態。這宛如一場無止盡的軍備競賽般，隨著我們驅逐微生物的科技日益發達，它們（包含對人類有害及有益的品種）也愈加頑強。事實上，詹姆斯的確曾經由於細菌汙染白白浪費了十年左右的時間，並犧牲許多白老鼠的性命。針對此事，他向某個記者表示過：身為一個科學家，沒有多少十年能夠揮霍。而最終，這個故事關係到一位男孩的性命。這位男孩因為先天免疫不全，一出生後便立刻住進無菌實驗室中，由醫師們共同撫養長大。十二歲時，男孩為了離開無菌世界而接受骨髓移植，以恢復免疫功能。手術過程十分順利，其成果也備受矚目，然而結果卻不如預期，男孩的健康狀況每況愈下，之後發現是捐贈者骨髓攜帶的病毒奪去了這位年輕男孩的性命。這正是病原體潛入人造無菌環境的最佳例證。病毒、細菌無所不在，一旦逮到滲透的機會，即能殘酷摧毀人類辛苦建立起的「無菌烏托邦」。我們只能試圖創造更大的無菌空間或更多的抗生素，然而需要的「無菌世界」愈大，困難度也就愈高。儘管多數鑽入詹姆斯無菌室的微生物對我們無害，但躲過抗菌溼紙巾、抗菌噴霧等各類武器的狡猾品種進一步帶來的問題，往往更値得關切。

白蟻實驗和無菌鼠

當我們思考此問題時，可以以白蟻爲借鏡。各地的枯木皆存在有白蟻帝國，擁擠地過著與其他動物不同的生活。試想世界上所有掉落在地面的木頭與樹葉層層累積，直到完全包圍你，而其中絕大部分都是仰賴白蟻的消耗。在史上第一個哺乳動物出現之前，白蟻透明的身軀以及又長又細的消化道，早已隨處可見。

白蟻的主食是枯木與落葉，而這也正是牠們在生態圈中的生存優勢，因爲極少數動物的腸道具備消化上述物質的能力。枯木、落葉的成分多爲木質素及纖維素。以木質素爲例，它是一種腐爛、惡臭的「養分來源」，大部分動物皆不願食用。我們對白蟻向來所知甚少，直到一九〇〇年代初期，約瑟夫·萊迪（Joseph Leidy，美國現代微生物學及恐龍化石考古學先驅）才開始深入探索白蟻的消化道。他當初在剖開白蟻肚子時期待看到什麼已不可考，但可確定的是，在白蟻體內，他目睹了各種生命熙熙攘攘、比肩繼踵，其中包括細菌、原生菌、眞菌等等。這些寄住在白蟻腸道的生命，經過數百萬年的適應及演化，發展出許多遺傳特徵與行爲模式，以利搭乘白蟻的「便車」。當然，白蟻本身的消化道也是共生演化的結果；由於腸道形狀及化學物質的差異，不同種類的白蟻體內適合不同種類的微生物存活，因此得以擁有特殊的消化能力。舉例而言，某些白蟻能夠消化泥土，另一些則能夠消化樹葉或枯木。另外，有一種白蟻甚至能夠靠著吸取大氣中的氮維生，堪稱眞正的「飲露餐風」。

與詹姆斯對白老鼠提出的疑問一樣，約瑟夫對白蟻體內的微生物是否不可或缺一事也充滿好奇。以微生物的立場而言，它們顯然需要白蟻，然而反過來說，白蟻需要微生物嗎？幸運的是，白蟻是一種較白老鼠更爲方便的實驗對象，因爲冷凍白蟻可以殺死牠們體內的微生物，同時又維持白蟻本身不死。你可以以冰塊暫時冷凍白蟻，再緩緩解凍，牠們會甦醒並環顧一下四周，宛若歷經重生。雖然這樣的實驗方式將使白蟻失去所有的嗅覺記憶，無法確認自己原先的身分究竟是蟻后還是蟻王。這項實驗的程序相當簡單，一般人在家中即可自行嘗試。在科學史中，第一次的實驗結果完全出乎眾人的意料：殺死白蟻體內的微生物後，白蟻隨之死亡。即使科學家繼續餵食原先的主食，牠們的腸道卻無法消化、吸收任何養分。冷凍過的白蟻，在自己喜愛的美食——枯木及樹葉——的環繞下，因缺乏微生物協助，活生生地餓死。

可惜在無菌研究領域中，以脊椎動物如大鼠、白老鼠、家禽等爲對象的生物學家們，通常對白蟻實驗十分陌生，更不用說那些以人體爲實驗對象的醫學研究者。同樣地，研究白蟻消化道的科學家也鮮少與他人交流專業，他們有新發現時，可能只會偶爾與研究蜜蜂或其他蟻類的科學家討論。兩個領域「井水不犯河水」，下場便是當白蟻研究者以方便且價格低廉的冷凍殺菌法行之多年後，脊椎動物研究者還在耗費大量的金錢與時間，打造一個「金屬無菌室」的美夢。

這個下場攸關著我們對自己與微生物之間的認知，也點出爲何詹姆斯面對巴斯德理論時會錯得如此離譜。其實不能怪詹姆斯一人，他的想法只是忠實反映出多數人類愚蠢的傲慢罷了〔註13〕——一個放諸所有現代醫學與文明生活皆然的傲慢。因爲習於這樣的傲慢，詹姆斯不經意地操弄實驗，製造了一場無菌及有菌鼠間不公平的競爭，而競爭的前提已經預設無菌鼠不合理的勝利。

讓我們來討論一下白蟻實驗與無菌鼠實驗兩者最大的差別：食物、疾病、存活機率。首先是食物，二個實驗差別在有無慷慨、豐盛的「最後的晚餐」。在白蟻實驗中，當殲滅體內全數的微生物之後，端在眼前的是牠們在自然環境中原本的主食。而一旦少了微生物，意味著少了必要的纖維素酵素及木質素酵素，本身不能製造足夠分解酶的白蟻無法消化、吸收養分，只能靜靜等待死亡。反觀無菌白老鼠的實驗，研究者事先已經確保供給牠們源源不絕的養分，這有違自然生存的原則。當某些養分無法維繫無菌鼠的性命時，研究者隨即調配新的養分內容，直到成功爲止（失敗當然就是指無菌鼠的死亡，且事後證實，失敗的機率相當高）。因此，這場競爭是以提高無菌鼠存活機率爲前提。對詹姆斯而言，動物像機器一般，需要隨時供給並補充最適合的燃料，可惜現實環境中，老鼠與人類都不是機器。在演化及天擇的世界裡，食物資源的競爭必然存在，「最適合的燃料」純粹只是幻想。同時，養分攝取本身也牽涉到疾病的發生。

直到今日，科學家們在重複詹姆斯的實驗時，依舊如法炮製，打造一個小型無菌室，而材質從金屬改成塑膠，供白老鼠在其中享受安逸的生活。無菌鼠打從出生，便無須擔憂自然界中食物資源的競爭。一切似乎完美得像夢境一般，除了某些「小」警訊，如牠們必須被餵食較一般老鼠更多的食物，才能達到同樣的體重；牠們必須攝取養分更豐富的食物，才能維持正常的生命機制。生物學家終於發現，白老鼠的腸道微生物與白蟻的同樣重要，因爲白老鼠本身也無法製造足夠的酵素，以消化吸收必要的養分。最好的例子即是纖維素，這些人體的必需碳水化合物隱藏在植物中，而我們消化道的房客多形類桿菌（*Bacteroides thetaiotaomicron*）可分泌四百多種酵素，其中絕大部分人類無法自行合成，這些酵素齊力分解植物纖維。當外界的食物資源有限時，這些酵素足以救命。目前科學家已知，白老鼠腸道內的微生物可將養分（連同熱量，無論你是否想要）的吸收效益提升百分之三十左右。

另一個食物中的關鍵元素是特殊營養素，尤其是維生素K以及某些種類的維生素B。無論是哪一種脊椎動物包括白老鼠與人類，這些必要營養素的合成需要仰賴腸道微生物。維生素K一詞起源於德語的「凝聚」（koagulieren），它的作用正是凝血。一般而言，成年人體內的維生素K來自植物養分的攝取與微生物的消化，但新生兒體內的維生素K含量相當低，母乳中的維生素K含量也極低。在正常情況下，新生兒藉由消化道內快速繁殖的微生物累積維生素K，然而某些個體體內的微生物繁殖速度過慢，導致新生兒凝血功能差，造成出血致死的風險大幅提高，這種疾病被委婉地稱爲「新生兒出血症」（hemorrhagic disease of the newborn），有鑑於此，美國及英國都會爲甫出生的嬰兒注射維生素K補充劑。除此之外，剖腹生產的新生兒由於對母體微生物的接觸少，出血症的發生率較高。另外，服用抗生素的個體，無論成人或孩童，也常因合成維生素K的微生物被消滅，進而導致體內維生素K的含量過低。〔註14〕

如果跳脫新生兒或白老鼠的思維，換一個角度想想人類遠古時代的祖先「雅蒂」，或許有助於我們重新審視微生物的角色，以及它們與人類的關係。在當時嚴苛的生存環境中，微生物不僅可以合成維生素K，還可以提升養分與熱量的吸收率，而多餘的熱量又可進一步轉換爲脂肪——在大部分的人類歷史裡，脂肪絕對是個「好東西」。換句話說，對我們的祖先而言，細菌等微生物與人體之間，勢必是一種互利共生的關係，而非詹姆斯認定之病原體與宿主的關係。尤其處於數千萬年之前食物資源貧瘠的年代，上述條件決定了後代子孫能否存活——絕大多數之時，人類需要微生物的陪伴才能活下來。而人類祖先在野生環境中，微生物存在與否關係著養分攝取的效能（從同樣食物中能夠「榨取」的養分量）。擁有微生物的個體只需六到七個小時即能採集足夠食物，反之，缺乏微生物的個體卻得花上十小時以上。然而，與存活機率及疾病相比，與養分相關的問題還算一樁小事。要深入前述兩項要素，我們必須再度回到克洛斯威爾與薩爾茲曼的老鼠研究計畫。

殺光細菌的代價

試著回顧一下克洛斯威爾、薩爾茲曼的實驗，其主題在於研究抗生素對白老鼠消化道的影響。前文未提到，他們其實還做了另一項實驗：沙門桿菌的感染實驗。克洛斯威爾與薩爾茲曼認為老鼠消化道中的原生種微生物，能夠幫助宿主預防沙門桿菌的感染，功能類似老鼠體內的免疫系統，但原理略有差異。首先，微生物有充分的理由協助宿主抵禦外侮，因為宿主是牠們的衣食父母，提供「碎肉丸」給牠們。依據克洛斯威爾的實驗結果，同時給予沙門桿菌及抗生素的個體，最終都生病了；相反地，僅感染沙門桿菌而沒有服用抗生素的個體，則相當健康。換句話說，抗生素會提升沙門桿菌入侵成功及白老鼠腸道發炎的機率。然而，當原生種的微生物有機會「重整旗鼓」，沙門桿菌便找不到白老鼠腸道系統的破綻，因此無法成功感染。顯然，沙門桿菌與腸道原生微生物間存在一種族群競爭關係，兩方在戰鬥過程中互有消長。從宿主的角度來看（無論是白老鼠或人類），微生物扮演的角色幾乎等同於預防疾病的主力前鋒，而抗生素的介入使得前鋒難以生存，當腸道遇到眞正的病原體時，因原本與之競爭的微生物力量被大幅削弱，只好敞開自家大門，讓身爲病原體的物種堂而皇之地進入。如果不幸這個進攻的病原體會致命，身爲宿主的我們終將難逃死劫。

上述實驗最貼切的類比，或許是「紅火蟻」與對付紅火蟻用的「DDT」。二十世紀初，DDT開始自阿根廷引進美國，接著橫掃全世界。當時，阿拉巴馬州的莫比爾（Mobile）出現紅火蟻的蹤影，且族群有逐漸擴張的跡象，有關當局於是決定以全面噴灑DDT的方式解決此問題。在執行初期，這個手段達成良好的成效，立竿見影地殺死大量紅火蟻，然而死亡的不只是紅火蟻，連原生蟻類也被DDT一視同仁地消滅。隨著時間流逝，原生蟻類瀕臨絕種所帶來的問題漸漸浮現：紅火蟻繁殖速度快，原生蟻類卻不然；更嚴重的一點是先前DDT噴灑愈多的區域，紅火蟻族群數量成長的速度愈快。同理，我們可以預見，抗生素（相當於微生物的DDT）事實上反而加速了「病原體大軍」（相當於紅火蟻）一舉攻下人類的消化道。

克洛斯威爾和薩爾茲曼的實驗絕非這個故事的尾聲。除了數以千計的微生物之外，在我們的腸道，當然，還有在皮膚、毛髮或口腔中，仍有許多各式各樣的物種存在，例如肺部的眞菌。我們目前對這些微生物的知識非常貧乏，但可以想像它們類似於腸道中微生物的原生種，是我們雙贏、共生的好夥伴。但文明生活對抗菌溼紙巾、抗菌洗手乳等產品的濫用，卻清除掉益菌，留下一個絕佳的空檔，使抗藥性極強的害菌有機可乘，迫不急待地霸占「新家」——即原生益菌的舊棲地。

這對一個「文明的消化道」來說，意味著什麼呢？我們人類只能接受眼前極爲諷刺的命運安排，每一個文明人都愈來愈像詹姆斯的白老鼠，而愈來愈不像自己血緣相近的祖先雅蒂。至少在先進國家，我們擁有充足的食物；同時，我們企圖打造一座「無菌空間」，儘管只能部分且短暫地隔絕微生物，而這點與詹姆斯的白老鼠有明顯區隔。然而，除了人類體內外皆住滿微生物這一點顯然不同於詹姆斯的無菌鼠之外，另一個關鍵差別是飲食。科學家早已調配出最理想的無菌鼠養分配方，以維持牠們的健康。那麼文明人呢？這勢必困難重重。在高度開發國家生活的人民，原先細菌善意帶給我們的額外熱量，對平時暴飲暴食或習於精緻、加工食品的我們來說，只是雪上加霜。更麻煩的是，肥胖的個體往往較正常人的消化效能要好，此現象無論在白老鼠、大鼠或豬身上皆可見到，而這也是微生物的「功勞」。〔註15〕更甚者，肥胖體質的人通常擁有較常人更多的脂肪或多醣類分解細菌，在它們賣力協助下，消化道吸收熱量的效率大幅提升。科學家們把肥胖老鼠體內的微生物移植到較瘦小老鼠體內，期望使後者增加體重。對現代豐衣足食的文明人來說，效能極佳的醣類或脂肪的使用並非好事，甚至是壞事。但對許多第三世界國家的人民來說，這些微生物是必須的，因爲營養素的高效利用有助於他們在糧食匱乏的環境中生存。能夠「搾出」能量及熱量的幫手，可以使飢餓的個體熬過死亡關頭。反之，文明人體內相同的微生物，由於從豐富的高熱量食物如洋芋片、起士、白吐司身上，高效能地轉換養分，自然使你發胖。錯不在微生物本身，而是人類飲食習慣的驟變。曾經使我們存活且維持健康體態的夥伴，現在卻使我們愈來愈肥胖，縱然這個問題與其他有害品種如病原體帶來的疾病相較，不過是個無足掛齒的小麻煩。

終身居住在無菌世界完全不成問題，只要擁有足夠的維生條件，且你是其中唯一的生命，除非哪一天無菌世界出現縫隙，或是供給食物的營養品質下降。當年，那個生活在無菌實驗室中的男孩，對於無菌世界破裂的恐懼與日俱增，深怕微生物有機可乘，潛入他的專屬空間。文明人對於微生物的恐懼也大同小異，我們深怕細菌突破抗生素築起的防線。然而我們沒有發覺，真正的問題並非來自無菌世界出現縫隙，而是打造無菌世界本身就是一個錯誤的開頭。人類周圍絕大多數微生物是有益而無害的，巴斯德的論點在過去絕對成立：少了細菌，我們的祖先將由於營養不良或其他疾病而死路一條。少了細菌的現代人可能不至於死亡，但體重將會減輕、會缺乏各種必須的營養素，而且併發相關疾病的風險極高。這是一個難以避免的趨勢，抗生素的濫用使得每一口食物中的養分吸收下降，也使得各式各樣病原體從直腸、大腸、小腸、胃等處一步步蠶食我們，最終占領全身。或許有一天，我們能夠善加「治理」體內的微生物，利用它們製造維生素K，且維持穠纖合度的體態。然而目前不僅科技未達到如此程度，「治理」也不是真正的終點。人類最佳的反思對象，是社會組織複雜精密的白蟻與螞蟻，以及我們自己體內的闌尾，雖名為「尾」卻不符實情，闌尾向來在人類發展過程裡扮演著中心角色。

宛如巴別塔般的學術世界

我們不免質疑為何科學界或文明社會打從一開始就沒人記得微生物的價值，而一逕選擇全面大屠殺，將促進益菌的研究拋諸腦後。關於這個問題，理由之一是人類曾經有一段歷史備受細菌、病毒等致命性的微生物嚴重威脅，而殺光它們的想法在那時自然而然地興起；另一方面，如詹姆斯這般「無菌信仰」的狂熱分子或多或少也有貢獻。但我個人認爲「巴別塔」（Babel）的故事是最佳借鏡。根據巴別塔的寓意，自然生態的變遷本就像古典樂章般，會周而復始地重複某些主題。如果你大致理解一個封閉隔絕的生態圈（例如海底火山噴發孔）是如何運作的，可試著依此類推、舉一反三。在自然界中，山貓（天敵）與野兔（獵物）的族群消長息息相關，而捕食蟇（predatory mite）與塵蟇之間密不可分的關係亦然。同樣地，人體腸道中的生態圈也是微生物與我們長期共生演化的結果。目前科學研究領域的分類眾多，包括專門針對白蟻、螞蟻、水熊蟲（tardigrade）或集體生態成本等各界專家，他們並非全都目光短淺或缺乏洞見。然而，回顧過去五十年，「巴別塔」已不知不覺成爲科學界的主流目標。處於這種氛圍之中，詹姆斯自然容易曲解實驗結果背後所蘊含的眞實意義，並且忽略巴斯德的懷疑。但畢竟，生態之書不曾停筆，歷史的興衰更迭也依舊如常，就算人類在盤根錯節的生命森林裡迷失了方向，在行過漫長演化之路後遺忘了早已適應良好的位置。

《聖經》上記載，巴別塔是當時全天下人企圖共同建造、一座通往天堂的高塔，象徵人類的榮耀、野心與偉大成就。巴別塔除了建立在揮汗如雨的努力以及一磚一瓦的堆砌之外，更重要的是，當時全天下人都擁有統一的口音言語，方便他們分工合作，吆喝彼此道：「嘿！我這裡還需要一塊磚頭！」人類的語言等同於蜜蜂的舞蹈或螞蟻的費洛蒙，都是極爲重要的溝通工具，它將各地的部落、族群編織穿梭爲一體。然而好的開始未必是成功的一半，有時壯志未酬，身即先死。於是，上帝的懲罰降臨，「耶和華使他們從那裡分散在全地上，他們就停工，不造那城了。耶和華在那裡變亂天下人的言語，使衆人分散在全地上」。這個故事告訴我們的第一個教訓是：狂妄將導致自我毀滅。但是別忘了另一個教訓：**要拆散全天下人，就使他們無法溝通**。這幾乎是學術界的現狀，因爲分崩離析〔註16〕，成果累積變得困難重重。同時，儘管每一個人看來都正爲了通往天堂而辛勤地堆積磚瓦，但是我們認眞想過腳下的地基究竟是什麼嗎？而更重要的是，這座塔眞的通往天堂了？

科學界的局外人可能會期待隨著知識膨脹，我們對於自然世界運作的認識，其視野的廣度及高度也將提升。如果口音言語統一，我們或許辦得到，但是現在每位科學家都在學有專精的領域內建築自己的「象牙塔」，而且塔裡的專有名詞愈來愈艱澀，研究範疇愈來愈狹隘。舉例而言，一個神經學家難以理解腎臟學家的語言，反之亦然；而更令局外人訝異的是，神經學家彼此之間要相互理解更是困難，因此每一個專家的「非本科知識」變得十分有限。如果想要一窺他人的高塔，科學家往往必須學會多種語言。無奈的是，在生物學的研究領域中，精通「多國語言」的人才極少，這個問題以分類最爲精細的人類生物學或稱基礎醫學爲最——有些人終身僅研究某一種心臟細胞或粘膜屬性。〔註17〕過度畫分領域的結果是得到全面性重大發現的可能性大幅降低。這就像瞎子摸象的故事般，從耳朵每一部分的構造到它們如何協力產生聽覺，需要更宏觀的理解，而許多研究的困境在於當科學家觀察一個事件時，後退的距離不夠遠，自然而然容易「見樹不見林」。至今，生物學的重大發現及突破，通常來自某些專家開始探索其他較陌生的主題，因爲這份陌生形成的距離感，使得他們有機會像個高高在上的君王，眺望領土的全貌。一般而言，生態學家或演化學家的視野往往算是相對寬廣的，可惜近來也逐漸出現「各自築塔」的趨勢。我相信，立足在高處或遠處，遺漏之處能一目了然，口音語言容易統一，而跨領域的參照比較或意見交流將得以更加順暢。立足在同時看得見螞蟻與人類消化道的位置，才有機會俯瞰生態系的全貌，而這應該才是科學研究者適切的位置。

從螞蟻看物種與細菌的互助合作

螞蟻猶如醚類（ethers），無所不在*。某個物種（如人類）和另一物種（如微生物）之間的關係，最典型的類比即是螞蟻和阿拉伯樹。阿拉伯樹提供螞蟻住家以及食物，來換取螞蟻保護它們的葉子。有螞蟻入住的植株，與那些沒有螞蟻入住的植株相較，生長得更快、更健康。而獎賞回饋螞蟻，阿拉伯樹才得以對抗另一種威脅性更大的物種——食草昆蟲與動物。這種共生關係與人體相對於體內微生物的關係，顯然可以逐條參照，而另一個與我們更相近的例子是耕作蟻（farming ant）。

耕作蟻與人類的相似度極高，牠們會耕作，並且同樣擁有殖民地。耕作蟻另一個較爲人知的名字是切葉蟻（leaf-cutter ant）。牠們的殖民地是一個龐大的社會組織，其中常居住了成千上萬，甚至高達百萬隻不孕的個體，完全服從蟻后的命令。正如任何一個社會結構，某些個體可能不完美，好比會決策錯誤、被吃掉、帶回有毒葉片等等。雖然少數個體無法修正錯誤，但平均而言，牠們還是能把工作做好。而牠們的工作是將口器「上顎」切得斷的葉片運回蟻巢中，並爲共有的「眞菌田園」施肥。眞菌生產含糖量高的養分（或稱果實體），螞蟻將之餵食幼蟲。眞菌對切葉蟻來說還扮演著另一個角色，即外部腸道。當螞蟻無法消化某些品種的植物樹葉時，眞菌就出馬了。除此之外，不同種類的切葉蟻（切葉蟻的種類相當繁多）會「種植」不同品種的眞菌，並發展出獨一無二的關係，彼此相互仰賴。切葉蟻利用眞菌的演化伎倆不勝枚舉，且複雜精密。事實上，成功培植眞菌是件非常困難的事，但在切葉蟻身上很少看到失敗案例。同理，眞菌能夠成功餵食切葉蟻也是門學問。雙方合作的成果是：田園欣欣向榮，殖民地擴張，蟻后的腹部表皮因孵滿後代子孫而被撐得愈來愈薄。

切葉蟻堪稱眞菌田園的園藝高手，猶如馬戲團華麗的表演般，處處可見淋漓盡致的特技。每個個體的拿手絕活不同：侏儒工蟻（minim）坐在葉片上，一方面確保背著葉片的個體們能

＊許多化合物是以醚官能團相互鏈結組成。

夠安全完成運輸任務，另一方面防止蒼蠅在樹葉表面產卵；同時間，頭部巨大的兵蟻（頭部是兵蟻的超級武器）也正忙於守衛蟻群經過的路徑。接著，由工蟻接手，牠們利用刀鋸狀、結構近乎完美的上顎，將陸續抵達眞菌田園的葉片切得細碎。田園深處隱居著大家共同的統治者——一位體型臃腫的女士。這位女士每天可以產下成千上萬個卵，每個卵皆宛如「法貝熱彩蛋」＊。至今，已有許多生物學家爲了探索切葉蟻，深入熱帶叢林追尋牠們華麗的文明足跡；沒有一位親身造訪過的科學家，不對其族群與人類文明的高度相似性留下深刻印象。除此之外，切葉蟻社會組織及社會行爲的「集合」，可比擬爲「人體」，其中可將每一隻個體視爲每一個人類細胞——個體爲了「集合」的存在，奮力擷取營養素，抵禦外敵。

切葉蟻與眞菌的關係，可謂自然界不同物種間相互仰賴共生的絕佳範例，並且雙方均功不可沒。然而，以人類消化道爲研究主題的生物學家，通常對切葉蟻的生態圈所知甚少，頂多只有你從探索頻道（Discovery Channel）的科學特輯之中，透過攝影鏡頭所學到的程度而已。學界也是到最近才漸漸理解切葉蟻與眞菌成功的關鍵，即切葉蟻體內簡單的免疫功能，究竟爲什麼能夠維持眞菌田園（切葉蟻的「外部腸道」）免受病原侵襲（你或許已經注意到，解開這個謎題等同於解開人體消化道如何對抗細菌感染的疑問）。一般而言，無人看管的作物只有一種下場，那就是被其他物種（或病原體）解決掉，尤其是處在熱帶叢林裡的田園，這是必然的結果。但切葉蟻照料的眞菌田園卻相當「乾淨」，同時又沒有「人工」痕跡。同樣地，切葉蟻本身在眞菌（與其中的細菌）團團包圍之下，也未見任何受到病原體威脅的徵兆。

首先要釐清的是，在大自然中，食物被其他物種摒棄不用只有以下兩種原因：味道太差、含有毒素或其他致命元素。然而住在眞菌園裡的切葉蟻，對微生物來說應是相當美味的食物，牠們爲何得以日日夜夜與這些「魔鬼」比鄰而居？答案是「益菌」。美國威斯康辛大學的生物學家卡梅隆・柯里（Cameron Currie）發現，切葉蟻及眞菌園中都存在有某些細菌品種。柯里還進一步發現，當病原體開始散播時，這些細菌也會隨之增殖。因此柯里推論，這些細菌有助於蟻群在眞菌園的「害菌」包圍下健康地存活；其實，這些細菌同時也是人類長久以來已知的抗生素製造者（如盤尼西林等多數抗生素皆是在同樣的細菌身上發現）。切葉蟻體內的益菌分泌出的抗生素，可以順利擊退帶有害菌的眞菌——學名爲*Escovopsis*的「壞眞菌」，保護切葉體族群與自家田園裡的「好眞菌」。依此觀點，螞蟻爲了留住對己身而言重要的防衛軍與合作夥伴，必須演化出有利或回饋益菌的特質。它們等於是螞蟻的一部分，兩者相依相存、不可分離。另一種解釋是：這些細菌的首要目的本來就是在保衛切葉蟻，而非對抗壞眞菌，因此螞蟻無須刻意留住細菌。以上兩個原因皆有可能爲眞；同理，人類也極有可能必須留住體內的益菌

＊Fabergé，由俄國著名珠寶工匠彼得・卡爾・法貝熱（Peter Carl Fabergé）所製作，在一八八五年至一九一七年間，他總共爲沙皇與私人收藏家製作了六十九顆類似的作品，其中五十二顆爲復活節彩蛋。

（此假說一開始是從切葉蟻生態模式的觀察中所得的靈感）。切葉蟻錯綜複雜的共生關係，儘管目前尚未有定論，或許能夠爲醫學帶來新的啓發，且最大的優點是：研究牠們顯然較研究人體更加容易。雖然柯里的觀點仍有待驗證，但至少他後退的距離夠遠，立足在同時看得見蟻類與人類消化道的位置。

人類傾向於認爲自己是地球上最精密的物種，自古以來自詡爲偉大生命鏈的頂端。因爲這樣的自大狂妄，我們難以想像其他物種（例如螞蟻）與另一物種的關係的複雜程度。最近，科學家終於能夠漸漸自更高的位置遠眺生物世界，發現與人體生態圈類比度極高的切葉蟻，這對我們在觀察體內的「微生物田園」時格外有幫助。人體負責耕作田園的部位正是闌尾。即使大腦不斷向我們大聲疾呼「腸道或皮膚上的細菌全都是有害的」，沒有正式發言權的闌尾依舊無視於大腦的演說，自顧自地喃喃低語著原始的眞相。

第六章

我需要闌尾，我的細菌也需要

身體最常被切除的部位——闌尾，就像一座小型的叢林，充滿許多小生命，是腸道細菌孳生的溫床。每當腸道受到病原體感染時，其他細菌就會躲進闌尾中，待身體的免疫系統打敗病原體後，重返腸道。

在這腸道生態圈裡，細菌們彼此互助相依而存，維持身體生態圈的平衡。

一九四二年九月十一日，來自堪薩斯州蕭托克瓦（Chautauqua）的狄恩・瑞克特（Dean Rector）剛滿十九歲。他的生日派對將在海平面一百呎以下的深海舉行，頭頂上有百萬磅重的海水，以及正在搜尋美軍潛水艇蹤影的日本驅逐艦。狄恩待在理應不必擔心魚雷或海水侵襲的潛水艇艙之內，靜靜迎接他的生日。

狄恩的慶生儀式很短。翌日早晨，他感到死亡迫近。儘管外頭一片四面楚歌，當天威脅狄恩生命的卻是「內在的魔鬼」。他因疼痛哀號不已，其中一位船員認爲他只是患了一般感冒，另一位隊友則認爲他犯了嚴重的鄉愁。但隨著疼痛加劇，情況愈來愈明朗，他的闌尾發炎了。

在普通情況下，一般人得到闌尾炎（俗稱盲腸炎）已相當危急，何況是離家遙遠、周圍有一大群日軍且找不到任何一位合格外科手術醫師的狄恩。手術勢在必行，但實際上「該怎麼做、由誰來做」，一切毫無頭緒。當時潛水艇上唯一的人選是惠勒・利普斯（Wheeler B. Lipes），他是個掛了頭銜、只有操作過心電儀的藥師。一開始指揮官要求他執行手術時，他拒絕了，指揮官於是對他下達軍事命令。惠勒遲疑的原因包括自身經驗不足——他不清楚麻醉用的乙醚效力可以維持多久，也不清楚剖開眞正的人體後，如何找到闌尾。除此之外，他無從想像以現有設備——廚具（而且是短少的廚具）——該如何操刀。無論如何，惠勒硬著頭皮上場了。

在一番手術工具與自我靈魂的尋找之後，惠勒準備好親自切除隊友發炎的闌尾。手術台是一張位於指揮官起居室中的長桌，這張長桌剛好讓狄恩平躺在上，至少病患的頭或腳不會懸在外面。惠勒站在病患面前，焦慮地翻閱眼前的醫療書籍（後人推測他當時在尋找一張明確的圖示，可以爲他指出此麻煩器官的所在位置）。這位「醫師」戴著泡茶用的濾網充當手術口罩，另一位「醫師助理」遞給他的湯匙則充當肌肉拉鉤。根據《芝加哥日報》（*Chicago Daily News*）的報導，惠勒俯身向狄恩輕聲說了句：「聽好，我從來沒有手術經驗。」狄恩驚恐地睜開雙眼。接著，惠勒遵循書上的指示，將小指放在肚臍的位置，大拇指放在髖骨處；此時，拇指尖直直指到的地方就是闌尾。

闌尾是身體最常被切除的部位。像狄恩一樣，遇到緊急狀況時，更是非切不可。每天在你身邊晃來晃去的同事，缺了眼睛的人應該極爲罕見，或者根本沒有，缺了心臟的人更是不可能存在，但是卻有爲數不少的人缺了闌尾。這些人通常不會引起側目，因爲肉眼既觀察不到，又沒有任何明顯的後遺症，說不定你正是其中一員。因此，會質疑這個麻煩器官到底是不是個「必要的存在」，相當合理。既然闌尾的重要性似乎低於褲子（因爲缺了褲子，你一定會引起旁人側目），我們爲什麼需要它呢？答案再度牽扯到消化道的微生物與演化史。透過演化史的回顧，闌尾的意義才能彰顯。當然，在狄恩與惠勒所在的那艘潛水艇上，沒有人有多餘的心思關心這件事，因爲他們眼前的病患正發出一聲低低的呻吟。

惠勒全神貫注，繼續他的手術。

最常被手術切除的器官：闌尾

闌尾是消化道底部一處懸吊的小肉塊，長度大致等於中指，因此儘管功能乍看之下微不足道，至少以尺寸而言，它是個值得費些唇舌解釋的器官，而且必須費些唇舌才能解釋清楚。顯而易見地，心臟負責打出血液，腎臟負責清理血液並協助血壓的維持，肺部負責運送氧氣、清除二氧化碳，那麼闌尾呢？好像就只是懸在那裡。自從三百多年前，人類醫療史首次寫下闌尾切除手術之後，關於它的角色開始出現各式各樣的推測，然而絕大部分都無關緊要。它可能是免疫系統的一部分、神經系統的一部分，或者與激素、肌肉功能有關。其中最主流的觀點，在於它就眞的只是吊在那裡，可有可無，一如男人的乳頭、鯨魚突起的後腿骨，都是演化過程遺留下的古蹟罷了。〔註1〕直到最近我們才發現，這個答案錯得離譜。

我們企圖理解闌尾，起始遠在惠勒之前，但多半止於猜測。至於闌尾是演化古蹟的觀點，主要來自切除手術的結果——大部分案例沒有發生任何後遺症。所以基本上，這個觀點是邏輯的總和。至今，外科醫師們（包括惠勒這樣的特例在內）切除過的闌尾已達百萬條之多。他們觀察手術結果的心態，與你觀察住家結構時相去不遠。當你發現拆掉一根礙眼的樑柱後，房子安然無事、沒有倒塌，你便鬆了口氣，除非偶爾大風颳起時可能會擔心一下。而接受闌尾切除手術的病患，看來的確都安然無恙，甚至多數都壽終正寢。既然這房屋結構完全不受影響，自然會推測拆下來的樑柱（闌尾）原本即是多餘的。但闌尾似乎仍有某些作用，起碼有些沒有闌尾的人因此生病了。*彷彿我們面對白老鼠與無菌室的實驗結果般，沒有人關心闌尾這個演化遺跡過去的任務——在人類祖先猿猴類或更古老的物種如鼠類，甚至恐龍體內，其作用為何？它的存在是否必要？畢竟有時它比較像顆未爆彈，在某些人如狄恩體內會無預警地爆炸，大聲告訴你：「嘿！我在這裡，快帶我出去！」

然而在許多例子中，單純地將闌尾視為一個退化、過時、無用的遺跡，卻又不盡完善。的確，對罹患急性闌尾炎的個體而言，如果不立刻切除闌尾可能因此喪命，且不分老少。急性闌尾炎在當今整體人類族群的發病率約為十六分之一❖，而在未接受手術的情況下，其中約有一半的人會死亡。回顧整個演化史，若以此三十二分之一的死亡率推估，加上從不同個體闌尾的存在與否、大小、形狀等外觀來看，此器官應具備遺傳性，否則決定闌尾是否過大，甚至是否存在的基因不需幾個世代的時間即會消失。〔註2〕演化對待萬物皆平等，有致命傾向或使個體

*與個體的生活環境密切相關。如同克隆氏症一樣，在開發中國家闌尾炎的發生率極低；反之，在已開發國家則相對較高。因此闌尾炎可能也是文明病之一，並受到所處生態環境及生活型態的影響，這是另一項重大線索。

❖根據目前的累計資料，愈來愈多相反的案例已出現。闌尾切除的個體罹患發炎疾病的風險降低（發炎是健康人體對抗外來病原體而產生的正常防禦機制），這是探究闌尾功能的線索之一。

變得較衰弱的遺傳特徵，在基因庫中難以保存下來。舉例來說，移居到海洋洞穴生活的魚類，很快就失去了視覺，因爲這項功能不僅無用，還是種昂貴的浪費。〔註3〕搬進黑暗之中的穴居魚，在短短數個世代內失去的不僅是眼睛，還包括所有相關的神經迴路，而大腦相對應的視覺區也逐漸退化。假設闌尾如穴居魚類的眼睛般完全無用又浪費，它應該會很快從人體中消失。但出乎意料地，儘管數以百萬人因其而死，闌尾卻依然屹立不搖地存在。顯然，我們必須重新省思它的角色。

從人類的近親猿猴類的身上，我們得以一窺闌尾的眞相。如果它只是退化中的遺跡，那麼藉由研究近親體內闌尾的構造或它負責的工作，或許能夠釐清這個器官對人類祖先的重要性何在。正如穴居魚類的眼睛雖然已經失去實質功能，但從牠們的近親身上，依舊可以得知其構造當初對於視覺的重要性。同時，若以上假設成立，與人類血緣愈遙遠的物種，闌尾的重要性應該愈高，例如猴子闌尾的重要性應高於黑猩猩，而黑猩猩闌尾的重要性又高於人類。

然而科學家從上述研究中發現一項矛盾的事實：人類或與人類血緣接近的靈長類，體內闌尾的構造較其他原始靈長類更爲發達，也更爲精密。換句話說，闌尾對現代人種的重要性可能高過我們的祖先〔註4〕，可見當初主流的退化遺跡論點似乎完全說不通。除此之外，看似無用的闌尾事實上處於「進化」階段，因爲就演化的觀點，擁有發達闌尾的個體可能壽命較長或生殖能力較高，才能使這個遺傳特徵更成功且強勢地保存於基因庫中。問題彷彿回到了原點，既然闌尾不是退化的遺跡，反而演化爲愈來愈發達、精密的構造，它勢必有其價值。但那究竟是什麼價值呢？

數百年以來，一直沒有學者能夠針對這個疑問提出正確答案；事實上，幾乎沒有一位科學家積極地尋找正確答案，這個話題頂多是他們用餐時的閒談而已。全球各地的外科醫師繼續忙著切除闌尾，而執行這項手術平凡無奇的程度，幾乎就像打開一瓶汽水或削去番茄的蒂一樣，沒有人會跳出來質疑你做這件事的動機。自然而然地，將闌尾切除、當作廢棄物處理掉之前，極少醫師會先停下來想想：它與消化道微生物是否有關聯？

回到二戰的那艘潛水艇中，惠勒開始切除接近腸道的位置。他在闌尾方面的知識與一般人相差無幾，就算他明白其他人同樣無知，這對於手術的執行仍無濟於事——在他眼前的是一個被「開腸剖肚」的活體。這項手術令惠勒精疲力竭，汗珠從額頭滴下，他請身旁的某位隊友替他擦拭。他已經在狄恩的腹腔中搜尋了二十分鐘，依舊毫無頭緒。根據報導，在「試過盲腸的一側之後」，他接著從另一側碰碰運氣。他懷疑自己是不是哪裡弄錯了。

在一番徒勞的摸索後，惠勒終於「找到了」闌尾。他動刀切除狄恩「蜷縮在盲腸之中的闌尾」，把它丟進罐子裡，並用海綿吸收多餘血液，以羊腸線縫合傷口。再次提醒讀者，整個過程中惠勒幾乎都沒有適當的手術設備，剪線工具是一支指甲剪。

至少現階段，威脅狄恩性命的因素之一——闌尾——消失了。它平靜地躺在罐子裡，而惠勒此時如果多看它一眼，或許有機會發現某些有助於理解這個神祕器官的重大線索。他可能會注意到這個器官充滿淋巴組織，顯示闌尾與免疫系統密不可分；也可能會注意到這個器官充滿各式各樣的細菌，如同切葉蟻身上交織而成的密集生態網一樣；還可能會注意到闌尾的外型宛如一個洞窟。不過當然，惠勒沒有分神的餘地，他的心思全部集中在另一件更迫切的事情上：乙醚的麻醉效力以及他與狄恩同時飆高的腎上腺素。闌尾在潛水艇的罐子裡搖搖晃晃，而狄恩也是，心裡隨著海波七上八下，暗自祈禱著自己得以因此得救。

找出闌尾的機能

幾天過去後，狄恩的術後復原狀況良好，而惠勒成了他的救命恩人，這個結果讓惠勒接下來的人生裡不斷被歌頌其英勇與創意表現。另外，隨著人們漸漸將心思轉移到丟棄在罐子裡的東西後（每一個案例身上切除下來的闌尾，其特徵的同質性高得驚人），愈來愈多與闌尾相關的線索被發現。北卡羅萊納州達勒姆郡（Durham）杜克大學的榮譽教授藍道・柏林格（Randal Bollinger）已宣布退休，若寄一封電子郵件到他的信箱，你得到的回覆會是：我在二〇五〇年之前不會進辦公室*。柏林格教授在科學歷史中的地位崇高，但現今學界形容他已過了「有能力提出革命性觀點的黃金時期」。以上的「公眾評價」尚稱中肯，柏林格早已過了初生之犢的年紀，甚至連中年都稱不上。然而所謂的「公眾評價」卻有輕視他經驗值及觀察力的傾向。的確，畢卡索在青春歲月到達創作顛峰，但他的摯友馬諦斯則是一個截然不同的故事。馬諦斯最具影響力的畫作是在他七十一歲到八十五歲之間完成的，他的天賦猶如一瓶醇酒，愈陳愈香。〔註5〕柏林格的創作靈感來自於人體。他的畫布上盡是一位科學家發現新事物與重修舊作兩者交互穿插的痕跡。柏林格心裡明白，人體內永遠藏有待解的謎題，例如：闌尾。

身為醫學博士的他，在職涯中看過成千上萬的闌尾——在活體內、實驗桌上或罐子裡。他知道這個謎樣的器官充滿了三樣元素——免疫組織、抗體、細菌。而闌尾之所以被視為未爆彈，主要是出於內藏的細菌；當它爆炸時，密度極高的細菌在腹腔內四處流竄，併發感染。

柏林格對闌尾的認識，與多數學者相當，只是當時受到主流醫學觀點的影響，闌尾仍是人體「乏人問津」的一部分。然而與多數學者不同，他隱約覺得闌尾的演化發展值得我們深入觀察。最後，是柏林格觀察得到的線索，結合杜克醫學中心的研究夥伴比爾・帕克（Bill Parker）所提出的洞見，揭開了闌尾神祕的面紗。二〇〇五年，在一場尋常的例會中，帕克和柏林格正與一些博士後研究員及其他學生討論最近的實驗結果。「闌尾」從來不曾被排進例會的討論議程，這次自然也不例外。帕克記得他當時坐的實驗長桌及擱置雙腳的凳子。根據他的回憶，

＊屆時他將是一百二十歲，想必你猜得到柏林格教授的暗示。

「柏林格看來似乎悟到了什麼大道理」，突然大聲地自言自語道：「我敢打賭這就是闌尾的功用！」從這句完全離題的話，關於闌尾的討論由此展開。學生們感染到柏林格的興奮，但看來有點不知所措。然而帕克了解柏林格的意思，他們的對談愈來愈起勁，並相信在這個春天的早晨，一個數百年之久的「謎團」即將被解開。闌尾的角色是什麼?答案呼之欲出，甚至豁然開朗——闌尾是細菌的庇護所。在這裡，細菌族群可以安心地繁殖、成長，避免隨著消化道本身的「大掃除」而被清空。舉例而言，消化道在感染霍亂時，會引發劇烈的急性嘔吐及腹瀉症狀，此時絕大部分的微生物，無論原生種或病原體都難逃一劫。這是霍亂弧菌發展出相對的適應性傳播能力，弧菌爲了要尋找更多宿主，演化出大量分泌「類毒素」的特徵，能夠騙過我們的免疫系統，使免疫功能誤將「霍亂病原體」認成「眞正的毒素」而全面啓動。隨著病患的嘔吐物或排泄物進入水源之中，即有機會順利感染下一位宿主（水源屬於一種可預測性高的傳播媒介，成功率不輸給以蚊子爲傳播媒介的瘧疾）。帕克與柏林格認爲，在一片混戰之中，闌尾是個小小的中立國，提供腸道原生菌等微生物一個安全平靜的避難之處，而在戰事結束後，微生物能夠重返家園。

當天，柏林格和帕克幾乎可以確定他們的推論爲眞，人體的確像螞蟻的生態圈一樣錯綜複雜。眼前有兩個選擇：將此觀點直接發表成「概念性論文」，或是花點時間做實驗。在幾番躊躇與掙扎後，他們選擇了後者。而爲了獲得有力證據，柏林格和帕克必須深入人體內「附有闌尾的結腸」——只是當時沒有料到，這項實驗爲期甚久，等到他們有所斬獲已是兩年之後的事了。

人體的細菌庇護所

柏林格與帕克富有前瞻性的理論之所以能夠成形，是整個研究團隊裡每位成員截長補短、共同合作的結果，沒有一人可以獨攬功勞。柏林格貢獻他長年以來觀察闌尾的豐富經驗，而帕克則貢獻近十年來他對腸道免疫機制的發現。這十年，帕克將多數精力投注在探究體內細菌所誘發出的抗體反應（免疫反應的一種），在此期間他注意到兩件有趣的事：其一，抗體有時不但不會攻擊，反而會協助其他物種；其二，闌尾中充滿抗體，但原因不明。這項事實相當啓人疑竇，除了闌尾這個乍看之下毫無功能的器官爲何會繼續存在之外，人體竟然還將消耗大量資源或能量製造出的抗體，集中於此處？

一般而言，抗體被視爲人體的防禦系統，屬於免疫部隊中的第二道防線。當外敵突破第一道防線如鼻腔黏液，成功入侵體內時，「抗體大軍」即開始動員。以上的敘述其實還不夠完整，因爲抗體背負著另一項重責大任：**區分敵我**。「敵」指的是外來的微生物或病原體，而「我」指的是人體自身的細胞。從抗體的眼睛看世界，只有兩類生物：「我方」和「敵方」。辨識成功後，抗體緊接著將發動另一波攻擊，促使其他免疫系統的成員把砲火集中在對付「敵方」。〔註6〕抗體機制的運作方式有著悠久歷史，可追溯至老鼠或青蛙等早期物種。這個祖先傳承給我們的資產，在上億年之後仍屹立不搖，足見其成效。

帕克起初是因研讀一系列有關 IgA（Ig 爲「免疫球蛋白」，是腸道內最常見的一種抗體）的文獻而產生興趣。當時，絕大多數的生物學家認爲 IgA 的首要任務是在搜索、辨識腸道中的外來細菌，並通知其他成員將它們全數打包，經由結腸排出體外。帕克發現，這些文獻的內容似乎有些不對勁。

附帶說明一下，大部分已知的科學知識，或多或少都有待核對。因此在現今科學家的工作中，修正過去錯誤的占比極高，藉由一再地去蕪存菁以累積眞相，淘汰謬論（或以另一個方式譬喻：將錯誤「全數打包，經由結腸排出體外」）。但累積眞相總是需要時間，有時謬論會以巧妙的姿態冒充眞相，矇騙好幾個世代的科學家。尤其是當這些謬論印成教科書裡的字句，一版再版地被學生們「當成眞相」來研讀、背誦時〔註7〕，找出此類積非成是的謬論便格外困難。如果你願意在閱讀教科書或文獻之餘比別人多些耐心去仔細反省，再加上一點運氣，就有可能發現科學界前往「中央車站（Grand Central Station）祕密通道」的入口*，而發現的人說不定還會狐疑：「別人怎麼看不到？」

帕克讀的 IgA 文獻，其他免疫學家也都讀過，卻只有他發現其中隱藏的不合理處——儘管單一研究的數據並沒有錯，但整幅「拼圖」顯然有錯，而且簡直到了牛頭不對馬嘴的地步。自一九七〇年代即有許多科學證據指出：IgA 攻擊的細菌品種表面具有 IgA 受體（receptor）*；受體類似於微生物層次的「入口」，而 IgA 正是通過這些入口一舉進攻的。這看來似乎沒有什麼問題，但帕克心想：爲什麼細菌會擁有這些入口呢？如此一來不是擺明了迎接 IgA 的入侵嗎？況且之後它們還會被免疫部隊全數打包，丟出宿主體外。這好比古代的中國人，爲了抵禦外敵，辛辛苦苦地建蓋萬里長城，好不容易完工後，又在城牆外留下梯子歡迎敵人一樣不合邏輯。爲什麼細菌竟然爲自己的宿敵 IgA 敞開大門？帕克繼續找尋線索，接著，他注意到某個研究結果顯示出另一件更加與理論不符的事實：當白老鼠或病患體內出現缺乏 IgA 的徵兆時，專受 IgA 攻擊的細菌竟然也失去了蹤影。

身爲基礎醫學學者的帕克，專攻的研究領域爲異種器官移植（xenotransplantation）。深入探索 IgA 或其他相關抗體，對他來說是在發現新的醫學解釋及醫學應用，以便找出一種暫時性的阻擋手段來封鎖或改變 IgA 等抗體之免疫機制❖，如此一來人類就有機會接受來自其他動物的器官捐贈。他心中暗暗想著：屆時的報紙標題可能是「豬肺成功移植到某位來自俄亥俄州的病患體內」。除此之外，帕克還有另外的嗜好：他熱愛讓想像力盡情奔馳，提出具有革命性的

＊據說紐約中央車站大廳的正下方有個祕密通道，可以直達華爾道夫飯店（Waldorf-Astoria Hotel）。

❖器官接受者體內出現排斥反應的主因。

新點子。這一刻，帕克的心思從異種器官移植轉移到 IgA 身上；如果他猜對了，現行教科書將有一整個章節必須徹底改寫。

一九九六年的帕克，經常待在實驗室裡思考 IgA。許多科學家應該都有過類似經驗：你的心神忍不住繞著某個問題打轉，並絞盡腦汁揣想各種解釋的可能性，還不停觸碰、翻弄它，彷彿一隻不甘心的美洲獅不停觸碰、翻弄牠的獵物——犰狳。然而，犰狳是一種極頑強的生物，包覆在牠身體之外固若金湯的硬殼，如同緊閉的大門，對掠食者來說幾近無機可乘。IgA 這隻犰狳彷彿正在嘲笑「實驗室裡的美洲獅」帕克。但假設美洲獅夠有毅力，也夠機靈，牠還是可能找到犰狳的弱點，直搗黃龍。帕克認爲，他已經知道如何打開這扇緊閉的大門，接下來該做的是實驗，以獲得證據來支持他與眾不同的觀點。一旦確認無誤，新理論將會撼動世人對消化道抗體的知識基礎。

充滿微生物的小型生態圈

帕克頓悟了，問題的祕密通道入口是：如果人體企圖藉由 IgA 部隊的保護，去控制或驅逐腸道細菌，那麼它顯然相當失敗；同理，如果腸道細菌企圖躲避 IgA 的攻擊，它們的任務也完全沒有達成。這些細菌不僅僅爲敵人敞開大門，甚至替換 IgA 專用門鎖，以便 IgA 用手中的鑰匙就可順利地自行進入「家門」；IgA 也禮尚往來，與彼此辨識的細菌建立友好關係。帕克發現，原來其他科學家弄錯了，IgA 事實上在幫助細菌！它們不但不相互爲敵，它們還是朋友！IgA 的受體辨識功能，本意在於將「我方」的腸道細菌聚集在一起，爲它們設立「專門店」，或之前提及的「庇護所」，避免腸道在大掃除時，讓這些細菌不小心被沖刷掉。

帕克進一步推測，IgA 抗體會爲細菌建立鷹架結構，共同結合爲「生物膜」（biofilm），促使消化道中品種相異的細菌組織成一個多元的「微生物社群」。在自然界中，生物膜十分常見，例如切葉蟻身上攜帶的各式細菌，就是以生物膜的形式存在。當時帕克對切葉蟻一無所知，但他曾經聽說過植物界中存在有類似的生態形式。他猜想，人類的腸道細菌應與植物根部的生物膜極度相仿，而說不定 IgA 眞正的功能像植物根部分泌的化合物一樣，是爲了將不同種類的細菌聚集在一起，並且幫助它們繼續留在原生棲地。

帕克必須驗證他的想法。首先，他得在實驗室建立起一個能夠觀察 IgA 與腸道微生物之間交互作用的系統。他從培養腸道細胞著手，待細胞薄膜成形後再以腸道細菌覆蓋於其上。也因此，當時整個實驗室堆滿裝有「浮渣」的燒瓶，其中某些裝的是人類的排泄物。有時一個偉大的科學發現，起點是一片未開發的美麗叢林；而有時，是一個滿是排泄物與細菌的實驗室。周圍這片未知的世界對一般人來說或許骯髒噁心，但帕克能嗅到其中隱約飄來的香甜希望。

帕克的實驗進度緩慢，七年過去後，他的科學靈感才開始正式轉動。有力證據出爐，他發現添加有 IgA 的生物膜成長速度較快也較厚；另外，IgA 存在時，細菌對人類細胞的附著度可提升一倍。此時若加入破壞IgA的酵素，生物膜也將隨之瓦解。然而，帕克擁有支持證據的理論，卻未能引起學界的注意。沒有其他學者願意相信他，研究經費的申請沒有通過，沒有期刊願意發表他的實驗結果——這些現實讓帕克當初的靈感變成毫無意義的空轉。終於某天，他獲得了公開研究成果的機會。然而，是否能夠引起實質關注，抑或僅是靜靜地流入科學年報之中，乏人問津？帕克的命運至此已不在他個人的控制範圍內。

事情終於在隔年出現轉機。一位資深且同時擁有上百萬美金研究補助款，及十幾位博士後研究員的學者傑佛瑞・高登（Jeffrey Gordon），在期刊中撰寫了一篇概念性論文，與帕克這項突破性的發現不謀而合。〔註8〕高登的論文是眞正的「入口」，吸引學者進入與學界廣大的迴響。宛如潮水快速漲滿紅樹林般，帕克的發現一時之間從異端邪說化身爲正統信仰，或至少是可信度高的通則；IgA是細菌的助手而非敵人，突然變得不證自明。而帕克一開始乏人問津的實驗結果的確證實了當IgA存在時，腸道細菌的生長速度是平時的十五倍；IgA不只是細菌的助手，還是位得力助手。

帕克當初嶄新的科學靈感，不知不覺中掀起一股科學革命。一九九六年，整個學術界都相信免疫系統的使命是攻擊細菌——本案了結。現在，帕克抱持完全相反的觀點，而愈來愈多科學家加入了他的行列。當IgA抗體敲著細菌的大門時，不是爲了破壞它們，是爲了提供它們建立微生物社群的基礎架構，組織成緊密的生物膜。在帕克進一步與柏林格合作之後，他們發現這個生物膜成形於消化道底部的位置，尤以結腸及闌尾爲主。腸道生物膜的剖面看起來像一層層捲起的小毛毯，彼此緊緊相鄰，並肩作戰。〔註9〕依據從前的主流醫學，這些微生物組成的生物膜對人體有害，若只長在實驗室的試管內無妨，長在腸道內就不行了。然而帕克卻發現：微生物生物膜不僅對人體有益，甚至是人體內「必要的存在」。我將會進一步討論爲什麼有益，但在此之前，暫且先回到帕克的思緒中。

帕克的遠見（在二〇〇五年已然是成熟的科學發現），加上柏林格提出有關闌尾功能的推測，讓一個假說正式誕生。假設由 IgA 之類的抗體所組成的免疫系統是腸道細菌的協助者，而闌尾又是腸道中免疫組織及抗體密度最高之處；同時，因爲闌尾汰換細胞的速度相對於腸道其他部位較慢（若將其他部位的沖刷速度比作河川，闌尾則算是池塘），那麼闌尾幫助細菌的程度可能超乎想像。闌尾堪稱腸道細菌的「溫床」，冒著感染病原體的風險，提供原生微生物一座安寧而平靜的冥想花園。

如前文所提，假說誕生之後，柏林格和帕克需要一些「附有闌尾的結腸」，來證實闌尾中生物膜的密度眞的較高。當實驗用的結腸抵達時，肉眼就可以觀察到一些端倪——闌尾是一座小型的叢林，充滿茂盛的生命。根據柏林格的解讀，闌尾培養的細菌生物膜對人體腸道有益，而在霍亂等暴風雨過後，這些腸道益菌便從闌尾這處避難所開始重整族群，回到家園。

失去「生態平衡」的闌尾

截至目前為止，一切仍停留在假說階段，闌尾為人類所知無幾的內在世界提供一個可能解釋。除此之外，這也說明了為何闌尾炎的病例較常出現在先進國家。在落後地區，居民常常感染消化道相關的疾病，包括前面章節提過的寄生蟲，闌尾的存在自然不可或缺。當每一次因感染而產生的大掃除之後，原本躲在闌尾避難的原生細菌才能再度回到腸道。反之，在已開發國家，闌尾的存在似乎變得可有可無，腸道受到病原體感染的機率小，而在「刺激過度缺乏」（understimulated）的狀態下處久了，缺乏共生物種的闌尾反而因免疫失調而引起發炎症狀，就像某些人因免疫系統缺乏寄生蟲或病原體而錯亂一樣；文明人的健康未爆彈被引爆，凶手竟然是自己。讓我們在這裡順道結束狄恩的故事吧：這個第一位在潛水艇中接受闌尾切除手術的病患，最終不是死於闌尾炎，而是另一個悲劇。狄恩的潛水艇發射出一枚故障的魚雷，它竟自行掉頭回到原處爆炸。這個故事彷彿是文明人罹患闌尾炎的具象體現，就像我們的身體自行掉頭引爆後，未必有機會讓我們全身而退，活著回家。

認清免疫系統的眞相以及揭開闌尾神祕的面紗，是科學界的重大突破。長年以來，人類將目標放在創造無菌世界，如今才恍然大悟微生物不僅對身體有益，而且是必要的——必要到人體甚至為了留住這些細菌，演化出專屬的抗體與器官。隨著眞相浮現，帕克、柏林格、克洛斯威爾及其他科學家相繼投入另一個全新的研究領域。回顧絕大部分的醫學研究史，出發點都是將「非我族類」的物種先假設爲對我們有威脅性或有害〔註10〕，細菌、眞菌、寄生蟲、病毒、原生生物等所有物種全都是前來殺死人類的。這就是爲什麼在帕克之前，幾乎沒有生物學家擁有他的遠見，因爲單是帕克提出的觀點本身，聽來就像細菌一樣具備威脅性。「非我族類」的生物在科學家眼中充其量不過是「無害」罷了，但對我們「有益」絕對是過於遙遠的想法。唯有研究白蟻之類的生態學家相信互利共生這回事，而他們的「實驗室」偏偏眞的遠在天邊，舉例來說，遠在熱帶雨林中。

近在眼前的腸道、闌尾或細菌，其科學研究方向的轉變還在旅程的起點，現階段看到的僅是冰山一角，藏在海平面以下的眞相仍有待挖掘。其中的道理很簡單：與人體互動的物種不只有細菌而已。人類在生態圈中，就像是切葉蟻龐大族群的一員，彼此相依相存，缺少他人的協助，我們的世界便無法完整。在人類的妄想裡，我們被細菌圍剿、迫害；但事實上，人類一直與微生物融合爲一體，互助共生。剖面圖顯示，整個消化道裡充滿細菌，沒有一處是「無菌的」。免疫系統的 IgA 抗體辨識無誤，多數腸道細菌並非「敵方」，而是「我方」——與人類細胞完全相同的「我方」。醫界至今才開始修正的理論，在生態學家眼中看來一點都不稀奇，這向來是生命之網的本質，不是例外，是常態。

具體想像我們的身體如何與其他物種互動或許不是件容易的事；不管是腸道與細菌的關

係，或闌尾提供細菌庇護所，似乎都還是抽象模糊的概念。因此，科學家又將目光焦點移轉到切葉蟻族群上。最近，有生物學家爲了「挖掘」出整個切葉蟻的部落，將溼度較高的混凝土灌入切葉蟻龐大而精密的蟻穴之中，凍結這個生命之網永恆的一瞬；首先陣亡的是工蟻、幼蟲，最後是蟻后。過去曾有生物學家對其他蟻種的巢穴做過類似模型，但沒有一個能與切葉蟻的社會結構相比擬。

數日後，混凝土灌滿整個蟻穴，並且乾燥、硬化。生物學家取出的模型壯觀得驚人，其中錯綜複雜的密室及隧道，猶如考古學家挖掘秦始皇墓穴處後，出土的地下建築與一個個兵馬俑。整座建築深約十呎、寬二十呎，而工蟻的任務則是築穴、挖隧，至死方休。切葉蟻的家像極動物的心臟，中央在跳動，周圍是動脈、靜脈與各類腔室。腔室又可進一步細分爲垃圾集中處理室、懸掛在上的眞菌園，以及最深處的蟻后房。這個混凝土模型近乎完美，簡直是件藝術創作——人類與螞蟻的創作，但貢獻較多的當然是螞蟻。有些較小的蟻穴模型現在正在博物館裡展出，但沒有一個是切葉蟻的，因爲體積實在過於龐大。而一如你在觀看大師傑作時一樣，你可以後退幾步欣賞全貌，或是前傾一些，仔細欣賞每一處細節。

切葉蟻的社會結構是由演化的手漸漸形塑而成，這對螞蟻本身或牠們的共生夥伴來說，是一種雙贏的生存之道。某些特殊構造的腔室建有通風孔，以幫助眞菌換氣。另外，爲避免妨礙眞菌成長，垃圾集中處理室刻意蓋得離眞菌養殖處較遠，以預防眞菌園染上病原體。人體與蟻巢大同小異，其中包含各式各樣的細胞及物種。令人訝異的並非人體生態圈與切葉蟻生態圈的高度相似性，而是當我們觀察到其他物種與物種間繁複曲折的互動情節時，竟然沒有聯想到在自己身體裡也存在有這樣的微生物網絡。我們可以輕易接受切葉蟻必須仰賴眞菌及細菌存活，或相信螞蟻族群周圍的生態平衡若稍有變動，可能會徹底改變螞蟻本身；然而，一旦將焦點重新拉回自己的身體時，對於類似的事實卻有些抗拒，微生物同樣遍布在我們的體表、充滿我們的消化道，改變某一因素將改變我們身體的平衡。人類承認自己是地球上極度複雜精密的物種之一，但同時又幻想著物種之間複雜精密的交互作用，只會發生在其他生物的生態圈中，或其他生物的體內。

闌尾的故事，開啓了我們將人體與螞蟻族群參照類比的可能性。而實際切開闌尾的構造、仔細檢視內容物之後，科學家會發現乍看之下一片混亂的景象，其實隱含了許多可供解讀的訊息，包括人類的演化歷程，以及一個由 IgA 抗體保護的細菌避難所。闌尾與 IgA 抗體共同建立的細菌「溫床」，就整個人體而言，是富有象徵意義的共生縮影。無論人類本身是否有察覺到，人體在抵抗外敵的同時，也正在幫助其他物種。而被人體視爲「我方」的友好物種可小可大——小至細菌，大到一頭牛。

第四部

我們試圖馴養乳牛與穀物，但最終他們卻馴化了我們

人類習慣把自己對自然界的影響解釋成「去蕪存菁」。我們自認在加入「人爲因素」後，周遭的環境會變得不適「有害物種」，而利於「有益物種」生存，所謂的「有害」或「有益」，當然是以人類爲中心去定義。也許至今這仍是一般人的期待，然而期待與現實間的落差頗大，因爲無論就整體或平均值而言，上述的「去蕪存菁」都無法成立。大腦常常在分不清有害與有益的差別之前，就先慫恿我們排斥細菌、寄生蟲等其他物種，事後才發現其中有些對我們其實是有益的。同時，以現今人類打造的環境來看，曾經是我們衣食父母的水果或堅果也難以存活。在演化的途中，甜美多汁的植物果實滋養過我們，雅蒂的舌尖嚐過並視爲珍寶的物種，今日再也沒有人記得了。

在人類的早期歷史中，野生水果是我們的主食。植物供我們大快朵頤，而我們也爲它們四處播種（這是與「隨地排泄」同義的修飾語）；某些植物品種會以動物的「公廁」作爲繁衍後代的墊腳石。我們的祖先和巨嘴鳥、食火雞、猴子一樣，是眾多播種者中的成員之一。人類還有其他營養來源——昆蟲、螞蟻（蟻后也一視同仁）或大甲蟲。儘管如此，植物始終是人類賴以維生的重要養分。如今當人類再度環顧四周時，景象全非，在演化路上長年陪伴我們前進的共生物種，已然失去蹤影。一半以上的野生森林及草原，被農田或其他高度開發的土地取代。在新的景象中，「被人類選上的」種類爲數極少，只剩玉米、稻米、小麥等，生物多樣性大幅下降。雖然人類與這些物種也維持著互利共生的關係，但它們與眞正的野生品種已截然不同。

從此，我們的生活型態由四處採集成千上萬的品種，變成專心耕耘類別單調的作物。人類偏好的物種、排斥的物種隨之演化，我們自己也跟著演化。這故事的種子由農業社會的起點開始萌芽，並繼續茁壯。

從遠處眺望，農田是一片充滿美與力量的景致，早期田園派畫家眼中的農田閃耀著光芒，孕育著生機。事實上，農業是一種黑暗的藝術。美好的日子屈指可數，大部分的時間其實艱辛而困苦。然而，一切由不得我們，人類除了繼續向前行之外，已沒有回頭路。過去我們可以到處閒晃就找到所需的食物。十萬年前，全部的人類都居住在非洲大陸；接著，其中一個支系從非洲東部移民到歐洲，以及亞洲熱帶地區、澳洲，最後抵達北美洲。那時的人們還沒有農業，每一個人得學會認識四周的物種，採集果實，獵殺動物。大約在一萬年前，人類的生活型態改變，農業文明興起，並漸漸散播至全世界。而今，人類消耗的食物中，近乎全數來自於我們在農田、牧場或牢籠裡的「耕作和養育」。

難怪，再也沒有人記得往日時光。以亞馬遜雨林爲例，六千年前，人類曾是其中的少數族群，沿海岸、河畔而居，仰頭就看得見茂盛的樹葉，單靠採集到的食物就能生存。從玻利維亞境內一路延伸到厄瓜多，部落間彼此相隔遙遠且腹地遼闊。關於亞馬遜雨林早期原住民的研究甚少，包括骨頭或化石等許多遺骸早已被植物的根分解爲養分，並以新生樹葉、白蟻與甲蟲等生命形式重生。由於與地球上其他熱帶雨林相較，亞馬遜雨林人類族群出現的時機較晚，因此，那裡或許能提供我們一個文明轉變的大致輪廓，讓我們對照今昔的生活型態。目前已知過去的人類在亞馬遜雨林區沿著河流遷徙，類似逐水草而居的概念，待找到最適合的地點後才建立家園，前提是此地尚未被其他部落占據；若有，則繼續往下尋找。經年累月後，部落的總數量與部落內的個體數量都愈來愈龐大，而即便遼闊如雨林，也沒有無限大的空間。平衡機制於焉出現，一如荒年、殺嬰和部落戰爭控制著人口數量。包含亞馬遜叢林在內的所有原始部落中，每一個人都必須學習認識周遭各式各樣的動、植物。因此，當從前部落文明仍主宰人類時，才堪稱眞正的「知識的黃金年代」。而現代生活在熱帶雨林區的原住民，每個人至少有能力辨識出數百種以上的物種，並會加以利用，將其當作食物、藥材、建材，甚至是孩童的玩具。〔註1〕假設這在他們（或我們）的祖先身上也成立，那麼在那段「知識的黃金年代」，全球人類認識的物種數量，總計有上萬種左右。此數據在科技發達的現代依舊驚人，他們所知可以善用的物種數可能多於我們。雖然他們對細菌致病論或粒子物理學一無所知，但是他們精於尋找一顆美味的果實、區分有毒性及無毒性的植物品種，也了解動物界的生態，知道何時、何地、用什麼方法追逐獵物的蹤跡。

儘管熱帶叢林裡的天然資源極爲豐富，然而就像其他地區的資源一般，那畢竟是有限的。亞馬遜叢林、剛果和亞洲雨林，如同實驗室中細菌的培養皿，繁殖到某個臨界點即會自動停止。對人類而言，這些臨界來自於擴張棲地時遭遇到的安第斯山脈、海洋或沙漠。亞馬遜叢林的人口密度到達高峰時，再多的水果或動物也不夠餵飽所有人。當亞馬遜的樹木間擠滿了人，當資源逐漸耗盡〔註2〕，會發生什麼事呢？

一般而言，若類似情況眞的發生，只有一個結局——死亡率攀升、部落間烽火連天。這是細菌的下場，也是人類的下場。否則，以細菌增殖的速度，地球早被它們淹沒了，某些品種可能得因此移民到資源貧乏的新棲地之中。但少數族群會找到其他的解決之道，此時兩種因生存議題而起的「發明」問世——農業及文明，其背後象徵的分別是食物與權力。

開始定居及務農

試想一下你目前的生活型態：人類農業發展的成就，對你有什麼影響？而身爲「成功轉型」中生存下來的這一方，你贏得的勝利是什麼？我們周圍不再有豐沛的果實、堅果、獵物，我們的收穫是：能在自家田園裡，或是自家附近的超商架上，輕易找到願意接受人類「培育」的極少數物種。換句話說，當人類最初的食物來源（各類野生物種）從歷史中消失後，影響爲何？尋找解答必須從三個面向思考：人類祖先原始的生活型態及飲食習慣是什麼？人類祖先的飲食習慣發生了什麼改變？以及最後的既成事實：全球飲食習慣改變帶來的影響。的確，如此的改變是全球性的，頂多某些地區的進度稍慢罷了。

以亞馬遜叢林爲例，文明人向來認爲此處是地球上倖存的「原始純樸的處女地」，但其實農業及文明曾在此一度興盛蓬勃。〔註3〕當初森林的邊緣地區是隨著自然週期耕作的農地，氣候好時居民們豐收有餘，氣候差時則變成一場糊塗的慘劇。這些地區的人口密度較叢林深處高出許多，眾多村落漸漸演變成由上千或上萬人組成的城邦。如果你曾經在飛機上鳥瞰玻利維亞一帶，會看到面積廣大的文明痕跡，今日徒剩斷垣殘壁，綿延的地面扭曲隆起。儘管耕作的田野像拼布般，與穿插其中的丘陵小屋輪廓猶在，可惜已如受到破壞的蟻巢般，崩毀得難以辨識了。這番景象在哥倫比亞、祕魯或巴西境內也可見到：種滿花生、木薯、甜薯的農田壁壘分明，以洪水為界。另外還有一些作物種植於高海拔土地，孕育出先進的印加帝國。因農業生活，人類四處尋覓食物的日子宣告結束，文明也展開新的一頁——人口高度集中的定居與務農。

類似的轉型以星火燎原之姿延燒全球，在其他地區可以反覆觀察得到。從狩獵採集的生活型態邁入農業與文明，堪稱人類最偉大的成就之一，也是席捲每一個人的流行風潮。之後帶來的改變同樣驚人：社會結構的改變，以及服飾、音樂、文學等藝術文化的誕生，複雜程度達到難以想像的地步。而在許多社會中，犁田本身也被賦予特殊意義：「大地的重生」結合「上蒼的庇祐」。某些亞馬遜叢林的居民相信，他們的第一位祖先是木薯植物根部長出四肢和靈魂之後幻化而來的。希臘人則認為女神德米特（Demeter）為我們帶來食物、春天，甚至青春。她在特殊時節會以魔法般的能力復甦大地，使它更加富饒並且充滿生機。如前文提過的，人類不是自然界唯一會耕作的物種，在我們發展出農業文明之前，白蟻、螞蟻及甲蟲早就擁有牠們自己的田園了。但在哺乳動物中，我們卻顯得獨一無二。曾經，人類只是植物眾多的播種者之一。現在，我們卻懂得收割。

一般而言，我們期待農業是人類健康和快樂的根源。但實則不然，人類轉型爲農業社會後，預期壽命的平均值不升反降，可能和賴以維生的品種或物種的多樣性大幅減低有關。農業發展初期，生活在其中的個體，與以狩獵採集生活型態爲主的個體相較，平均壽命較短。除此之外，目前已經證實農業社會的生活型態，會使人體「骨骼」狀態變差，而骨骼向來是檢測健康程度的重要指標之一。各種消化失調的問題，也因人類開始以農產品爲主食，而層出不窮。同時，農業社會乍看之下可創造出更加富足的食物資源，但其實也進一步創造出新的社會階級——地主與佃農。因此，就算在豐收時節，也不是每一個人都能夠「分一杯羹」。更有甚者，農業文明的維持，需要成千上萬的人共同分工合作，錯綜複雜的社會結構、階級地位及文化等種種因素影響人類甚鉅。昔日只需一起搜尋食物、抵禦掠食者的單純部落文明，距離我們愈來愈遙遠。

生存危機下展開的農業文明

既然務農生活果眞帶來如此多的負面影響——不但對健康有害，又使其中多數耕耘者的生活艱辛困苦，我們當初爲什麼會毫不遲疑地全體走進農業社會呢？可能的原因之一是：轉型之初，這個選擇並非是比較、評估「狩獵採集」與「農業文明」兩者間利弊得失之後的結果，而是過去某段時期，適逢狩獵採集生活「黑暗期」（周遭食物資源極度匱乏）的人類，被迫做出的決定。以上推論是康乃狄克大學的人類學家里．賓佛（Leigh Binford）於一九七〇年代提出的。賓佛猜想，農業的興起無論在何處，都是因爲當時的環境已經由不得人類選擇其他生活方式了，他們既沒有食物也沒有退路。賓佛強調，這不是他身爲局外人的狂想，而是一個證據確鑿的考古理論。然而，當然不是所有的考古學家都同意他，也不代表他的推論就是眞理。若賓佛的觀點正確，可以爲「我們究竟是誰？我們如何成爲今日的面貌？」提供一些線索。農業不是由偉大的帝國統治者創造，而是由一小撮爲生存奮戰的鬥士開始。這些鬥士擁有的獨特基因，最終發展出農業文明——可能出自偶然，也可能是必然的因果關係。另外，這些由突變而生的基因型，對農作物或畜產動物的適應力較高，而我們這些鬥士的後代子孫是同時坐擁農作物和該基因的僥倖少數。

絕大部分學者包含持反對意見的人在內，對以上農業起源的觀點，至少有部分是認同的。在嚴謹的農業系統尚未成形之時，最早的耕種行爲單純爲了生計，有時只是個人嗜好：或許就是某天閒晃時，恰好看到一株喜歡的藤蔓植物，便帶回自家的「花園」中試著自行種植。有些人耕耘得非常辛勤，因此得以由自家花園採收果實，而不必再千里迢迢地跑到森林中尋找食物。然而狩獵採集的生活型態，相形之下卻愜意許多。收集到足以供應全家一天所需的食物分量，平均工時大約是四到六小時〔註4〕，而多餘的時間可以花在藝術創作、舞蹈或是各種社交活動上。但是人類放棄了這樣輕鬆的生活。爲什麼？

想像一下賓佛描繪的故事情節：你住在大型部落的一個小社群中，隨著部落人口成長，食物顯得日益匱乏，活動空間日益偈促。更糟的是，病蟲害問題惡化，跳蚤、蝨子隨處可見。終於到了不得不搬家的時刻。通常，熱帶地區的居民對搬家這檔事較習以爲常，但無論你住在哪裡，終究還是必須面對這類問題。亞馬遜叢林裡無數村落，像蝗蟲般成群結隊的遷徙行爲相當尋常，週期是十五年左右，因爲這段時間剛好足夠讓蝙蝠、跳蚤或蝨子等族群成長到過度打擾人類生活的程度。這是爲什麼住在亞馬遜、非洲、亞洲熱帶雨林的狩獵採集居民，大約每十五年就必須搬一次家的原因。然後有一天，你驚覺你連搬家的空間都沒有了，周圍擠滿了人，除了被迫「定居」，與當地害蟲共舞，已沒有其他餘地。病原體增殖，食物卻逐漸減少。在最壞的時節，同樣的慘象發生於所有村落，許多人死於疾病或饑荒。能否找到食物，在此時是能否倖存下來的關鍵，於是那些當初在花園裡隨興播種的，死亡率較低。至此階段，還稱不上務農生活，但是較能適應人類栽種環境的植物品種已經脫穎而出，成爲新的主食。糧食危機造成村落人口集體死亡，而曾經隨興栽種的植株變身爲救命丹。由於這些「救命丹」，第一批農作物誕生，小部分的人類劫後餘生。活下來的祖先將此教訓銘記在心，悉心照料黑暗之中微微閃爍的曙光，並竭力傳承耕作的知識，確保種子萌芽、茁壯。

賓佛認爲我們居住在美洲或其他大陸的祖先，殷殷耕耘是出自迫切的生存需求。當人口密度過高、饑荒問題惡化時，只有某些種植及採收效率高的個體和家庭，才能順利度過難關。換言之，農業的發明來自迫切的需求，並且攸關生死。在農業文明尚未正式來臨的年代，其雛形已經占據社會核心。如前所述，史上第一批農作物可能出現於饑荒時節，然而因規模小、生產力低，當時對人類的實質幫助並不顯著。但是，卻意外地引發一個演化史中的大事件：若個體內變異的基因型，使他較易消化、吸收這些少數品種的植株，並因此存活下來，該個體在族群中就具備競爭優勢。賓佛進一步大膽揣測，農業生活接著漸漸塑造、改變這群饑荒倖存者的文化，乃至於遺傳特徵。過去習於遷徙的族群正式展開「定居」生活，而與舊日時光相較，飲食習慣似乎也變得愈來愈差。賓佛從農業文明的開端，瞥見亂象的起源，以及另一個趨勢：人類一旦踏上這條不歸路，就只能前進，不能後退了。他的假設若成立，即能認清造就出「我們」和「我們生活型態」的因素，以及接踵而至的後果。後果之一是：人類永遠得仰賴農作物生存，即使這是人口爆炸的推手。後果之二是：人類長年互利共生的夥伴離我們遠去，陪伴我們的物種所剩無幾，有時甚至只剩單一物種。人類的祖先與往後的世世代代，不僅會受食物產量和產出種類影響，更與「區域性」作物自此糾纏不清（在農業文明初期，人類只會接觸到當地作物）。以亞馬遜叢林爲例，羈絆當地居民的是花生和絲蘭（*Cassava manihot*，樹薯的一種）。儘管其他地區的居民耕作的品種略有不同，依舊反覆上演著同樣的悲劇。在賓佛眼中，這不過是換了演員的同一齣戲，令人不寒而慄。

賓佛所提出類似「後啓示錄」（postapocalyptic）的觀點，常遭到其他學者的批評和攻擊，因爲它與人類自己流傳的歷史徹底地矛盾。歷史總是告訴我們：農業是人類偉大的發明、成功的創舉；農業是人類掌控命運的利器。而同一時間，賓佛仍舊持續他的研究工作，四處苦尋相關的骨骸、陶器等遺跡，以支持自己的假說。最近，這些考古證據終於拼湊齊全。

被農業馴養的牛和人類

然而，有關賓佛的論點，最有力的證據並非來自他辛苦挖掘出土的遺跡，而是人類基因分析。依據分析結果，我們的基因中有一種名爲「警示基因」（telltale gene）的片段。從這個片段，科學家「讀到」農業初露曙光的一刻以及人類轉變的軌跡。除此之外，警示基因還明確指出特定的作物或馴養動物，在當時對人類族群的存亡，可謂事關重大。而如果這個結論無法適用於全體人類整段的文明史，至少也適用於某些時期、某些地域。同時，警示基因證明了另一項賓佛過去在學界只敢稍加影射的想法：人類其實被農業高度「馴養」了。

基因的故事可以追溯至現代牛種的祖先——原牛（Aurochsen，又名歐洲原牛，學名 *Bos primigenius*）。原牛在北非大陸及亞洲南部演化，是從熱帶叢林占地縮小、邊界退回赤道帶，而草原遍布各地開始；這些「野獸」在新的棲地上找到豐盛的大餐。同時期演化的還包括美洲野牛（*Bison bison*）、爪哇野牛（*Bos javanicus*）等各式牛種，但之後「被選上的」，或者說被「人類」選上，只有原牛。原牛的外表與現代牛相似，體型卻可與小型象種相提並論，成年原牛的平均身高，以站立時從蹄到肩的長度計算約六呎。牠們巨大的身軀成群結隊地占領草原，宛如雨林裡的蚜蟲。原牛的牙齒構造極度適合用來連根咬斷青草，並且在口中仔細咀嚼、磨碎。磨碎後的食物會進入生機盎然的胃，其中含有細菌、太古菌、原生生物等，全是原牛消化食物的好幫手。若缺少這些幫手，原牛便無法生存。

當原牛族群主宰著整片草原的同時，這頓「青草大餐」對人類而言卻顯得遙不可及。自始至終，人類都沒有演化出消化青草的能力。要我們嚼個一兩根不成問題，但是我們無法真正消化和攝取其中的養分：纖維素及木質素。通常不小心進入人體的青草，會以未經任何「處理」的形式直接排出體外。人類有能力消化吸收的是植物的種子，即我們所稱的「穀類」，因此我們的祖先面對一望無際的食物，只能望「草」興嘆，彷彿某隻意外登陸的海洋生物，帶著潮溼的身軀卻仍然感到口渴。當然，我們的祖先勢必曾在飢餓狀態下抓了一把青草塞進嘴裡，親身測試所有可能的養分來源，接著發現行不通。綿延的草地是原牛的成功，人類的失敗。

然而世上所有事物都有極限和盡頭存在，成敗皆然。原牛也不例外，再豐盛的食物總有吃完的一天，而草原的盡頭是森林，因此森林裡見不到原牛的身影。自然界的「盡頭」向來可作爲資源利用的終點及平衡。直到某天，原牛與人類相遇，黑暗時代於焉來臨。在地球的草原上，禁忌之果與植物無關，誘惑和墮落的起源是母原牛毛茸茸的乳頭。

起初，人類面對原牛的乳頭時，有些笨拙而不知所措。牛乳畢竟不是可以不勞而獲的飲食。透過反覆地試探、摸索與剃毛後的赤裸相見，人類愈來愈了解如何說服母牛心甘情願地交出這顆甜美的「禁忌之果」。即使在今日，擠牛乳仍需懂得一些專業訣竅，如茱莉葉・克拉頓柏克（Juliet Clutton-Brock）在其有關馴養動物的自然史著作中所描述的：「首先，必須使母牛平靜下來，放鬆心情，並與母牛建立熟悉感……另外，母牛的親生寶寶必須在場，或以她誤認爲自己親生的小牛寶寶代替出席……通常擠奶者能夠以刺激外生殖部的方式促進母牛反射性地分泌乳汁。」〔註5〕這聽來的確笨拙古怪。然而，第一批嘗試擠牛乳的人類，或許是因開發出新的食物來源而繁衍出更多子孫，儘管未必每一個個體都能吸收牛奶養分。而我們正是這第一批擠乳者的後代。

正如沒有人能夠百分之百確定農業的源頭一般，人類飲用牛乳的歷史，同樣眞相不明。依據許多考古學家和人類文化學家的想像，無論是耕作或飼養行爲，馴化其他物種的開端都屬於過去某個社會成就的邊際效應，多數學者對以上論點堅信不移。原牛的馴養應該是自然掌控與創新精神的另一項展示，是科技的革命。回顧人類歷史，我們將野生物種縮小後，帶回家共同生活的能力驚人，幾近神蹟。除了野牛之外，人類成功馴化的物種還包括馬、羊、貓、狗等等，不勝枚舉。我們有時幫助牠們交配育種、傳宗接代，有時集體屠宰牠們。當人類扮演上帝的角色時，很容易深陷其中，難以自拔。近來發現，在馴化過程中，原牛不是唯一有所改變的物種，我們本身也不自覺地改變了。牛隻改變人類，乍看之下是來自於牛的力量，但事實上只是「共生演化」無心插柳的結果。而賓佛始料未及的是：人類在生死關頭發明了農業以後，對我們自己造成的影響竟如此深遠。

最近五年，基因分析的技術日新月異，目前從遺傳物質能夠得知：不同物種的血緣相近程度、特定遺傳變異及相關外顯能力於演化史中第一次出現的時點。除此之外，還包括這項能力在人類族群間普及化的速度。絕大部分的基因突變，下場是立刻消失，突變個體死亡。少數繼續保存在基因庫的突變特徵，可能面臨以下命運：（一）維持一陣子之後還是遭到淘汰；（二）沒有消失的遺傳特徵會因它所帶來的少許競爭優勢而逐漸在族群中累積，慢慢地變得愈來愈普遍；（三）新遺傳特徵在族群中快速崛起並成爲共通基因，這是最罕見的狀況。最後一種情形發生的原因可能是帶有新基因的個體繁殖能力強大，或是缺乏這個特徵的個體幾乎全部死亡。遺傳學家將此情形稱之爲「選擇性基因清掃」（selective sweep），聽起來不像是某個遺傳特徵的失敗與淘汰，反而像在描述一場精采的曲棍球賽。

另外，基因分析技術還可分別重建原牛與人類的演化史，供科學家比對，接著將二方研究結果交織出一個更爲完整的故事。目前已知，原牛演化成現代牛種始於距今九千年前左右，在今日的近東地區加入人類的生活。其原因不明，可能是原牛發現那裡的青草比較美味，也可能是那裡的掠食者威脅性低。一開始，牠們主動接近我們，向我們走來，無論是帶著輕快抑或沉重的步伐；幾代過後，牠們被我們馴服了。接下來，原牛隨著人類四處遷徙，抵達如歐洲或亞洲等新棲地。由於我們「整理家園」，原牛也因而得以突破原生棲地的「盡頭」及「界線」。這些在人類附近生活、受人類照料的牛群，與眞正野生原牛的分歧日益加大。而最終，有人類當靠山的牛種成了贏家，野生原牛正式絕種。除此之外，這些贏家因族群過度繁榮，導致同一棲地的植物、其他草食性動物，甚至牛群的掠食者，都紛紛絕種。

某些品種的原牛因上述的共生演化與基因選擇，體型變得較小，性格也愈來愈溫順。人類的遺傳特徵也有所轉變，乳糖耐受力高（體內具備乳糖酶）的個體，因為有能力消化吸收牛奶養分，所以受到演化青睞。一般來說，狗、牛、豬、猴等的成年個體均無法消化吸收乳糖，甚至包括我們習慣餵食牛奶的家貓，乳糖對其也是一項沉重負擔。對絕大部分的哺乳動物而言，乳汁是嬰兒食品，唯一的例外是人類。某些現代人的體內，在成年後仍持續製造乳糖酶。乳糖酶是一種可以分解乳糖的酵素，有助消化吸收乳汁中的營養素。科學證據明確指出，我們的祖先在成年後即無法消化乳汁，無論其來源爲何，包括人體分泌出的母乳。穴居時期的成年人喝下牛奶等乳品後，會引發腹瀉及脹氣等徵狀。如果飲用時恰好處於生病狀態，那麼牛奶會讓他們病得更嚴重。但是多數的西歐人種（第一批看牛者的後裔），成年後仍可消化吸收牛奶中的養分。換句話說，在原牛與人類的共生演化過程中，發生基因變異的不只是被馴化的牛，還包括人。以此觀點，人類同樣被馴化了。一旦某天我們必須仰賴牛群生存，我們便再也找不回狩獵採集的舊日時光，我們自身的生活形式連同體內基因，都永久性地被馴化了。

近年來，科學家發現歐洲人身上某一段與成年個體飲用牛奶有關的基因變異。此基因變異可使人類在成年後繼續製造乳糖酶，更精確地說，是乳糖酶根皮苷水解酶（lactase-phlorizin hydrolase）。這段基因序列解開之後，科學家們進一步想知道：乳糖酶根皮苷水解酶的基因從何時出現？何時開始遍布整個族群？第一題的解答很快就能得到：出現的時點極早。此基因突變一開始發生於一萬年前到九千年前左右，剛好是考古證據顯示原牛遇到人類的起點。〔註6〕也就是說，這段基因是一個印記，一個終生洗刷不去的刺青——從祖先的身上流傳到世世代代的後代子孫，訴說著人類與原牛的共生故事。

至於第二個問題，要得到解答則較為費時費工，同時需要多一點科學家的毅力和多一些人類血液樣本。在一連串 A、T、C、G（構成遺傳密碼的四種元素）排列組合的分析過後，發現乳糖酶苷水解酶遍布族群的時間極快。在最初飼養牛群的部落中，多數成年個體無法消化牛奶，其嚴重程度可以致命。存活下來的少數個體相對來說對乳糖的耐受性較高，也能從牛奶中攝取較多養分。猶如賓佛當年提出關於農業黑暗的過去，畜牧之初也完全稱不上是個鼓舞人心的創舉與成就；同樣地，這仍然是一項艱辛痛苦、沒有退路的生存交易。但身為他的後代子孫，你也許會將史上第一個擠牛奶的人視爲英雄。儘管前途坎坷，人類依舊堅持一路披荊斬棘，在自然界中存活下來。然而，正因爲這個支派的族群血脈未曾中斷，今日，我們拋棄長年相處的共生夥伴，仰賴非常少數的物種生活。我們的新夥伴是小麥、高粱等穀類作物，是牛與羊。但無論怎麼輪流替換飲食內容，人類周圍都只剩下這些種類單調的動植物了。

以人類慣性思考的模式，我們總認爲自己是獨特的物種，也因此我們將自己與其他物種相依相存的關係定義爲「馴養」。的確，這個馴養關係使得彼此都獲利，牲口與人口數目皆急速成長。當初若是沒有建立起這種緊密的關係，雙方在生態界中單槍匹馬，勢必難以達成今日的生存優勢。基本上，馴養關係是人類祖先互利共生的簡化版，與我們聯繫的生物種類愈來愈少，同時也促成意想不到的演化環境。在新環境中，具有乳糖酶成體維持基因（之後簡稱爲乳糖酶基因）的人類生存得較好，具有對人類和善基因的原牛亦然。關係確定之後的結局是：原牛住進牢房裡，獲得源源不絕、沒有盡頭的食物資源，然後每天交配、產乳。雖然人類無法親自享用青草大餐，但爲了「馴養」我們的新夥伴，我們竭力焚燒、濫砍森林，以孕育出更遼闊的草地。我們殺死其他草食動物，避免牠們與原牛競爭。人類依賴牛群提供牛乳，解決人口過剩、食物不足的問題；牛群依賴人類提供吃到飽的大餐，並且從此安心地過日子，再也不用與自然界的其他物種你爭我奪。人類與原牛攜手合作，創造了一個新天地——不是因爲我們有能力，而是因爲我們有迫切的需求。一旦進入這個新天地，整個自然生態界全都沒了回頭路。因爲人類的獵殺，野生原牛和其他大型草食動物絕種，原牛的掠食者（肉食動物）也跟著絕種。綿延無盡的草原，背後的代價是森林占地面積快速萎縮，生態界的採集者找不到足夠的果實。這一切僅爲我們與作物及牛群的新共生關係。

今日，全球的牛隻總數大約有十億頭，而全球人口則超過這個數目，至於重量是否超過牠們，取決於你的計算方式。可以確定的一點是，這個新共生關係發揮了驚人的影響力。與牛群一起演化的族群不限於歐洲人，而當科學家推翻此認知已久的想法時，我們距離認清自己又更接近了一步——認清過去的自己，以及現在的自己。

牛乳改變人體基因

目前任職於賓州大學的遺傳學家莎拉．蒂什科夫（Sarah Tishkoff），在十年前左右就開始思考這個問題。蒂什科夫相當熟悉「原牛與歐洲人的共生演化」以及「基因變異」的理論，因此對於飲用牛乳的「非歐洲」人種感到困惑不解。難道他們也擁有乳糖酶的基因印記嗎？她觀察到東非的馬塞人（Masai），長年以來同樣在照料牛群並飲用牛乳。馬塞人甚至爲了享用品質優良的牛乳，花費比重極大的精力與時間來看顧牛隻。在非洲，特別是東北地區，人類及牛群間的共生關係，看來獨立於歐洲大陸之外，自成一格。接著逐漸往非洲南部蔓延，直到最後，整個非洲大陸馴養牛隻的行爲慢慢地普及。蒂什科夫的疑問是：馬塞族等非洲人種顯然不是歐洲擠乳者的後裔，爲什麼他們的成年人有能力飲用牛乳呢？

有一派學者認爲馬塞人可能透過加工程序，使牛乳中的養分易於被人體消化吸收。最常見的例子是乳酪。當牛乳製成乳酪後，乳糖含量會大幅降低，但是馬塞人等東非地區的居民從未被觀察到曾製造任何加工乳製品。因此另一派學者進一步推測，東非及西非畜產部落的某些人種與基因其實移民自歐洲大陸。從基因序列中，科學家發現一項驚人的事實，非洲某些居民身上所攜帶的基因與乳糖酶功能，和成體維持具有絕對的關聯性。以西非的畜產部落爲例，富拉人（Fulani）和豪撒人（Hausa）擁有與歐洲人相同的乳糖酶基因，這似乎支持了乳糖酶基因源自歐洲的假說。但蒂什科夫認爲以上觀點僅是「部分成立」，因爲她知道馬塞族和丁卡族（Dinka）等長期飲用牛乳的人種，體內缺乏乳糖酶基因。爲了補齊證據，她決定蒐集更多資料。

馬塞人既不是以加工方式吸收牛乳中的養分，體內又沒有攜帶歐洲人種的乳糖酶基因，所以，蒂什科夫大膽提出第三種解釋的可能性：這些部落馴養牛群的歷史悠久，因而發展出自己獨特的牛乳消化能力，以及有別於歐洲人基因印記的相關基因。賓佛揣想黑暗的農業起源，這些非洲畜產族群的祖先或許切身體驗過，甚至馴化相同物種。而某些個體的基因突變，有利於將乳糖酶繼續保留在成年人體內；雖然與歐洲人體內牛乳消化的機制類似，卻是在不同的演化環境各自發展出功能相同、序列相異的基因片段。下一步則關乎蒂什科夫身爲一個科學家該下的賭注——證實假說。

蒂什科夫到東非尋找遺傳學的證據，她發現有關成體消化乳糖酶的基因突變，在人類演化史中反覆出現。第一次發生在距今大約一萬年至九千年前，剛好是歐洲人馴養原牛的起點。接著，七千年前左右的非洲大陸上，不同地域的人類也出現類似的基因突變（三次以上），同樣與考古學家推測飼養起源的時間點相符。而在這段期間，不同群落的原牛與人類在不同棲地相遇兩次或甚至四次以上，並接受馴化。蒂什科夫進一步發現，當初擁有乳糖酶基因突變的成體，與缺乏此突變的成體相較，前者傳宗接代的能力強出許多，因此他們所攜帶可爲人類帶來生存和生殖優勢的變異基因片段，便世世代代地流傳下來，且這些後代很快就占領了歐洲、非洲各地。以上幾次各自獨立、彼此沒有關聯的基因突變，是目前科學界已知距今最爲接近的演化事件，而類似的事件可能還會一再重複。正如賓佛的預測，畜產業及農業的成形，背後的成因大同小異。試想一下恰好處於饑荒地區，或是誕生在食物匱乏年代的人類，存活和基因傳遞勢必是一場激烈的競爭。此時，能否成功對抗死亡並完成遺傳使命，部分取決於是否有能力發掘新的食物來源，包括牛乳和作物，從中順利消化、吸收養分。無法藉由「馴養共生關係」獲利的個體，下場只有一個：無法將自己的基因繼續保存於基因庫中。繼農作物之後，牛乳，是改變人類文化與基因的另一項重要因素。

人類與原牛故事的尾聲衍生出更廣泛的議題。原牛就像麥子、木薯、稻米等所有日常作物一樣，曾經是我們的救命丹。隨著人口密度增高，人類面臨饑荒和從饑荒中找到生存之道的歷史不斷重複。而無論我們的生存之道是農業的起源或畜產業的起源，必定同時也是基因轉變的起源。科學家已經發現，以穀物維生的居民，爲了促進攝取的澱粉在體內有效裂解、消化，澱粉酶基因的含量也較高。至於這個事實是否同樣是快速「選擇性基因清掃」的結果，目前尚未有人研究，但可能性極高。而當農業或畜產業在全球不同的地區崛起之時，人類的身體也各自悄悄地改變。今日種族及文化的多元性，大部分來自於過去各地的祖先們，在熬過艱辛歲月後所演化出的共生關係，而不變的後果是：與我們互動的生物種類變得愈來愈稀少。

自此，人類世世代代守著這些新物種，如同依附母親的嬰兒，無法放手。回顧演化歷史，我們勇敢過、獨立過，但在生死關頭，仍然不得不向命運屈服。我們與我們的新夥伴，維持一種相依相存的緊密連結，享受對方所給、提供對方所需。這是沒有回頭路的終身契約；這是至死不渝的婚姻。在今日，跟農業「離婚」可能比跟配偶離婚還要困難許多。當然，你有自由選擇擺脫一切，完全藉由狩獵、採集維生，然而身爲人類，這已經無法轉換爲一個物種或一個國家人民的集體行爲了。首先，適合狩獵和採集的地區所剩無幾；其次，我們早已遺忘如何在野外生存。而遺忘野生生活的不只人類而已，還包括我們飼養的家畜及寵物。你家的狗偶爾會擺出凶狠的姿態，但也僅止於此，因爲牠終究必須仰賴我們存活。的確，與人類有交互作用的物種看來似乎不少，然而這不過是個假象。根據統計，現今百分之七十五的食物來源，共出自六種植物和一種動物。假設全世界的牛明天突然絕種，數百萬的人口將會死亡；同理，小麥或玉米對我們的影響也同等深遠，如同昔日發生過的馬鈴薯田枯萎事件般。儘管牛隻用多麼輕蔑的眼神瞪著你，牠都是你的夥伴，而牠的命運與我們的緊緊相繫。

我們是命運共同體，唯一的差別只剩基因。因為祖先的遭遇、文化、生活型態或求生手段不同，我們的基因庫裡依舊記錄並保存有遺傳的多樣性。我們難以忽略歷史、基因與前文提及的微生物究竟如何影響文明人的生活。而更難忽略的，是文明人種的趨同演化。祖先流傳下來的基因或許大相逕庭，現代人的飲食習慣和生活模式卻漸趨一致——含乳、高脂、多糖、多鹽。今日的我們與昔日的祖先，充分左右你我的健康。回頭看看祖先，不管他們正蹲在母牛身下擠乳，還是旁觀竊笑，他們的決定正在你的體內發酵。

目前全世界總計約十億人口有體重過重的問題，滿街可見皮帶綳到極限、身體超過負荷的人。這情況尤其在美國特別嚴重，而其他國家也正以非常快的速度迎頭趕上。然而即使在美國，也不是每個人都是胖子。根據統計，美國百分之六十五左右的人過重，其餘百分之三十五的人則沒有這類困擾。〔註1〕一般人往往將體重過重歸咎到飲食或運動習慣上，但這並不是過重問題的全部原因。某些人發胖的理由更爲深層、更爲神祕，並且與現代西方飲食內容有關。現代人攝取的食物絕大部分來自於馴化動植物，且種類相對較少。當然，如果你恰好奉行吃葡萄柚跟飲用有機駱駝奶的原則，又或者你對飲食內容節制且深思熟慮，那麼你是例外。包括美國在內的整個西方常見食物中，四分之三的熱量由乳製品、加工穀類、單醣、植物油與酒精所貢獻。〔註2〕在農業社會以前，這些成分從未出現在我們祖先的「菜單」選項。距今一萬年前左右，人類食用的植物琳瑯滿目，品種數量可以以萬爲單位計算。自從農業社會稍有雛型開始，包圍人類的物種數目及食物多樣性均大幅下降。雖然在經年累月的耕作之後，可食的品種再度稍有復甦，但與採集年代的祖先相較，我們培育的食用物種已侷限許多，並且因爲人擇，只有便於栽種、符合口味的品種脫穎而出。〔註3〕於此期間，人類同時失去了採集知識和作物種類的選擇性（目前近千種的作物瀕臨絕種，某些作物則已經完全絕種。），放眼望去，野生莓果無人採收，而全球人類的熱量來源僅仰賴爲數極少的作物品種。當然，你還是可以在當地有機超商買到藜麥，但在成堆玉米、小麥、稻米的圍繞之下，要找到這類珍貴的穀類愈來愈像大海撈針。在人人飲食習慣近乎雷同的大環境中，釐清不同體質攝取相同食物後所產生的反應，有助於解釋爲何某些個體天生容易發胖，同時另一些個體卻完全不受過重問題影響。

現代人代謝新飲食的方式有或多或少的分歧，這必須回溯至各個族群祖先不同的生活型態。想像目前正在進行一項大規模的人體實驗，其中每位受試者攝取的飲食內容和分量皆相同，然後我們回頭檢視他們的狀態（這實驗的假設與文明人的現實生活相去不遠），結果將會如何？你的預測又是什麼？或許部分的人會認爲大家的體型和健康狀況會趨於一致。這樣的觀點，恰好是絕大多數的體重控制計畫、運動健身書籍、減重節目，甚至是嬰兒成長量表與醫藥學的最高前提。在這假設之下，只要將飲食調整成葡萄柚水果餐、全肉餐、低脂餐，所有受試者都能瘦得下來。然而眞相是即便都吃一樣的東西，我們仍會有胖瘦之分。而造成此差異的分水嶺在過去亙長的歷史中早已畫分清楚，難以動搖地猶如潛伏在人類深層幻想裡的海怪，我們永遠看得見它。

祖先的生活決定我們的代謝基因

姑且先回到牛奶的故事。如同我在前一章節提過的，並非每一個個體都能在成年後繼續消化乳汁中的養分，而這取決於體內的基因序列。從地理人口學的角度而言，成年後還能消化乳糖的個體，所占的比例相當小。在歐洲人發現新大陸之前，包括印加人、馬雅人在內的所有美洲原住民，他們的成年個體完全無法飲用牛乳，基因也不允許。就算到了今日，全世界仍有百分之二十五左右的人口，成年後無法分解乳糖；百分之四十到五十左右的人口，成年後只有部分消化乳糖的能力。這些總計約十億的人，一旦飲用牛乳，將會出現腹瀉症狀，並且在攝取一般的美國飲食內容後，增重幅度比其餘成年人少了百分之五。在疾病叢生的環境條件中，這些無法完全消化吸收乳糖的個體，因腹瀉而導致身體脫水的風險相對較高，並且從食物中少攝取百分之五的熱量，意味著傳宗接代的機率被削弱。因此，站在演化的觀點，擁有乳糖消化基因的個體是贏家，尤其當這些個體生活在飼養牛隻的族群之中。然而隨著時代變遷，吸收百分之五多餘的熱量，反而變成人體的負擔。廣告標語告訴你「牛奶的好處」時，卻沒有同時警告你，「如果你的身體可以完全消化乳糖」，或是「如果你需要多餘的熱量」，牛奶才對你有好處。由上述例子可知，不同身體面對同一食物的代謝方式大相逕庭，而這是祖先留給我們最根深柢固的遺產，但長年以來，我們卻忽略這項事實。至今在美國農業部（USDA）頒布的食物金字塔中，仍無視於全球多數人口無法順利消化乳糖的統計數據，將牛乳與蔬菜、水果、肉品、豆類並列。而事實上，對科學家來說，哪些種類的動、植物或其加工品，得以定義為「有利於全部人類」的營養來源，依舊是個懸而未決的謎。

近年來，現代飲食的轉變在在凸顯出代謝基因的重要性。繼牛乳之後的另一個例子是動物唾液中常見的澱粉酶（amylase）。澱粉酶可以幫助我們分解和消化玉米、馬鈴薯、稻米、番薯等日常作物中所含的澱粉。某些個體能夠高效率地利用澱粉，是因爲澱粉酶基因較多，使得唾液中製造出的澱粉酶含量可達到一般人的十六倍。回溯演化史，個體間澱粉酶基因的差異其來有自。農業社會以前的人類，澱粉酶基因數量較少〔註4〕，唾液消化農作物的效率也較低。農業社會成形後，澱粉酶基因多的個體顯然具有演化競爭優勢，因此這項優勢自然而然會遺傳給後代子孫。今日，某些長久以來爲饑荒所苦的人民，多餘的澱粉酶基因仍是利基，因爲它能夠使擁有相等分量穀類的個體，獲取更多的能量及熱量。但是與乳糖酶基因一樣，相同的基因到了豐衣足食的社會，即成了發胖的元凶和身體的負擔。簡單地說，我們的身體和食物的代謝關係因人而異，一切端看祖先過去的生活模式與我們自己現在的生活模式。讓某些個體存活下來的基因，可能搖身一變成爲另一些個體腹部游泳圈的肇因。

除了以務農或畜產維生的族群後裔，體內攜帶著獨特的基因印記之外，狩獵採集部落的子孫也有專屬的遺傳特徵。距今約一萬年前，全世界的人類都是狩獵採集族群的一員，唯一的差異是狩獵或採集到的物種因地區及謀生方式而有所區別。有些族群是「肉食動物」，有些族群的主食是昆蟲，有些則專吃豐盛的樹皮（我用「豐盛」而非「美味」的字眼形容）。到了五千年前左右，完全以狩獵採集維生的人數驟減，而到了一千年前，僅剩下一些居住在邊緣棲地，像是沙漠或極地的人類，遇到氣溫或溼度過低的天候時，單憑耕作無法生存，才會以採集或狩獵作爲糧食補給的手段。在邊緣棲地的採集或狩獵族群，面對如此艱辛的環境，理應會發展出相對應的遺傳特徵，並且勢必與農耕、畜產社會的遺傳特徵大不相同。然而不同之處在哪裡？

狩獵採集族群的後代較易罹患糖尿病？

任職於密西根大學的人類學家詹姆斯・尼爾（James Neel）曾經提出過一個論點：生活在環境氣候起伏較大的狩獵採集族群，爲了因應不穩定的食物來源，必須具備貯存養分、體脂肪的遺傳優勢〔註5〕，以便在資源豐富時，快速囤積足夠的熱量。這項「節儉基因型理論」與生態學家的想法不謀而合，但在當時並未引起學界的重視。

而早在一八〇〇年代初期，一位名叫卡爾・喬治 L. C.柏格曼（Karl Georg Lucas Chicitian Bergmann）的德國醫師進一步認爲，生活在寒冷地帶的動物與生活在溫暖地帶的動物相較，通常體脂肪多、體型大，這是因爲體表面積與體型比例相對小，有利於保持體溫。舉例而言，大象的體表面積與體型比，較蛇小許多。柏格曼的理論逐漸被學者延伸解釋，並發展爲顯學。居住在寒帶地區的動物，堆積體脂肪的原因有以下兩種：保暖（此爲柏格曼原始的解釋）以及爲了熬過食物資源極度匱乏的漫漫寒冬。換句話說，體脂肪對生活在氣候嚴寒或食物資源不穩定的人類而言，是項生存利器，在某些狀況下，體內囤積的脂肪是牠們唯一的養分來源，成了想要活命唯一的選項。然而，社會型物種可以擁有其他選項，以蜜蜂爲例，牠們會在寒冬來襲前，事先於蜂巢儲備多餘的食物，如此一來，就不必貯存於個體的體內。因此另一個問題是：人類屬於蜜蜂的同類，還是北極熊的同類？

雖然尼爾的「節儉基因型理論」之後在科學界常引發各種討論，卻很少有學者認眞研究它的正確性。如果想測試他的假說是否成立，有幾種方式。首先，可以試著分析狩獵採集族群的基因，但値得注意的是，在不同的狩獵採集族群間，基因序列可能會有所差異，類似於歐洲畜產族群及東非畜產族群間，乳糖酶基因序列的差異。其他可行的檢驗方式爲檢查狩獵採集族群的後裔，在攝取西方現代飲食之後，罹患糖尿病與肥胖症的比例是否出奇的高，因爲他們較易將各種養分轉換爲體脂肪，單醣的利用率亦高於常人。依據尼爾的推論，如果祖先屬於狩獵採集族群的一員，且過去居住的棲地氣候變動大，那麼與單一條件成立（只滿足「祖先是狩獵採集族群」或「祖先居住棲地氣候變動大」其中之一），例如祖先是狩獵採集族群但居住在食物來源穩定之熱帶雨林的個體，或祖先爲務農、畜產等其他族群的個體相較，體內醣類及脂肪含量應該更高。換句話說，一旦這些人長期以西方飲食爲主食，罹患肥胖症及糖尿病的機率將會非常高。也就是說，就像蜜蜂儲藏蜂蜜或北極熊囤積體脂肪一樣，具有居住在沙漠、凍原等地的演化遺傳特徵，將容易導致上述兩種健康問題。

近來科學家針對狩獵採集族群基因與糖尿病好發率的關聯性，進行大規模的採樣、比對，研究結果於二〇〇七年出爐。〔註6〕在北極寒帶區，由於居民可以預先乾燥處理海鮮，如鮭魚、海豹等，再加以囤積於體外，因此糖尿病患者的比例偏低，甚至低於現代西方人的平均值。反之，生活於沙漠或亞熱帶地區的狩獵採集族群，無論是在澳洲、非洲、亞洲或美洲，由於食物保存不易，因此罹患糖尿病的機率是一般農業社會族群及現代西方人的四倍。這個結果背後代表了兩種意義：狩獵採集族群持續受到來自社會結構的壓力擠壓，因而生活型態無可避免地走向養分或醣類來源漸趨貧瘠；另外，現代的狩獵採集族群，可能因承襲祖先們一度具有競爭優勢的基因，與其他族群相較，更容易受糖尿病所苦。而上述兩種解釋可能並存。

至今，科學家尚未釐清所有人類族群的基因變異，對同一種類、同一分量的飲食內容，會表現出的代謝機制爲何。舉例而言，身體儲存脂肪的相關基因，與成年乳糖酶基因相比，其運轉與成因複雜許多也古老許多。而無論最終的解答是什麼，想必不可能是一個簡單的理論足以涵蓋的。唯一可以確定的是，隨著現代人四處遷徙、飲食習慣漸趨一致，每個人身體代謝方式的分歧，將愈來愈顯著。而這各式各樣的分歧有昔日的痕跡可循，承襲這遺跡的現代人也正承擔著今日新生活模式的後果。

祖先的歷史，與你我的身體對現代飲食做何反應息息相關。可想而知，往後將有更多這類的遺傳眞相被揭露。其中某些遺傳特徵或許演化自人類彼此間的互動方式，如社交或分工合作行爲，目前有些學者認爲自從我們的生活型態漸漸轉型爲農業文明，所需的社交能力及社交基因也開始出現變化，像是從攻擊性格變成服從溫馴的性格。也許人類必須變得像被他們馴養的牛一樣，失去原始銳利的眼神。等待科學家揭曉謎底的同時，我們繼續走在分歧的道路上，其中某些變異純屬偶然和奇蹟，並承襲著前人的特質。而另外一些變異像是牛乳或澱粉的消化能力，則關係著前人在演化史中的適應能力。

的確，就像幼稚園老師告訴過我們的：「每個人都是這世上獨一無二的花朵。」我們獨一無二，因爲歷經過去一萬年的漫長演化，塑造出我們在不同生態圈的不同生活型態。曾經，全世界的人類都在食用鄰近的野生物種，如今，在某些人飲用牛奶的同時，某些人卻因喝了牛奶而腹瀉；某些人執行減重計畫的原因，其實來自於原始祖先與饑荒搏鬥的基因。也許因爲錯估了人類的差異的本質，西方醫學從未正式考量我們的獨特性，而蒂什科夫等科學家正忙著修正從未將這些「獨一無二」列入考量的醫學理論。

忽略族群演化差異的醫學研究

過去在討論人類的血緣時，通常粗分爲以樹皮維生、營養不良的非洲人種，以及其他歐洲人種和亞洲人種。從這些分支中再分出更多亞洲、澳洲與美洲人種。蒂什科夫卻發現，如此概略的分類遺漏了一些關鍵元素。儘管我們的祖先居住過非洲大陸兩次以上，且爲期甚長，但在人類演化史中，有關非洲人種的研究卻付之闕如。非洲人種總是少數恰巧路過非洲的學者，偶爾取樣ＤＮＡ、順道研究一下的對象。雖然早已有人推測，非洲大陸豐富的文化可能與基因多樣性有關。而蒂什科夫的研究結果證實：非洲人種的基因多樣性，等於全球其他人種基因多樣性的總和。世上三分之一的語言來自非洲大陸，這意味著三分之一的生活模式，以及三分之一的文化類型來自非洲大陸。換言之，人類演化的根在非洲，其他包括美洲原住民、澳洲原住民、北歐原住民等人種可能都只是非洲人種的分支罷了。而隨著每次的遷徙、每次離家園更遙遠的翻山越嶺，我們一點一滴失去了部分的基因多樣性。〔註7〕

蒂什科夫發現，原來多數人種的基因變異可以在非洲大陸尋找得到，而這類攸關我們身體健康狀況及遺傳性疾病發生率的基因變異，無法由傳統以膚色來區分人種的分類呈現。現今主流的西方醫學，往往將焦點放在白種病患身上，但白人顯然是全球人種的「稀有族群」。許多醫藥相關的人體實驗，向來將其他人種視爲「對照組」，因此乳糖消化酶不足的成年個體被歸類爲一種基因缺陷的表徵。直到現在，我們才恍然大悟，所謂的「乳糖不耐症」並非「症狀」，而是常態；反之，終身能夠消化牛乳的基因表現卻是突變之後的結果，無論從人口比例或演化史的角度來看皆然。成千上萬的科學研究主題已投入在基因多樣性上，比較白種人及黑種人，或是白種人及黃種人的身體機制和疾病好發率，試著找出其中的關聯性。研究的最終結論一般都會將差異歸因於文化、經濟、基因，或以上三種因素的排列組合。然而科學家必須銘記在心的是，過去被簡化歸類爲「黑種人」或「亞洲人」的族群，其基因多樣性遠高於「白種人」。〔註8〕白種人才是眞正的少數人種，而白種成年人擁有的乳糖酶基因屬於全體人類之中的「特例」。以我們習慣的人種分類法，當作人體研究的出發點，無疑是個沉重包袱，或簡言之是愚蠢的做法。整個醫學理論的基礎，也迫切地需要改造與進化，而第一步就是打破「每個個體先天條件一致」的錯誤前提，充分認可人類演化史的分歧以及祖先世代流傳下來的多樣性。

要將這些演化差異的認知落實在臨床醫療行爲，一時之間仍有難度。但我們仍必須仰賴這些歲月累積出的知識，雖然這方面的知識顯然也隨著歷史漸漸流失。距今兩百年前左右，全球人類總計約有兩萬種文化、語言不同的族群。儘管文化的差異並非百分之百與遺傳適應力或共生關係有關，這也牽涉到體內的寄生蟲、病原體或體外的氣候等條件，但絕大多數確和文化有關聯。到了今天，文化、語言不同的族群只剩下六千到七千種，且目前看來能夠保存二十年以上的只有不到一千種，其餘的族群均瀕臨滅絕危機。每一刻，我們都正在遺失一些關於祖先的過去，遺失那些藏在歷史故事、語言、口語或非口語文字裡的過去。

除此之外，我們還爲了馴養新夥伴，而將長年陪伴我們的老朋友趕盡殺絕，他們包括野生水果、野生堅果、我們的天敵等等。新的共生關係連同新的生活型態在全世界急速蔓延，然而這樣的改變卻缺少了和基因的連結。近兩百年來，西式的農業文明依舊馬不停蹄地取代僅存的傳統文明。個別種族的演化史因而隨之混淆，全被丟進一個統一的「文化大熔爐」裡。我們可以預見，當未來的人類想要尋根時，勢必變得更加困難，因爲祖先的境遇、求生手段或是遺傳特徵的涵義將更加曖昧不明。或許你已是新文明其中的一員，你已離舊日美好的時光過於遙遠，已無從得知前人是否曾經捕獵過海豹，或是品嚐過水果與昆蟲的滋味。但即使我們遺忘了自己的起源，基因的記憶依舊深深烙印在體內，刻畫著曾經清晰的喜劇與悲劇、刻畫著模糊的前景。只要仍能找到基因與文明的關聯，就還有機會追本溯源，釐清其中隱藏的意義，如同馬塞族消化乳糖的能力。然而人類文明的同質化，正在一點點抹煞祖先的遺跡，居住在玻利維亞境內亞馬遜叢林裡的卡文尼恩人即爲一例，這個少數原住民族的歷史鮮爲人知。卡文尼恩人現以農耕維生，但沒有人知道他們務農的歷史多長？祖先栽種過的作物有哪些？或許仍有少數長者知道答案，但絕大部分的人並不清楚，而知識總有一天會全部流失，屆時卡文尼恩人與其他亞馬遜叢林的居民將變得大同小異。唯一不會失傳的是體內攜帶的基因，他們成了一個少了歷史背景的故事，一切彷彿田野間存在一座冰河時期的遺跡，愈是深究愈是令人困惑。

第五部

掠食者如何嚇得我們驚慌失措、戒慎恐懼，渾身起雞皮疙瘩？

寄生蟲和共生生物會影響到我們的身體，但擾亂心智的則是過往的掠食者。我們當獵物的日子非常長，從人類還是魚的時候就是其他生物的食物。在過往的歷史中，我們的處境比較像是叉角羚而不是獵豹，通常選擇逃跑，而不是追逐。因此，一直到最近，歷史和天擇都偏好謹慎而非勇敢的個體。當有人從暗處跳出來時，你可以親身體驗這樣的反應，那是對掠食者的威脅所產生的戒心。在看恐怖片，或是在讀駭人聽聞的故事時，你也會感受到這樣的經驗，比方說，讀到在一九七五年的某一天，一個名叫芭庫爾的印度女孩和一群女孩子到森林裡撿核桃樹的葉子來餵乳牛，芭庫爾爬到最高的樹梢上，因爲那裡的葉子最嫩，乳牛最愛吃。〔註1〕

那天，她是第一個摘完樹葉的人，正準備從樹上下來，爬到一半，覺有人在拉她的小腿。會是她的朋友嗎？不，這觸感比較結實，不像是在玩鬧。結果在樹下的是一隻老虎，正虎視眈眈地望著她，老虎再次伸長爪子抓她。她就像隻羔羊。她放聲尖叫，抓著樹幹，但不一會兒，她採的葉子散落一地，頸上的小藍珠項鍊也是。老虎將她帶進樹林裡。她尖叫，整個人嚇壞了，但人仍然活著。

當芭庫爾的父母得知老虎帶走他們的女兒時，沮喪得說不出話來。在另一個小鎮上，也有個女孩親眼看到這隻老虎將她的朋友帶走，同樣也是震驚到無法言語。芭庫爾的父母，似乎也說不出話來。做妻子的轉動著飯鍋，而做丈夫的只是徒然坐著，顯得精神錯亂。在他們的生命中，彷彿有扇門打開了，而且不會被輕易關上。老虎可能出沒在小鎮邊緣，或是房舍間安靜的角落。芭庫爾可能還活著，但沒有人膽敢去尋找她的下落。家屬太過震驚，只能在房子裡等消息。雷打在同一個地方的機率只有一次，但老虎則會反覆襲擊一個地點。這隻老虎在尼泊爾已經造成超過兩百人死亡，直到武裝警察將牠驅逐過邊境。結果到了印度，牠又奪走了另外兩百三十七條人命。現在輪到這個小鎮，牠勢必也會和之前一樣大開殺戒。從牠過去的紀錄來看，無疑是會把人吃掉，而這次牠如果不吃芭庫爾，還會吃誰呢？

在這個故事中，可能會有人對著芭庫爾的家人大喊，「把她找出來！」「要勇敢！」但沒有人聽得進去，整個小鎮都陷入恐懼之中，家家戶戶都門窗緊閉。小孩子只能撒尿在罐子裡，然後潑出窗外。大人也得想辦法自己找容器，或蹲在門外就地解決。整個小鎮變得封閉，充滿恐懼和腐臭的糞便。即便連食物都開始減少，田裡的作物開始腐爛，還是沒有人願意離開自己的房子。就連比人類更強壯、行動更為敏捷的狒狒，在掠食者靠近時，也會和家族待在一起。牠們背對背坐著，四處觀望，並且相互理毛，輕輕撫摸彼此的頭和背，就像這個村子的情況一樣，村民寧願彼此分享同樣的痛楚與警戒。

村民等待的時候，各自重述了對這隻老虎的傳聞，當講完這隻老虎的故事後，就開始講其他老虎的故事。他們講到在隔了一個鎮的夏巴瓦村裡，有群男人走在村子附近的小路時，聽到尖叫聲。然後看見一隻老虎朝著他們走來，嘴裡叼著一個赤裸的女人，她一頭長髮拖在地上，哭著求助。在這個故事中，這群男人也是嚇得動彈不得，於是老虎就帶著這個女人走了。還有幾十個類似的故事，多數都以悲劇收場，但每隔一段時間，就會傳出倖存者的故事，所以他們對芭庫爾還是抱持著一絲希望。他們希望她能逃回城裡，他們只能希望，因爲每個人都嚇得無法採取行動。

恐懼感如何在身體運作？

芭庫爾的故事因爲捕獵吃人動物的偉大獵人吉姆．科貝特，而流傳下來。故事的結局是科貝特找到芭庫爾，並且槍殺了這隻老虎。不過，人類和掠食動物的故事，早已深植在民間傳說中，也嵌入在我們的體內，在我們的基因及其組成產物中，特別是在大腦裡由一群古老細胞組成的區域網絡杏仁核。杏仁核和大腦中的古老區塊與現代區塊都有連結，它和腎上腺系統好比是一個中繼站，將我們的現在和遙遠的過去連接起來。就是這兩個系統決定我們在不同情況下是要付諸行動還是陷入沉思。如果你替芭庫爾感到擔心，爲故事的結局感到一絲悸動，光是這樣的念頭，也許就足以讓你的雙臂感到一陣寒意，這就是杏仁核釋放出的訊號所造成的。但還有一個更普遍的原因，是來自於記錄在你個體的歷史中，長久以來逃脫被吃掉（至少在交配前被吃掉）的經驗。這段長久的歷史不僅只是回溯到你的祖母，還可以一路回溯到蜥蜴，甚至更古老的時代。當你害怕（或憤怒，這點我們之後會再討論）時，心臟會跳得更賣力，這是因爲腎上腺在作用，杏仁核會釋放訊號發送到腦幹，那裡掌管我們更爲原始的行動和想望。這套系統有時也被稱爲「恐懼模組」，主要是用來幫助我們對付掠食者，不論是逃跑，還是歷史上曾經有過、偶爾出現的反擊，但「恐懼模組」是個敏感的系統，光是想到具有威脅性的東西，就可以引發它的反應，像是恐懼反應，或是在威脅產生的衝動，甚至其他我們對周遭環境的預設反應。杏仁核的某些區域不斷釋放出這些訊號給我們的身體，讓我們感到害怕。大多數的時候，杏仁核的其他區域都在抑制這些訊號。但是，當我們看到、聽到或經驗到觸發恐懼的東西，杏仁核就會停止抑制訊號，這時我們立即感到一陣恐懼，就像在大腦中引爆一顆炸彈一樣。

我們的恐懼模組，歷經成千上萬個殺戮和逃脫的世代，從最初開始有動物去追逐另一隻動物時就逐漸成形。現在的我們可以對付這些掠食者，但在與掠食者互動的長久歷史中，我們並沒有槍可用，甚至連撿根木棒抵抗的餘裕都沒有。我們尖叫（尖叫相當接近恐懼模組的基本要素），然後逃跑。如果我們不這麼做，早晚我們就會「一個接一個地進入頭號敵人寬敞的胃，牠們從來不會放過任何一個減少數量的機會，從而完成其生活的使命」。〔註2〕

當我們圍繞在營火邊或撲克桌，講述屬於自己的故事時，通常會把自己形容成能力高強、能夠掌控一切的掠食者。在故事書裡，小紅帽在關鍵時刻總是能保住生命，因爲在最後關頭總是會出現帶著槍的強尼來拯救危險的小紅帽。但事實上，在歷史中絕大部分的時刻，我們都無法救回身陷狼窩的小女孩。可能有人嘗試過，但天擇似乎不太獎勵這樣的嘗試，至少在最初的幾百萬年是如此。直到芭庫爾遭到老虎襲擊的時代，這樣的攻擊已經不常見，但仍會發生。抓走芭庫爾的老虎最後會變成「食人獸」，在受傷或衰老後，就無法再攻擊牠的獵物，甚至還可能遭到人類的反擊。不過，在人類大部分的歷史中，我們的祖先不過就是被老虎吃掉的種種可能獵物之一，一旦人類在地球上繁衍的到處都是，很可能因此成爲老虎的首選獵物。畢竟人愈多，就愈容易找到。

被獵殺的人類

一直到我們的祖先開始使用武器，掠食動物才開始躲避。但即使是在那時候，「食人獸」這個概念本身所隱含的，正是我們祖先的弱點。受傷和衰老的「食人獸」，不論是過去還是現在都還在吃人，因爲我們是最容易捕殺的獵物。我們既沒有長角，也沒有鋒利的牙齒，甚至連妨礙消化的毛髮都很少。對牠們來說，我們幾乎就是一條包裝好的熱狗。據說「察沃的食人獸」〔註3〕在肯亞奪去數十條人命，這個謠傳使得從維多利亞湖到蒙巴薩港路段的鐵路鋪設計畫受阻。最後，英國政府終於派人前去射殺兩隻雄獅，然後運回倫敦，放在博物館裡一處百年來遭人忽略的角落。不過，在研究這些獅子的骨骼和口部後，卻發現牠們長期生病，其中有一隻獅子的牙齒還變形，甚至缺牙。換句話說，如果你是古代的掠食者，無法追捕其他獵物時，人類就是你最好的選擇。除了三條腿的牛羚和頭腦簡單的牛，我們是最沒有抵抗力的動物，連斷腿或缺牙的掠食者都可以追捕我們。今天，那些會攻擊我們的動物往往都遭到被獵殺的命運，就跟察沃的食人獸下場一樣，但是在我們的歷史中可不是這麼回事。我們的祖先在黑暗中幾乎完全看不到，所以當他們在洞穴裡聽到聲音時，只能將全身蜷縮起來，仔細聆聽，希望進來的這隻老虎、熊，或其他大型食肉動物，會先從別人下手。想像一下，在滿天星斗的夜晚到樹林裡撒尿時，不時聽到隱身草叢裡的獅子、老虎或其他動物的鳴聲。或許就是因為有這樣的想法，聖布須曼人才會在洞穴壁畫上描繪出獅子肢解人類的場景〔註4〕，想必這是人類長期的夢魘。〔註5〕

在人類和大型野生掠食動物的長遠歷史中，我們顯然一直扮演獵物的角色，這使得我們大腦內的恐懼模組在幾百萬年前就開始發展，並且隨著我們的演化持續發展，甚至演化成更為精細的系統。要知道捕食我們祖先的掠食動物有哪些，可能要回到我們還有四隻腳、還有蜥蜴的尾巴和鱗片的時候。即使是在那時候，同為掠食者的我們可能也只有被吃的份。三百萬年來，我們就一直在尖叫著，在動物語言中，這意思相當於是：「哦！媽呀！不要吃我！」有四種數據告訴我們紀錄。對印度的老虎來說，吃人是家常便飯的事而不是例外，即使到現在也是如此。在殖民時期的印度，老虎一年吃掉的人可能超過一萬五千。〔註6〕光是在坦尚尼亞，在一九九〇到二〇〇四年間，至少有五百六十三人被獅子奪去性命。不僅是老虎和獅子，山獅也會吃人。巨鷹會捕食兒童，從過去到現在都是。有幾種熊會吃人。獅子、豹、短吻鱷、鱷魚、鯊魚，甚至連蛇都會吃人，特別是兒童。而且這一切在最近幾年還是陸陸續續發生，儘管這些掠食動物較爲少見，並且種類遠不如我們過去的演化史中多。

第二項數據來自人類的化石紀錄，當中充斥著許多碎裂得讓人感到害怕的骨頭。最近發現的非洲古猿，其頭骨上留有鷹爪的記號。非洲古猿的頭骨和一堆骨骼，一起在一個鷹巢下被發現。在一項對更新世豹類的食性研究中，有個採樣點的調查結果顯示，非洲古猿是牠們最常見的食物，換句話說，豹實際上專門獵捕我們的祖先。第二個採樣點的另一堆豹骨骸也顯示類似的結果。在這兩個樣點中，能夠殘存至今被科學家發現的骨骼，都是豹不吃的頭骨，以及一堆被消化過的其他部位。〔註7〕試想我們成群結隊生活在一起的祖先，夜復一夜擔心自己成爲獵豹的食物，其他藏匿在陰影中，光憑人類感官無法察覺的掠食者〔註8〕，如獅子、鬣狗、野狗和牠們那些如今已滅絕、體型較大的近親，同樣是我們祖先的噩夢。〔註9〕這些南非洞穴並不是特例。在最早的原始人化石中，有許多骨頭看來都是被掠食動物打破的。透過大型貓科動物的嘴來看我們自己以及哺乳動物的歷史，這項事實再清楚不過了。

不過，要證明掠食動物影響人類的自我認定，詳細的證據卻來自其他靈長類動物。在我們還是靈長類動物的時候，有很長一段時間我們的體型約略只有僧帽猴的大小，所以大部分的時候，我們的際遇就和牠們一樣，命運也很雷同。有幾種新世界鷹，如哈比（Harpy），特別偏好吃猴子。豹潛入森林中，伺機捕捉猴子。最近一項在象牙海岸的研究，追蹤了兩隻獵豹的行蹤，結果發現雖然這兩隻豹各有所好，一隻偏好穿山甲，另一支則愛吃大鼠。但在牠們的食物中，幾乎有一半是靈長類動物，甚至還包括大猴子和黑猩猩。〔註10〕事實上，在幾個大型食肉動物仍然普遍存在的地方（雖然沒有過去那樣普遍），進行的靈長類長期研究，都會發現多數靈長類個體是死在掠食者的嘴下，不然就是被毒蛇咬傷致死，這些死因遠高出其他所有原因。目前對狒狒的研究特別詳盡（牠們也最常成爲其他動物的獵物），在這些研究中，發現舉凡老鷹、鬣狗、野狗、獅子、豹、豺、獵豹，甚至連黑猩猩都會捕食牠們。

在掠食動物經常出沒的地方，一年當中平均每一百隻猴子（或類人猿）就有三隻死於牠們的口中。這很可能就是我們歷史中，絕大多數人類的命運。相較之下，目前一年之中，每一千個美國人，才有一個死於癌症。換句話說，如果早期人類跟現代的靈長類動物的處境一樣，被獵殺而死的機率是今天因癌症而死的三百倍。更重要的是，癌症往往是在我們繁衍子孫後才會奪去我們性命，但掠食者可沒有這樣的耐性。無論人類是何時開始運用更好的工具，或者聰明才智來逃脫，一開始，我們就像其他靈長類動物一樣，難逃被捕食的命運。*在一定程度上，人類和其他靈長類不同的地方在於，我們似乎比牠們更適合食用。跟其他靈長類動物相比，我

*剛剛提到一共有四項證據，而其中第四種證據最含糊，但也最有趣。現代人類感染弓漿蟲（*Toxoplasmosis gondii*）的比例，高得不可思議。在大多數成人身上，它是良性的，甚至處於休眠狀態，但對孕婦體內的胎兒而言，則有致命的危險。最有趣的是，弓漿蟲其實是貓的寄生蟲，它在貓體內不能完成其生命週期，除

們更容易追蹤，因爲我們的足跡沉重，而且至少有一位人類學家表示過人類的體味較重。包括長尾猴在內，少數幾種叫聲具有特定含義的靈長類動物，其發聲幾乎不可避免的都和捕食威脅有關。長尾猴的語言中有三個字：「豹」、「鷹」和「蛇」，這極有可能也是在人類使用的第一批字彙中，最重要的名詞。緊接在後，最有可能的動詞應該是「跑」。

躲避掠食者而發展出的生存模式

人類就跟其他靈長類動物一樣，遭到長期的捕殺，正是這種宿命塑造出芭庫爾和她的朋友對老虎的反應，同時也塑造了他們的生活模式，並深深影響如今的我們。當掠食者環伺在側，如廁和睡覺是最容易死亡的時刻，特別是因爲許多靈長類動物，不只是人類，都會打鼾。我們對這種威脅的反應，直接表現在某些具體行爲上，比如說我們（靈長類動物）睡覺和建設家園的方式。猴子和猩猩會在樹上的高處築巢，成群結隊地睡在一起，而且至少有一隻始終維持清醒，這樣一來，有威脅時便可以警告大家。黑猩猩通常會在三米以上的高度築巢，比豹的跳躍高度再高一點，這恐怕不是巧合。除了我們人類外，唯一還待在地上的是大猩猩，當牠們移動到地上時，已經發展出相當強壯的體格，或許能夠以此防禦掠食動物的攻擊。〔註11〕若是你爬不高，最好要長得夠壯，才能對付你身後的豹。

當我們到地面上討生活時，個頭並不夠大。因此，比之前的祖先更容易被捕食。不過，那時我們可能已經搬到洞穴居住，如今日的狒狒一樣。我們最終打造出可以將掠食動物排除在外的房舍。這些房舍一般都會圍成一圈，像房車一樣，當掠食者靠近時，門就可以向內轉，而門的尺寸，也方便防禦。我們的群體生活幾乎一直維持在十個個體以上的數量，即便群體生活的方式需要我們長途跋涉去尋找食物。*姆巴提（Mbuti）的矮人曾經打造出籠子一般的木屋，但不是拿來飼養動物的，而是把牠們隔離在外。在芭庫爾居住的小鎮上，房屋都是成群地搭蓋，可能就和你現在住的地方類似。柵門和死巷是早期村落的現代版，在那裡，家家戶戶的前門相對，彼此照應，提防任何可能潛伏在暗處的東西，即便這樣的設計效率很低，而且看來都比網格型的街道危險。但我們覺得這種方式最安全，因爲從前的我們就是如此過活。我們每天晚上鎖門，而在芭庫爾的村莊裡，則是用木板擋住出入口。

非經過人體（或任何其他臨時的寄主）。有人會對此感到不解，爲什麼弓漿蟲一定要大費周章地感染人類。也許這是一個錯誤的假設。現在我們當中有許多人和貓生活在一起，可能不小心就會感染到弓漿蟲，但過去並沒有這樣的關係。我個人比較喜歡另一種可能性，會不會是因爲弓漿蟲希望人類被貓吃掉，才搬到我們體內的，我們長久以來的命運似乎就是如此。也許是，也許不是。不過，看起來弓漿蟲並不是唯一在生活史中需要感染人類的寄生蟲，還有好幾種蟲，都在等著我們被老虎吃掉，這樣牠們才能夠成熟。

*有人會懷疑，我們眞的有做出這樣的選擇嗎？難道我們沒有蓋過其他種的房子？當然有。想想鳥類的房子吧！大多數的鳥巢都是開放式的，有個向上的開口，牠們並不擔心淋雨的問題。但也有些鳥築的巢會覆上蓋子，或是築在空心的洞中，不過這些都是特例。

即使到了今天，「掠食者」仍在影響我們的作息。人類和其他靈長類動物很少會在晚上活動。我們聚在一起睡覺，幾乎不做其他事情，因爲我們的感官對夜間的狀況和危險較爲遲鈍。我們會在晚上做的少數事情之一就是生孩子。在少數像芭庫爾的村莊，還沒有專人接生的地方，大多數嬰兒都是在黃昏和黎明之間的黑暗時刻出生。最近一項對動物園黑猩猩的研究發現，牠們十隻裡有九隻是在午夜過後不久的半夜出生。〔註12〕若是你超過五十歲，你也有很大的機率是在凌晨兩點左右出生。孩子在這樣的半夜出生，而親屬則聚集在周圍睡覺，若有必要還能起身抵抗威脅，以降低母親和嬰兒在分娩過程中被吃掉的機率。

有一次我妻子和我偶然發現一隻在樹洞裡的黑白疣猴。在牠的懷裡，抱著一隻蒼白的新生兒，看來十分脆弱，毫無抵抗能力，就跟我們自己剛出生的子女一樣。我無法想像，我的妻子在生產後，必須立即逃離掠食者的場景。我懷疑我們唯一能做的，就跟孩子出生時我們對護士說的一樣，叫喊著：「再給我們一點時間。」新生兒和新母親（還有初爲人父者）需要他們可以得到的一切幫助。也許紅猴最能說明這一點，牠們是目前已知唯一會在白天生產的猴類。那是因爲紅猴和其他猴類不同，牠們在白天時聚集在一起，到了夜間則分開。這些動物的分娩模式或許和掠食者有關。到目前爲止，也還沒有人提出其他可能的解釋。

掠食者觸發的恐懼反應

掠食者效應影響我們的出生時辰和家園環境，但這樣的理論多少都還是帶有臆測的成分。不過在歷經世代被捕食的命運後，還是找得到一些掠食者效應帶來的影響，且因果關係比較明確，而不那麼含糊不清，好比說我們體內由荷爾蒙、血液、腎上腺和腦等元素組成的恐懼模組。當老虎在拉芭庫爾的腳時，可以想見她體內會發生一系列的反應，重要的是，就連在一旁目擊意外的那群朋友，他們的體內也會起反應。腎上腺中的細胞會從專門的「小袋」中釋放出一陣陣的腎上腺素。腎上腺素會引發其他化學物質的連鎖反應，使得他們小小的心臟跳動得更快、更使勁。如此一來血流量會增加，氣管擴張、肺部擴大，讓更多的氧氣進入血液。這一切都是為了要引發一陣突然的超能量，其次則是引發恐懼感觸發之後的思考反應。對芭庫爾而言，這一切都不足以讓她在虎口下求生，雖然不是沒有機會，但通常難逃一死。因為一旦老虎捕獲獵物，很少會失手讓他們再度脫逃。另一方面，芭庫爾的朋友則逃過一劫，這主要是歸功於他們的腎上腺系統，這套系統演化專門幫助我們遠離天敵，也養成我們鮮少會留在原地反抗天敵的習性。

在野生靈長類動物中，一旦觸發恐懼反應，往往會發生以下的結果。當一個警報響起，比方說紅猴發出代表「豹來了」的叫聲，或是一般的尖叫聲時，通常猴子就會逃離，這是最常見的反應。比較罕見的是，當掠食者看來似乎很弱，或是在沒有其他選擇下，靈長類動物會聚眾圍攻敵人，不過通常會保持一安全距離，畢竟沒事最好不要賭自己的命運去挑釁牠們。有時，這些圍攻會成功，結果可能只是簡單地將掠食動物趕走，或是將其獵殺。大部分的時候，則沒有這種好事。當有選擇時，逃走仍然是猴子的上上之策，就跟芭庫爾的朋友所做的選擇一樣。

當然，我們不是唯一具有腎上腺系統和採取相關防衛行爲的靈長類動物。早在數億年前，腎上腺系統就已經演化出來。不管經過多少個世代，它的基本功能都維持不變，僅有增添，但未曾遭到取代。幾乎所有的脊椎動物在面臨威脅時，都會經驗到和我們一樣的身體反應。其他動物和人類之間的差別，在組織和微調這個反應的方式。爬蟲類沒有杏仁核，所以恐懼直接傳導到腦幹的感知系統，調整其行動。在哺乳動物中，杏仁核負責傳送訊號到腦幹，通知意識腦我們感受到恐懼。在哺乳動物中，不同物種的杏仁核對焦躁程度的調整不同。牛隻則對外部刺激的反應相對遲鈍（不過若是受到足夠的刺激，還是會讓牠們抓狂，就跟我們常常在大型牧場中所見到的一樣）。這是何以牛羊，甚至基因轉殖鮭魚等許多其他畜養動物容易受到掠食者威脅的原因之一。〔註13〕牛和羊不僅溫馴而已，實際上牠們對一直纏繞著牠們的危險感到麻木，就連狼或屠夫在門口時也不知道要逃。

物種或個體間的腎上腺系統，透過微調蛋白質的濃度變化來展現差異。平均而言，人類具有很多這種蛋白質，就跟其他具有良好防禦行爲的物種一樣，但那些大體型的動物則不然。牛可能曾經也有過這種蛋白質，但我們培育出來的品種缺少此蛋白質，就跟我們所培育的其他家禽家畜一樣。〔註14〕*這樣的變化，並非不可避免，就像馬仍然非常敏感、焦躁，但是這種改變卻也可以發生得非常迅速。在一九六〇年代俄羅斯開始進行一項馴養狐狸的實驗，才經過三代的人工育種，就培養出會向人類示好的品種。經過三十五個世代的育種後，繁殖出來的狐狸不僅友善，還很溫馴。牠們會搖尾巴，還會舔飼主的手指。和牠們的祖先相比，這些後代的恐懼反應較少，和恐懼相關的荷爾蒙濃度也較低。有證據顯示，類似的轉變也發生在狼身上，隨著牠們從單獨狩獵轉型到團體狩獵的社會性動物（在團隊合作中，突升的腎上腺素和侵略性格可能不利團隊合作），狼對待彼此的方式，就像牛對人類一樣溫順。

有人可能會說，若是人類演化出的性情中少些逃離的反應，對社會可能會有好處。但實際上大多數的我們似乎一直保持著這樣戒愼恐懼的反應。如果眞要說有什麼改變的話，那就是在

*不過有些恐懼感則難以撼動。對一般飼養的雞而言，儘管這世上仍然有讓牠們害怕的東西，但牠們已經很久不用面對來自老鷹的威脅。然而，當用塑膠老鷹飛過這些馴養的雞和野鳥的上空時，牠們還是會停止進食、提高警覺地來回踱步。牠們都認得老鷹。雞就和我們一樣，顯然保留對特定事物的恐懼，即使在牠們所處的現代環境中（沒有天敵的欄舍中，擺放著近乎無限的食物），這種擔憂根本就是多餘的。這些雞和我們之間的相似處，恐怕比我們所承認的還要多。

近代的人類演化中，隨著新工具的使用和大腦體積的增加，我們變得比較不會選擇逃跑，而是會留下來戰鬥。甚至開始尋找戰鬥的機會，正如科貝特一樣，他被找來芭庫爾的村落，協尋芭庫爾，以及那隻攻擊她，甚至可能將她殺害的老虎，同時將村民從他們古老的恐懼中拯救出來。科貝特會找到他的獵物，儘管獵殺牠的過程又是另一個故事。人類這個物種，開始會在各地找尋體積大的動物，將牠們追逐、刺傷、肢解，然後吃掉牠們。

在芭庫爾的故事中，一直要到科貝特來了他們的村莊，村民才敢去搜尋她的下落。科貝特是一名年輕男子，實際上只是個大男孩的他卻跑到鎮上將老虎殺掉。他想讓這個村莊恢復平靜。日後，隨著年齡增長，科貝特將成爲最偉大的獵人，專門獵殺吃人的老虎，但那時的他還沒這麼厲害。在那個時候，他只有年輕男子的智慧和一把華麗的大槍。一槍在手，他把恐懼轉爲憤怒，將逃跑的本能轉變成戰鬥的欲望。他想要搜尋老虎，進城沒多久，科貝特就找到蛛絲馬跡。在櫟樹的附近，他發現芭庫爾的血跡和項鍊珠子，並開始尾隨這些線索。沒走多久，他的胸口就充滿恐懼，隨之而來的是一陣憤怒，因爲他發現這女孩的腿被留在河邊的血泊中。芭庫爾肯定已經死了。

科貝特輕輕靠向她的腿，站在那裡鞠躬致哀，這時他開始覺得自己犯了一個錯誤。他的感覺非常具體，他手臂上的汗毛豎了起來，皮膚緊繃，全身感到一股寒意，突然有股想要逃跑的強烈衝動。這些反應是與生俱來的，而且是無意識的，單純只是因爲聽到山頭上塵土掉落的聲音而觸發。那是一隻向下俯看的老虎，沉重的爪子正抓著山上鬆散的泥土。科貝特的身體釋放出腎上腺素，充斥在他的血液中，他開始覺得自己快要爆炸了，這樣的感受實在難以用筆墨來形容。他的心臟撞擊他的肋骨，彷彿想要跳出來。他身體的某一部分確定他將跟芭庫爾一樣難逃一死，就是這部分的他在催促他、懇求他，要他趕緊逃跑。

老虎轉身往山上而去，科貝特反抗自己的反應，控制住身體，抓好他的槍，跟隨老虎的蹤跡，這時他突然可以辨別出成千上萬的聲音。他可以聽到樹葉在風中擺動、昆蟲的爬行，等到他接近老虎時，聽到了牠的低鳴。腎上腺素讓他保持警覺。科貝特跟著腳步聲前進，聽著不知是他自己的心跳聲，還是老虎的心跳聲。整個下午他都在搜尋牠的身影，直到他的理智再也無法負荷他體內所積累的荷爾蒙和血液。他搞不清楚自己的位置到底是離村子比較近，還是離老虎比較近，這時他開始發慌了。他爬過岩石，穿過黑漿木荊棘和巨大的蕨類，直到天空轉成深藍，最後整個變黑。他身上沒有帶任何可以發光的東西，也就是說雖然老虎可以看到他，他卻見不到牠。他藏身在封閉狹窄的岩縫中。他有槍，但在這一刻，他和過往的人類一樣赤裸而脆弱。現在，他又再次聽到牠的聲響。慢慢地，他退出森林，沿著他之前的腳步，同時聆聽老虎的動靜，但因爲他自己的呼吸聲過大，蓋過了老虎的聲音，不過他確信老虎會一路跟著他回去。

科貝特使盡渾身解數終於回到村子裡。在那裡，他好好整頓一番，決定明天要嘗試新的策略，用另一種方法來對付牠。此時，在藤蔓、荊棘和山壑之間，老虎正在嘶吼著。

人類開始狩獵

沒有人知道人類是從何時開始狩獵。當然，早在很久以前，我們就開始捕殺昆蟲與蝸牛，偶爾還會獵捕洞裡的鼠類。但何時開始捕抓大型的獵物呢？這個答案混雜在非洲、歐洲和亞洲，人類學家試著從各地挖掘出來的有蹄類和人類凌亂的骨骸中找尋答案，但一直對此爭論不休。他們揮動著手中的筆，這隻過去曾握過長矛的手。他們揮舞著、爭辯著，但似乎難以達成共識。唯一可以確定的是，在發明工具以前，狩獵的行爲可能很罕見，而且相當笨拙。

即便我們有了工具，幫助也不大，至少在剛開始時是如此。在人類歷史中的第一個五十萬年，僅有鋒利的石頭，但這石頭足以打破那些被其他動物吃剩的骨頭，取出骨髓。有了這些工具，我們就跟鬣狗差不多，只是危險性較低，行動也遠不如牠們俐落。最後，早期的石具和棍棒結合在一起，形成了人類史上第一把長矛。長矛搭配上跑步和來回呼喊同伴，人類便能追逐小型的群居動物。這似乎與狼開始變得更加社會性的時間差不多。白天我們和狼一同狩獵，到了晚上則會躲開牠們。這層關係緩慢但漸進的轉變。至少在兩處記錄詳實的研究地點，考古學家發現，人類的獵物從龜和帽貝這類繁殖和移動都很緩慢的獵物，轉爲移動和繁殖快速的獵物，如野兔，甚至是鳥類。〔註1〕隨著龜類和帽貝日益稀少、兔子也被捕得差不多，獵捕鹿和其他大型的草食動物變得更加重要。在有些地方，如冬季植物性食物很少的寒帶地區，狩獵甚至可能是必要的謀生方式。

轉向狩獵型態的生活使得我們的身體開始變化。看看你的手。當我們開始撿拾木棒和石頭，我們的手部骨骼隨著演化，變得更能掌握這類武器。現在你握球棒或球的方式正是繼承你祖先拿棍棒和石頭的姿勢。直立人或始祖地猿（*Ardipithecus ramidus*）乃至於更古老的祖先則完全拿不了棒球。天擇之所以會青睞具有好握力的個體，唯一的可能是，拿起棍子或球會增加牠們生存或交配的機會。〔註2〕換句話說，工具的使用最終成為必要的生存條件。我們的腿變得愈來愈長，肺部也相對較大，我們變得善於長跑。這一切都改變了。我們仍然是柔弱的血肉之軀，依舊是脊椎動物中比較適合食用的物種，但我們可以利用棍棒打獵，彼此相互應答。

反擊掠食者，擺脫恐懼制約

承襲這樣悠久歷史背景的科貝特，想到了一個主意。他想讓村民在寬闊的山谷上坡追趕老虎，將牠趕到只有一端開放的狹窄山谷裡，而他則埋伏在那裡準備射殺牠。科貝特的策畫其實是在重演早期人類千百次狩獵狼和非洲野犬的場景，那時人類在追逐獵物時會前後呼應，甚至會釋放訊號。不過就在幾年前，考古學家發現美洲原住民曾經將水牛追逐到河谷的懸崖上，並在那裡屠殺牠們。那天晚上，他在腦中思考這個計畫，就好像他在繪製一處洞穴壁畫一樣。在這幅想像畫中，有一隻老虎和數百名高舉著手臂的村民，唯獨有一人位於高處，握槍往低處瞄準。這張素描中的老虎，就跟其他數百幅洞窟壁畫中的掠食者一樣，看起來仍然還有勝算。

當村民去幫助科貝特驅趕老虎時，他們的身體就像過去早已追逐過動物的人一樣。在科貝特的計畫中，村民將他們能夠找到的石頭、罐子和棍棒收集起來，站在河谷的頂部。當科貝特和河谷底部的人發出訊號時，每個人就開始敲打他們手中的瓶瓶罐罐，將這頭野獸從樹林中驅

趕出來，往科貝特的槍瞄準的地方跑去。這整個計畫就像在重演人類從獵物轉變成獵人的過程，儘管轉變過程不盡完善。＊

村民各就各位後，一切都按照計畫進行，但和科貝特一起走的村長卻累了。年邁的他想要休息，在科貝特還來不及回應前，他就自行坐了下來。這是再自然不過的舉動，問題是他向下移動的身體，在村民眼中看起來像是舉起降旗的訊號。於是他們開始將這陣子在哀悼中所壓抑的憤怒一股腦釋放出來，轉化為敲擊的力氣，死命敲著他們手上拿來充當鼓的東西。果不其然，老虎開始跑離他們，直接朝向科貝特和村長準備射殺牠的地方而去。

科貝特和村長還沒準備好。他們還在山上，不得不開始往下跑，希望能趕在老虎之前。若是科貝特和村長沒能到達山口，老虎會逃跑，繼續牠的殺戮。但跟老虎比起來，他們跑得太慢。果然，老虎衝出森林時，科貝特還離山口有三百碼遠，至於村長，更是遠遠落後。科貝特評估眼前的情勢，決定停下來。村長也評估了情勢，並將整個村莊的憤怒轉化成行動。他開槍了，但是沒射中。這時老虎突然轉身，向村民所在的方向逃跑。

這樣下去，似乎只會有一個結果。老虎衝破村民的防線，並殺害一個或數個村民，然後跑進樹林裡，在那裡潛伏幾天，甚至幾年。但在另一邊的村民完全不知道發生了什麼事。他們聽到村長的槍聲，以為老虎已經死了，於是開始慶祝。老虎開始往回跑時，沒有一個人往山下察看。他們就像待宰的羔羊。沒想到，好運降臨。

聽到村民提前慶祝聲的老虎，又調頭往回逃走，再次往科貝特和村長的方向跑去，這次他們已經準備好了。科貝特開槍打中老虎的肩膀，但老虎似乎不受影響。牠轉向科貝特，高高翹起自己的臀部，放低肩膀，就像一般家貓在突襲老鼠前會做的動作一樣。而現在科貝特就是那隻老鼠。他的槍裡已經沒有子彈，於是他對著村長大喊，叫他把槍拿來。老虎則準備要撲向他。接下來的一切都發生得太快，難以複述真正的細節。總之，科貝特拿到村長的槍，按下扳機。

這一槍還是沒中，但稍早的槍傷已經起了作用，老虎因而倒地死亡。在遠方山上的村民依舊渾然不知地熱烈慶祝著。科貝特除掉夏帕瓦的怪物，成了偉大的食人獸獵人。

*這讓我想起中國的毛主席和麻雀之間的真實故事。毛澤東不喜歡中國的麻雀（和蚊子、蒼蠅和老鼠這三種「害蟲」）。麻雀在他的門廊上拉屎，還吃掉寶貴的種子，不堪其擾的他做了其他極權統治者可能也會做的事：他讓全國人民拿著鍋碗瓢盆到他們的後院敲打，製造噪音嚇走麻雀。持續敲打數天後，數以百萬計無法抑制恐懼而不斷在天空盤旋的麻雀，終於倒地死亡，證實了毛澤東擁有和大自然相對等的力量。不過，大自然沒有政治立場，所以隔年，原本會被麻雀捕食的蝗蟲數量大增，達到前所未有的境界，嚴重的瘟疫接踵而至，田地裡除了牠們的咀嚼聲外，什麼都聽不到。成千上萬的人餓死。試圖消滅自然的後果總是要人類自己承擔。天道好還，報應不爽。

科貝特獵殺老虎後，村民舉行了葬禮，將芭庫爾的遺體放入河裡，這樣她的故事就會和恆河一起流傳下去，和其他在印度各村落被吃掉的女性的故事彙整在一起。在接下來的幾年，還是有不少老虎殺人事件，但逐年減少。在上個世紀，人類終於擺脫了數百萬年來當獵物的折磨。曾經遍布印度的老虎，數量從成千上萬，變成數千隻，最後變成數百隻。現在圈養在德克薩斯州的老虎可能比整個亞洲的野生老虎還要多。同樣類似的故事也發生在其他的掠食動物上，如花豹、黑豹、獅子、美洲獅、美洲虎，甚至連狼和熊也是如此。這些過程是從幾千年前開始的，那時我們開始像狼群一樣狩獵，現在已接近完成。大型掠食動物仍然會殺人，但一年頂多幾十人，而且相當罕見，絕大多數是在荒野。當我們走進樹林裡撒尿，重演我們的原始衝動時，牠們也重演牠們的衝動。

消失的掠食者，被錯置的原始恐懼

然而，這樣的過去一直纏繞在我們每個人的生活中，改以多種精神疾病和不滿情緒的形式出現，甚至連我們選擇生活的地點和方式都受到影響。因為，縱使我們獵殺掉大多數的老虎、狼、熊、花豹和獅子（雖然以靈長類動物爲食的巨型鷹類和致命的毒蛇仍然很多），我們的身體對這些掠食者的反應依然存在，深植於長久以來逃跑的經驗。〔註3〕

我們的體內仍然有腎上腺，我們的大腦中也還有杏仁核，會將我們的感知轉譯成身體反應。現在的我們仍然保有這些結構，雖然被掠食動物吃掉，或是被追逐的機會基本上微乎其微。這些部位所調製出的恐懼（還有它的同伴：憤怒），使我們能夠殺死大部分引發恐懼反應的動物。但現在我們體內這些演化來產生恐懼的警報和血管系統，還有什麼事可做嗎？

在我們對恐怖電影和書籍的渴求中，仍然可以看到恐懼的運作。想想吸血鬼、弗雷迪・克魯格（Freddy Krueger）以及犯罪場景中的謀殺犯，每一個都讓我們感到害怕，觸發身體釋放出跟過去老虎靠近村莊時同樣的化學物質。現在的我們得花錢購買這份觸發恐懼反應的刺激，彷彿是要提醒自己，我們的身體依舊可以出現這樣的反應，我們的血液可以讓我們覺得自己好像在逃命。

但今日我們還得面對另一個現實，這套曾經負責產生恐懼感的系統，在現代環境中出現了短路的情況，因爲目前多數我們接受到的刺激都不是來自於對身體的直接威脅，而是來自遠方的世界。我們收聽新聞，接收各種謀殺案的訊息；我們考慮生活支出預算的問題，擔心其後果。這些四處瀰漫的恐懼所引發的反應，和過去老虎所引發的一樣，只是這種恐懼不會產生解決方案，然後日積月累，形成焦慮和壓力。多達三分之一的成年人會在生命中的某個時刻，因爲這些錯置的恐懼而得到焦慮症。若是一直拖下去，這種恐懼感甚至會導致憂鬱症和其他與壓力相關的疾病，並減短壽命。我們慢性而錯誤的恐懼感造成壓力和痛苦，反而提高我們死亡的機率。我們會因爲收支不平衡的帳簿而在半夜驚醒，身體處於隨時可逃跑的狀態，說要有多頻繁，就有多頻繁，總之，我們絕不可能擺脫這一切。而我們的憤怒則找到另一個出口，從家暴到戰爭都有。我們用藥物和購物等方式來刺激大腦中的這個古老區塊，以回應這份慢性壓力和憤怒。

並不是說壓力和焦慮（及其相關的疾病）一定就是來自想要逃離掠食動物或其他危險的古老衝動。畢竟「恐懼症」這個字眼，形容我們對不該害怕的事物感到恐懼。現代化的恐懼，和我們古老的恐懼系統被錯置在現代環境中有關。這些恐懼症造成恐慌，甚至是創傷後症候群，這都是因爲恐懼線索徒留在我們的腦細胞中所造成。

有些人比其他人更容易受到老虎和黑豹造成的殘餘恐懼感影響。這樣的個體差異有部分是遺傳的，另一部分比較複雜，和個人經驗有關，有的是在兒童期，有的是在之後。如果你很幸運，可以高枕無憂，無所懼怕，心中（或更確切地說，在杏仁核中）不會出現怒氣，也不會感到恐懼。又或者是，在你的生活中，你的恐懼是有意義的。如果是這樣的話，和你同類的人恐怕相當稀少，因爲我們腎上腺系統的大部分反應不再能適應現代化的恐懼。這不合時宜、難以掌控的恐懼，讓我們在沒有選擇的情況下，往往自我醫治，有的是靠處方藥（這可以減緩焦慮症，但對驚慌或是恐懼症沒什麼用），再不然就是街頭毒品，以便讓仍然存在於大腦中的掠食者的身影安靜下來。每年我們購買藥物的費用高達數十億美元，但若是從經濟、生計和生活面來看的話，街頭毒品造成的損失更大。有人曾建議，未來我們也許能夠抑制這些讓我們感到害怕、恐懼、焦慮或憤怒的基因，換句話說，從最基礎的基因層面來教導自己，那隻印象中無所不在的老虎已經消失得無影無蹤。事實上，我們也幾乎消滅了眞實世界中的所有老虎。在動物園裡，我們把臉貼近籠子，提醒自己牠們曾經在我們的體內引起多大的震撼。看著關在欄舍裡的牠們，我們發笑但也感到一絲寒意，因爲在內心深處，在皮肉之中，我們的身體還記得。即便我們的頭腦都忘了，我們的身體還記得，而且將會持續下去。甚至在老虎都滅絕之後，在某個腎上腺素升高的失眠夜晚，我們仍會想起牠們。這樣不完美的結局並不是這個故事的結尾。掠食者塑造出我們的恐懼感，其影響不僅於此，牠們的殘暴還留下許多遺跡，當中最普遍的影響是我們如何聽聞這個世界的方式，換句話說，牠們決定了我們建構和認識世界的方式。透過我們的感官，牠們影響了我們力求改變的一切。

現在，換個角度來想像這一切。試想你能看到更微小或更遙遠的事物；想像你有更敏銳的嗅覺。每一個物種都是由其感官所接收到的訊號來建構外在世界。鳥類和蜜蜂是以紫外線的模式看世界；螞蟻則看得到天空中偏振光的條紋；毒蛇看得到熱、嚐得到空氣中的味道，還可透過皮膚感覺身旁的每個腳步聲。我們無法經驗牠們的感知，除非是透過我們發明的工具，但即使如此，也無法將其內化到我們腦中。我們的感官主要是以視覺在腦海中創造世界，其他感官就像是好萊塢電影中不知名的次要角色。看看你現在坐的椅子、周圍的牆壁。你之所以會選擇它們，是因爲顏色，或許在某種程度上也考量到觸感，不過不會是因爲味道或氣味，也不可能是因爲其他物種看得見，但我們卻不易察覺的視覺線索。

眼睛不僅在指引我們，還會領導我們的行動。孩子在海灘上撿貝殼，是根據顏色和外形來挑選，我們也是以類似的方式，集體地對地球上的生命做選擇。野玫瑰的氣味芳香，但我們育種出來的玫瑰基本上是沒有味道的，這是因爲眼睛讓我們將視覺美感當作優先選擇的考量，而不是芳香氣味。我們一次又一次地做出這樣的選擇。我們將郊狼這類大型、容易被發現的動物逐出城市，但比較少注意到不起眼的小型物種，像是那些夜行性或攀附在牆壁上的動物。我們殺死花園裡無辜的蛇鼠，只因爲牠們又大又黑，而且容易被發現。但我們卻放過多數的蟑螂和臭蟲，更不用說是那些體型更小的生命，這也只因爲牠們很容易逃過我們的眼睛。如果我們擁有其他物種的知覺，就可輕易察覺牠們的存在。我們一直忽略微生物，直到有人告訴我們這些小生物無所不在，結果我們對此又反應過頭，採取激烈的消毒措施（雖然這只影響到對我們的抗生素有反應的物種）。換句話說，我們所有改變世界的方式，尤其是我們與物種互動的改變，絕大多數都是受到視覺的影響。而且，隨著視覺愈來愈主導我們的知覺，其他的感官則日益萎縮。味覺基因變得殘缺不全，我們能夠區分的氣味比我們的祖先少得多，但眼睛卻變得明察秋毫。接下來的問題是，這樣的眼睛以及它的影響力是如何演化出來的？你現在正在閱讀的雙眼，能夠分辨文字的一筆一畫，遊移在一撇一捺之間，這樣的能力最初是在非洲的熱帶陽光下演化而來的。我們眼睛的能力和影響力相當值得探討。至於能夠探究到什麼樣的程度，似乎和一位名叫琳恩．伊斯貝爾的女性以及蛇有很大的關係。

比眼睛先「看」到蛇

琳恩．伊斯貝爾是加州大學戴維斯分校的靈長類學家。在大半的研究生涯中，她對猴子的關注遠勝於她自己的藍眼珠是如何演化出來的。有一天，她在森林裡追著猴子，牠跑得非常快。我們自以為是最成功的靈長類動物，但我們還是很難跟上猴子的腳步，好像身為人的她才是比較低等的一方。她的身體緩慢而笨拙，即便是在這個人類原產地上的草原。她踩著木頭和樹枝，聆聽猴子的跳躍聲。然後，慘事發生了，在跨開腳步時，她發覺自己踩在一隻正在橫越小徑的小黑蛇面前。剎那間腎上腺素充滿她整個身體，但她什麼也不能改變，所幸那條蛇，也許是一條眼鏡蛇，並沒有停下來，牠繼續往前走，只是擦過她的鞋子。但這並不是她和蛇之間最驚險的近距離接觸。在之後的幾年，她曾和一隻擺出防禦姿態的眼鏡蛇面對面，後來又遇到鼓腹巨蛇。讓她感到訝異的是，大多數碰到蛇的時候，不知何故，她的身體竟然能夠在她意識到有蛇之前就先看到蛇了，彷彿是她的心智在往前探尋時，另一個淺意識也在注意周遭。在她差一步就踩到蛇之前，她的身體就靜止不動了，她甚至還不知道是怎麼一回事。她對蛇的察覺以及在看見蛇之前的反應，是一個結合人類視力、大腦和命運的奧祕。她的這些經驗，並不算是眞的攸關生死，但這個奧祕最終改變她了的生命。

在遇到蛇之前，甚至是在那之後的幾年，伊斯貝爾對自己的生涯規畫一直是找個研究職缺，然後在未來的幾十年間安分地做研究。她對猴子的社會行爲很感興趣，包括猴子的遷徙（這是她之所以追逐牠們的部分原因）。她想了解爲什麼蜘蛛猴與松鼠猴這些美洲雌猴，在成熟後會遠離家園，但舊世界（非洲和亞洲）的猴子幾乎不會這麼做。這不是舊世界和新世界的猴子間唯一讓人好奇的差異。舊世界猴一直沒有演化出能盤捲的尾巴。牠們的色彩視覺和我們幾乎一樣，能夠看到紅橙黃綠藍靛紫的彩色光譜。但是許多美洲大陸的新世界猴，早已演化出長條、可捲曲的尾巴，而且無法看到紅色和橘色。這些差異都很有趣，但一開始，伊斯貝爾的焦點只集中在年輕猴子離開母猴的行爲上。在各式各樣的歷史故事，特別是地球的生命故事中，猴子的遷移只是一個小小的題目，但已足夠吸引她動手研究。之後，她以自己靈長類的眼睛，親眼見到一條蛇。這只是一個單一的觀察，卻在她心中埋下小小的火種，一旦獲得足夠氧氣時，細微的光芒便足以燃起熊熊火焰。

靈長類的演化與蛇

眞正讓伊斯貝爾動心的是一篇怪異的研究報告，當中討論到一種怪病。她一直試圖了解掠食動物和靈長類之間的演化史，所以透過任何可能的方式找到相關的研究報告。這些資訊散落在圖書館裡，等待有心人將它們拼湊起來，組織成一個有意義的故事。那篇文章的作者認為，掠食動物和猴子都會受到一種特別的RNA逆轉錄病毒感染（愛滋病毒也是一種RNA逆轉錄病毒）〔註1〕。貓科動物和猴子擁有相同的病毒，這有三種可能性：一、某個地方的實驗室，有人搞砸了他們的實驗；二、貓科動物在吃猴子的過程中感染了這個病毒；三、猴子有非比尋常的性活動。

對伊斯貝爾而言，最有可能的情況是貓科動物吃了猴子。那是當下她唯一想到的可能性。伊斯貝爾研究的靈長類動物都有被豹捕食的紀錄，當中還有她親自命名的猴子。她曾寫過一篇重要的文章，探討掠食者對靈長類動物行為和演化的影響。〔註2〕至於共享病毒這個想法，現在的我們知道很早之前就出現過這種情況。那種病毒是很久以前生物交互作用的痕跡，目前在許多動物身上都有發現這種病毒的活化石。伊斯貝爾看著這份報告，思索了片刻，然後將它拿起來，還將報告反過來端詳了一陣，就像印第安納瓊斯在找尋寶藏的線索一樣，甚至更仔細。不過那時的她並不清楚自己在做什麼，時機還未到。

這篇文章將伊斯貝爾帶往另一篇更奇妙的文章，當中記載在亞洲的猴子身上中發現一種RNA病毒，而和這病毒親緣關係最近的病毒，則在一種鎖蛇身上發現，鎖蛇的別名為「羅素的毒蛇」〔註3〕。在近代史上，鎖蛇殺害的人比任何其他的蛇都來得多。牠既迷人又易怒，長久以來一直是如此。那篇文章的作者並沒有特別去討論這個發現的過程。有可能是因為在很久以前有隻毒蛇咬了猴子一口，就此感染到病毒嗎？她無法證明這一點。不過這兩篇文章，讓她對於毒蛇、大貓和可憐猴子之間糾纏不清的演化歷史有了新想法。毒蛇咬猴子，大貓吃猴子，猴子則吃水果和堅果。在伊斯貝爾看來，病毒從靈長類動物傳到掠食動物身上的可能性，可以由猴子身為獵物的事實來印證。那時她尚未想到她日後提出的大膽新理論，不過這些推論都是最初的靈感片段，看起來好像和她親身碰過蛇的經驗有關。她一直都在研究猴子，但她開始覺得她所發現的一切其實都指向人類和她自己的故事。

伊斯貝爾仍然繼續研究猴子的遷徙行為。不過，她決定研習更多蛇的歷史和地理分布，特別是和靈長類有關的蛇。她致電給康乃爾大學的蛇類生物學家哈利．格林教授，向他詢問蛇的歷史〔註4〕。在她和格林交談後，接著研讀更多文獻，她開始思忖蛇類的存在或許可以解釋為何在不同地區的靈長類動物會有差異。「新世界雌猴離開家園的比例之所以偏高，有沒有可能跟新世界毒蛇的密度有關呢？」她大聲問她的丈夫。若是在舊世界的靈長類經常會遇到蛇，牠們就不太可能莽撞地進行長距離移動。突然，她的日常工作和她的狂野想法開始摩擦出火花。這是一個令人興奮的時刻。不管是在開車，還是走路到辦公室的路上，她都在想這個問題。她跟學生討論，連吃飯時也和身旁的丈夫聊起這個問題。伊斯貝爾天眞的理論，像大麻一樣讓她難以抗拒。

伊斯貝爾開始懷疑毒蛇對靈長類動物演化的影響，不是透過誘惑，而是透過死亡。她想知道世界各地新舊世界猴之間的一般差異，是否受到被毒蛇捕殺的可能性所影響，這是生命分布的一種獨特的持久效應。〔註5〕除了靜態的生活之外，會不會連舊世界猴的好視力，甚至是高智商，都和蛇有關係，而且這會不會都是猴子因應威脅所產生的特徵？也許唯一在舊世界猴和人猿身上才會發現的特徵，就是那種和她一樣的能力，幫助她避免踩到伺機而動的眼鏡蛇、蝮蛇或曼巴蛇。我們用以偵測蛇的良好視覺，就跟我們的免疫系統演化出偵測病原的方式一樣。或許在這段歷史中，我們這些非洲靈長類的後代並沒有什麼特別的地方，只是她本人剛好擁有偵測眼鏡蛇的獨特能力而已。也許，這只是也許。但如果眞是如此，那這個故事就沒戲唱了。

假設伊斯貝爾是對的，眞的是因爲毒蛇造成某些靈長類具備更好的視覺，而另一些品種則沒有，她就可以提出下一個推測。她目前掌握到這謎題的一條線索，她知道在新世界，只有一些靈長類動物的視覺跟人類一樣，可以看到所有的顏色，但在舊世界，所有的靈長類物種都可以。這樣的差異會是因爲舊世界過去存在的毒蛇所造成的嗎？她也知道在馬達加斯加島上的一種原始靈長類動物狐猴，已經從其他靈長類的譜系分離很久，牠們不僅色彩視覺較差，也不能像其他舊世界的猿猴一樣，能夠看到細微的東西。由伊斯貝爾的理論來推測，馬達加斯加島上應該沒有毒蛇。

伊斯貝爾提出的想法在靈長類學家中可說是前所未有。不過通常某個領域的新想法，在另一個領域中也會被接受；一個領域中激進的可能性，可能是另一個領域信奉的教條。被捕食的命運並不專屬於靈長類。被吃掉是一種很常見的死法，不論是靈長類還是軟體動物，我想軟體動物尤其是如此。也許伊斯貝爾最好的切入點就是從軟體動物開始討論。這正是傑拉特・韋梅耶在實驗室做的研究。韋梅耶在加州大學戴維斯分校的辦公室，離伊斯貝爾所在的地質系很近，就在隔壁幾棟而已，而且他住的地方和伊斯貝爾的家也只隔一條街。事實證明他們不僅是工作和生活中鄰居，連在思想觀念上也很相近。

用觸覺觀察的科學家

隨便找一個星期天，你都會在沙灘上發現韋梅耶胼手胝足地尋找貝殼的身影。他的動作就像某些原始的鳥類，緩慢移動著，試圖在碎屑中尋找稀少、有趣的貝殼。韋梅耶的一生都投注在貝殼上，無論是活的貝殼還是死的化石。最重要的是，他的專長是探討動物的種種死法。他研究這些死亡，就像是在重建犯罪現場一樣。只是他找的不是血跡和骨骸，而是貝殼上的孔洞，以及舊傷口的癒合線。凶器也不是一般的武器，而是鳥喙、粗銼物、牙齒以及演化過程中任何可以用來屠殺的發明。這樣說來，應該可以想見韋梅耶的視力非比尋常，但他唯一與眾不同的地方就是他完全看不見。他在三歲時就因爲青光眼而失明。醫生取出他的眼睛，讓他能夠以其他感官來探索世界。就跟蛇一樣，他使用聽覺、嗅覺和味覺。不過，他之所以能對海洋與其歷史如數家珍，靠的則是他的觸覺。站在岸上的他，能夠直達海底，回溯時光。

在他學術生涯的早期，韋梅耶注意到一個大自然的奧祕，這和縈繞伊斯貝爾心頭的問題很類似，他注意到當新的掠食者出現時，不論是螃蟹、蛇還是現代人，牠們的獵物也會跟著改變。打從孩提時代，韋梅耶就開始蒐集軟體動物，像是文蛤和蝸牛。他的手指可以區分這些動物貝殼的紋理、形狀和細微的差別。現在，稍停片刻，想像一下你要怎樣像他一樣進行這項工作：走到他每天都會打開的標本櫃，靠著記憶在這些相對應的物件間移動，拉出一個裝滿貝殼的抽屜，現在用你自己的手指觸摸它們。在摸的時候，注意其形狀和大小以及上面的皺褶，感受貝殼突起和扭曲的細微末節，同時還要留意它們缺了什麼，這正是當中最難的一部分，因爲要做到這一點，首先必須知道它們原先應該具備什麼。留意這些縫隙，這些看似莫名、偶然出現的孔洞，還有其他殘缺不全的部位。現在，把焦點放在殘缺不全的部分上。你的手指一開始是演化來撿拾水果的，後來可以抓起石塊和長矛，現在將你手指的功能發揮到極限，摸摸看這孔洞可能會是什麼？它是一個完美的圓形，彷彿是被鑽出來的。但感受一下內部，把你的小指尖端伸進去，這時可能會發現比較粗糙的紋理。這些所有細微之處，都是你手上拿的這顆貝殼所涵蓋的歷史線索，對韋梅耶來說，這就是他所撿拾和觸摸的數千萬，甚至是數百萬顆貝殼所訴說的特別故事。從這些感覺出發，韋梅耶構建了一個多數的我們經驗不到的世界，雖然不見得有我們那麼豐富。但在他的世界裡，有些顯而易見的事情對具有視力的人來說反而容易錯過。

在他摸索這些貝殼的時間裡，韋梅耶注意到許多細節。如果你和他一樣是個貝類學家的話，可能也會注意到貝殼會隨著不同的地點和時間而出現差異。他還發現了每個人都錯過的東西，也許有些特點用手指比用眼睛更能察覺。在不同的地點和時間所發現的貝殼，其差異存在一種模式。他喜歡差異，就跟任何人在找到新東西時會感到喜悅一樣，此外他也對差異的成因感到好奇。生物學家會從特例中建立出普遍性，而他開始爲自己找來大量的特例。最讓他感到不解的是，太平洋的貝類物種比大西洋的殼厚、體型小而且開口充滿障礙物，還帶有長長的刺〔註6〕。他懷疑這些差異是因爲在不同的海洋裡，軟體動物的掠食者所造成的差異。太平洋的蟹爪較大，能夠輕易粉碎沒有外殼保護的軟體動物。然而，在他這樣想的同時，他的指尖發現時間變異比空間變異更爲明顯。在恐龍滅絕之後，在水裡其實是有更大的革命發生。對韋梅耶而言，這些轉變的根源似乎不是因爲流星或其他一些大災難，而是再度回到掠食動物的具體特例。在螃蟹和其他掠食動物崛起後，海底的生命開始做出因應。牠們必須如此。貝殼增厚、開口變窄，所有生物都開始帶刺，以此來抵抗牠們的命運。〔註7〕海底的軟體動物下沉至沉積層中，整個生命譜系就此消失，但牠們的故事不僅於此。跟恐龍的命運不同的是，軟體動物在死亡時留下行凶者的犯罪證據。從殼上的裂痕與孔洞來研判，這顯然不是出自上帝的雙手，而是來自螃蟹數以百萬計的爪子。在處理這些貝殼時，韋梅耶體認到，由掠食動物行凶工具的演化塑造了整個海底世界和其居民。就像他所探究的這些軟體動物，牠們的構造改變取決於特定區域與時期的蟹爪是否能將殼破開。把這些線索全部兜在一起，韋梅耶想出了一條生命的法則，就跟適用於所有粒子的物理定律一樣普遍。這條法則不僅適用於軟體動物，而且還可用於蛇、靈長類和包含你我在內的一切生命。

韋梅耶法則：物種因應掠食者弱點而演化

韋梅耶的法則談到一種「自然重力」，關於掠食動物施加於其獵物的力。〔註8〕每當演化出新的掠食動物，或舊有的掠食動物數量增多時，獵物就會產生回應。牠們必須如此，就像雲被吹過建築物時一定會分開、溼黏土以手捏打時一定會變形是一樣的道理。但韋梅耶注意到一件大家之前都沒發現的事，這些因應方式其實有跡可尋，而且這些改變是不可避免的。在韋梅耶之前，大多數考慮過這個問題的人認爲，獵物似乎應該對掠食動物最拿手的項目，即那些最致命的工具採取因應措施。但韋梅耶的想法恰好相反。試想一隻螃蟹要經過四個步驟才能吃到貝殼裡的肉。首先，牠要找到軟體動物，將牠拿起來，打破殼，然後殺死牠，最後才能將牠吃掉。要找到獵物並不困難，一旦敲破牠的外殼，牠就必死無疑，但最常失敗的一步就是把殼打破，這一點非常困難。所以長時間下來，軟體動物的演變都集中在防止螃蟹破殼而入的特徵上。這就是韋梅耶的法則：獵物回應的是掠食動物的弱點，針對的是他們失敗的原因，而不是他們成功之道。而證明這一點最主要的依據是，獵物必須針對掠食動物的弱點展現出具有遺傳差異的性狀。而在大多數的情況下，牠們都是如此。時至今日，海裡到處都有螃蟹，而幾乎所有海洋中的貝殼都是又厚又硬，但當中的生物體就跟人類的嬰兒一樣脆弱，是毫無抵抗能力的軟組織。一旦穿過外殼，螃蟹很少會失手，因此絕大多數的軟體動物都懶得在殼內部署任何的防禦措施，連試都不試。

伊斯貝爾開始想出蛇類何以會失敗的原因。這和其他靈長類動物的天敵非常不一樣。獅子、豹或老虎攻擊靈長類動物失敗的原因，往往是出在伏擊。因為我們靈長類動物的體味相當重，所以這些掠食動物向來是透過氣味來尋找靈長類動物，但牠們需要以突襲的方式來攻擊才會成功。當猴子發現附近有豹時，豹可能轉身就走，就跟科貝特轉身看到老虎時，牠也拔腿就走的情況一樣，彷彿就是認輸。少了突襲的元素，大貓殺死獵物的機率就大幅降低，儘管有時牠們也會放手一試，畢竟餓了就是餓了。正如韋梅耶所言，大型貓科動物有多達一半的時間都獵殺失敗，主要是因爲牠們無法突襲獵物。正因爲如此，猴子對豹的反應，演化成現在這種方式，猴子提醒掠食動物牠們已經發現牠的蹤跡。許多靈長類動物，包括戴安娜猴和坎貝爾猴在內，都有針對「大貓」的尖叫警報。在尖叫時，猴子不僅是在向其他猴子發出訊號，也連帶警告大貓。這種通報埋伏的做法顯然相當有用，有幾種猴子甚至能夠辨識其他猴種的「大貓」警報，一聽到時就知道要往下察看。〔註9〕警報是靈長類逃避掠食動物的核心能力，甚至有人認爲這些就是人類語言的前身。我女兒講出的第一個字是魚（也許是因爲她那時想像出一條非常大的魚），但靈長類這個家族的第一個字很可能是「豹」。

黑猩猩也會捕獵猴子。無論你覺得吃一隻用孩子般的眼神看著你的動物有多麼噁心，黑猩猩對此可是絲毫不在意。黑猩猩會吃很多猴子，在這過程中，牠們獵捕失敗的原因和豹不同。一旦牠們發現了猴子，幾乎是在同一時間內捕捉和殺死牠們，黑猩猩會主動捕獵和追捕，但牠們偵測猴子的能力並不強。因此，對猴子來說，演化出防禦黑猩猩的特性並不划算，更不用說是發出警報聲。於是當猴子看到黑猩猩時，牠們的反應就是逃跑或是縮在樹枝間，默不作聲，對牠們而言，這是一場攸關生死的捉迷藏。

猴子的好視力全是為了蛇？

蛇會吃猴子，但猴子也會因爲自衛而殺蛇，猴子經常殺蛇。猴子會特別注意蛇的蹤影，並讓其他猴子知道蛇的位置，這時警報聲非常有用。有好幾種猴子會發出專門警告蛇出現的聲音「蛇、蛇、蛇」，猴子甚至可以區別不同種的蛇。比方說，坎貝爾猴在看到加蓬毒蛇時會發出一種警報聲，但看到黑曼巴蛇時則不會。不過，在看到大貓和看到蛇之間所發出的警報聲有差異。猴子看見大貓，需要保持一定距離，但看蛇則不需要保持距離。如果韋梅耶的法則是對的，而且多數猴子正如一般相信的是死於毒蛇咬傷，那麼猴子應該演化出察覺蛇的能力，即便蛇躺在地上一動不動地僞裝著。換句話說，舊世界的猿猴偵測蛇的能力應優於其他動物。沒有人曾經想到這一種可能性，一直到伊斯貝爾靈光乍現，她在想法的陰影中摸索，就跟韋梅耶感覺周圍的方式一樣。

如果伊斯貝爾是對的，靈長類視覺的差異是因應毒蛇的存在與否而演化出來的，那麼理論上在與毒蛇接觸機會愈高的地方，猿猴的視力應該要愈好。這正是她的發現。毒蛇是在舊世界演化出來的物種，進入新世界是相對晚的事，約在一千到兩千萬年前。這和靈長類動物的視覺差異相吻合，並符合她的理論。但那要怎麼解釋馬達加斯加島上長久以來就存在的原猴亞目靈長類，牠們當中有些種類相形之下視力也不好的原因呢？一開始，伊斯貝爾希望她是錯的。如果她錯了，那她就可以回到她出現這個念頭前的日子，一切照舊地過生活。也許她會在馬達加斯加找到毒蛇，但正如她的理論所預測的，那裡沒有毒蛇。馬達加斯加沒有毒蛇，狐猴這群在馬達加斯加的靈長類是所有靈長類動物中視力最差的。除了視覺，牠們可能也借助味覺、嗅覺或觸覺來尋找出路，就跟韋梅耶一樣。

伊斯貝爾在《果實、樹木與蛇》（*The Fruit, the Tree, and the Serpent*）這本書中詳細闡述了她的理論，提出至少兩項無可否認的事情。〔註10〕首先是我們的色彩視覺，或者更廣泛地來看，所有非洲靈長類動物的顏色視覺，這項特徵的演化確實需要一個解釋。除了伊斯貝爾的解釋外，目前剩下的唯一可能解釋是，我們為了辨別不同種類的水果，演化出色彩視覺模式。〔註11〕這似乎說得通，雖然目前還不清楚為什麼色彩視覺對舊世界的物種在採集水果上比較重要，而對新世界的生物則不重要。甚至對馬達加斯加島上以水果為主食的狐猴，也一點都不重要。不過，即使水果假說是對的，還是可以確定，我們之所以有良好的色覺，是因為需要與其他物種互動。其次，隨著我們演化出全彩的色覺，加上其他感官的退化，造成許多後果，這不僅影響到我們的生活，也波及到其餘的生命世界。

為了因應視覺的發展，大腦也開始擴大。無庸置疑的是，人類與蛇的演化關係到人類視覺和語言能力，而這正是早期大腦擴張的核心。三原色的色彩視覺和對抗掠食者的警報，似乎是大腦演化軌跡中必要的第一步，最終使我們得以具備足夠的才智，能夠在鍵盤上打出「大腦演化的軌跡」。其實，我們的視覺之所以成為主要的感官和我們蓬勃發展的大腦很有關係。從不同哺乳動物的基因來看，隨著視力變好，其他的一些感官變得愈來愈差。和嗅覺相關的基因接二連三發生突變，這是因為相對於視力，嗅覺變得沒那麼重要，發生突變的個體其存活能力並沒有因而變差。長久下來，我們的嗅覺基因愈來愈支離破碎，而不再被使用，嗅覺顯然就沒有存在的必要，這就跟許多喪失視力的穴居型魚類情況類似。至於我們的觸覺和聽覺是否也是如此，就不得而知了，但似乎不無可能。換句話說，對伊斯貝爾來說，蛇就是我們心智枕頭下的那顆豌豆，形塑我們認識和構建世界的方式。

伊斯貝爾的想法有很多疑點，就跟大多數關於靈長類演化的理論一樣。演化的事實是零碎的，而人類以實驗來驗證理論的能力有限，所以典型的人類學家開始發揮其天馬行空的想像力，抓住任何一個可能的蛛絲馬跡。我個人也對她想法的基本假設有所質疑，毒蛇眞的有殺掉這麼多的靈長類，達到足以影響牠們演化的程度嗎？畢竟，地球上多數的蛇除了嚙齒動物和昆蟲外，幾乎沒有殺害任何其他的生命。牠們天性膽小而且不願意咬食，既不會引誘人，也不可怕。

不過，正如伊斯貝爾所言，確實存在許多靈長類動物遭到蛇殺害的紀錄，有些還是特定的靈長類。出於比好奇心更強的欲望，我決定以我自己的方法來測試。我發了一封電子郵件給朋友，問他們當中有多少人認識因爲錯誤而意外抓起毒蛇，或是被毒蛇咬傷的生物學家。我想我應該會得到一份知名（而且已經往生）的蛇類生物學家名單，名單上的人就是那些經常在野地裡摸索的人。想不到結果完全出乎我的意料，我發現在我朋友中，有相當多的人都曾被毒蛇咬傷。

目前在英屬哥倫比亞大學任教的格雷格・克魯辛格，在哥斯大黎加的拉塞爾瓦生物站工作時，曾經在跨過一根木頭時被咬，後來他才發現那是一條豬鼻蛇。至今格雷格走到木頭旁時都還心有餘悸。尤達・納斯科列奇沿著步道走下，東翻西找地想要尋找螽蟴或是新種。當他舉起一塊石頭時，被一隻毒蛇咬了。納斯科列奇死裡逃生，後來還發現更多的物種。我以前的指導教授羅伯・科爾韋爾在小徑上一邊走路一邊說話，沒注意到一隻已經盯上他的粗鱗矛頭蝮。牠緊咬他的肩膀不放，注入牠毒牙中所有的毒液，而蛇只有在試圖獵捕某些獵物，或是要致人於死的情況下，才會這樣做。我在哥斯大黎加的拉塞爾瓦生物站遇見莫拉・馬波，他也在那裡被粗鱗矛頭蝮咬到，就在離格雷格被豬鼻蛇咬到的不遠處。這樣的例子不勝枚舉。和我隔幾個辦公室的哈爾・希沃勒被雨傘節咬到時，趕緊拍下傷口的照片，他知道他朋友會需要那照片，因為他朋友正在寫一本關於致命性咬傷的書。住在厄瓜多爾的生態學家佛拉司提米・查克已被毒蛇咬傷至少兩次。我的這些朋友都活了下來，但並非人人都是如此。我的一個朋友喬・史洛文斯基和一個團隊去緬甸尋找新種的蛇。他是近年來一批到遙遠地方尋找新種的生物學家之一。他的導遊給他一個裝了一條蛇的塑料袋。有人認為這是毒蛇，但史洛文斯基卻不這麼認為，不幸他的分類學知識害了他，結果因此而送命。

當然，在我認識的人當中，死於癌症或車禍的人遠多過遭到毒蛇咬傷的。不過，這些故事都隱含著一個基本現實。當生物學家在熱帶地區亂逛，因為沒能注意到（或是他們的視覺讓他們無法注意），他們有相當大的機會遭到毒蛇咬傷，當然這機率小於被車撞的機會，不過在我們的早期演化中，車子並沒有構成威脅。更重要的是，跟大多數人比起來，生物學家與其他物種互動的方式和我們的祖先比較接近，也是透過雙手來探索世界。看看人蛇之間的長期歷史，以往蛇造成的傷亡確實比今日普遍，但如今牠們變得較爲罕見，因此牠們的致死率往往被低估，但即使是如此，現在每年統計因蛇致死的死亡人數約在三萬到四萬之間，這還不包含遭咬傷的倖存者。而且被咬過的人當中，有一半的人會被咬第兩次！〔註12〕一項針對巴西一千多名橡膠工人的研究發現，每十人當中就有一位遭到毒蛇咬傷。一項在非洲貝南持續七年的研究，記錄到超過三萬起的毒蛇咬傷事件，其中有百分之十五導致死亡。另一項在尼日比較早期的研究，則估計每年在該國約有一萬人遭毒蛇咬傷。沒有理由相信這些研究僅是特例而已。相反地，在最熱帶地區總潛伏或曾經潛伏具攻擊性的毒蛇，這似乎可以代表我們死於蛇口的一般性，特別是在人類起源的非洲熱帶區。

毒蛇咬傷人類的數量多到足以讓天擇偏好具備良好視力的個體嗎？足以偏好看到靜止和偽裝物體的個體嗎？也許吧！尤其是想到，我們的早期祖先體型偏小，更別說是他們的孩子。正如伊斯貝爾指出，我們最早的靈長類近親嗜猿，體重約四分之一磅，小到足以用一些生菜夾在兩片麵包中。有這樣一口大小的祖先，因蛇而死似乎是可以理解的。若是這些倖存者的基因和性狀有些許不同，那就會一代又一代受到青睞。這似乎很有道理，那些差異正是視覺的好壞，最終則是那些存活者的大腦。

掠食者與感官演化

總之，我講了這麼多，主要是想說明伊斯貝爾關於靈長類歷史的閱讀和其視覺的想法，雖然有點瘋狂，卻也不無道理。而且，無論如何，對我自己關於交互作用結果的論點來說，這其實並不重要。不論答案爲何，幾乎都不可避免地涉及到和其他物種的交互作用，無論是蛇，是水果，還是其他別的東西，但我投給蛇一票。閉上眼睛，想像韋梅耶走在叢林的小路上，在他身旁有一位明眼人。你覺得誰比較有可能被毒蛇咬死？毫無疑問會是韋梅耶，他可以感覺樹木，判斷其類型，可以聞到水果、聽見豹，卻注意不到蛇。除非他能抓住牠們，但實在不算是明智之舉。就是因爲這個原因，韋梅耶好幾次身陷險境，差點被各種危險的動物所殺害。他曾經抓住一條有毒的魚，直到他摸索其質地，才明白自己手上握的是什麼。他在揀貝殼時，也曾一下子就把手放到魟的尾巴上。韋梅耶就像是馬達加斯加的狐猴，有幸出生在蛇的殺傷力很低的地方，光是靠感覺就足以讓夠他茁壯成長。要是他生在任何一個過去的時空裡，和遭受可憐攻擊的猴子一起出生在那個充滿掠食者的時代，他就沒有這麼幸運了。

一旦視力變好，不僅是我們眼前的世界隨之改變，而且連世界本身也跟著改變。在我們還是其他動物的獵物時，我們的視力會受到掠食者的影響，但最大的影響是當我們開始成爲掠食動物的時候，其效應幾乎遍及我們在這世界上所做的一切，不論是好是壞，包括我們與掠食動物和蛇的關係。隨著螃蟹和其爪子的演化，其餘的海洋生物也跟著改變以做回應。當夏娃看到蛇時，牠誘惑她去吃蘋果，最終夏娃面對的是攸關他人命運的選擇。當我們演化出可以看到蛇的視力時，我們彷彿也發現了蘋果，踏上通往意識、工具、力量的道路。在和偏好相結合後，我們的感官塑造我們的決定。就連這些偏好都是演化出來幫助我們生存在這世界，儘管這充滿想要傷害我們的物種。這些偏好從歷史的深淵中出來，幫助我們在所感知到的事物間做選擇。我們通常不會自覺到自己的偏好，但確實因此而決定自己的行爲。我們自身和我們的行動都受到過往的束縛，在我們的雙眼所接收和傳遞的場景中拉扯，無論我們是誰，即便今日色彩繽紛的世界早已不見蛇的蹤影，仍然難以擺脫牠們的影響，每天都是如此。正是我們的感覺和偏好，最終驅使我們開始殺蛇。不管有沒有危險，只要見到牠們，就想殺死牠們。牠們受苦，只是因爲過往祖先的作爲，又加上會被我們看到，不論有多不明顯。有些時候，我們學會區分無毒和有毒的蛇，或更簡單地，知道如何避免毒蛇咬傷（膠鞋的發明拯救了許多生命）。但其他時候，我們盲目地以鐵鎚和刀斧亂砍一陣，蛇因爲我們的過去而蒙難。我們不再受到誘惑，卻受我們的感官所導引，借由我們的眼睛帶領，穿過這有形的世界。

有些科學家試圖找出曾經存在於所有人類文化中普遍的事物。他們細細研讀民族志，比對人類學研究中不同部落間的異同。他們去到太平洋的大溪地，或是非州馬利中部的廷巴克圖，尋找自己和當地居民相似之處。這些科學家彙整出一個表，列出了幾百項幾乎適用於全體人類的屬性，不論他們是住在巴布亞新幾內亞的樹屋裡，還是坐擁能夠俯瞰紐約中央公園的華廈。這些相似之處正連結人類的核心，儘管我們之間存在諸多分歧。在這些普遍的共通點中，有一點是對蛇類抱持戒心的傾向。當然也還有其他的，比方說我們似乎都喜歡甜食、鹹食和高油脂的食物，對於苦味食物則有反感，至少在出生時是如此。更有趣的是，幾乎所有的人都偏好開闊平原上有棵枝繁葉茂的樹，然後在不遠處有一些水景的景致。這些普遍的偏好，絕大多數，也有可能是全部，都與我們的演化歷史有關。在這些歷史中，我們之所以演化出這些喜好都是有道理的，即使現在看起來似乎毫無道理可言。這些普遍的習性來自於感官對認知的影響。若是感官系統不曾影響我們所建構的生命世界，那這些普遍的習性就顯得古怪離奇。也就是說，它們是多數實際問題的癥結所在，特別是那些與我們如何改變世界有關的問題。

當我們走在大街上或透過車窗，看著與我們擦肩而過的人，往往會假設他人都像我們一樣。我們看到別人的作爲，和我們十分類似，從行走、駕駛、隨地吐痰到愁眉苦臉，意味著我們根深柢固的同質性，就跟讀到一首非常古老的詩所感受到的一樣。在納米比亞的古代洞穴壁畫中，有描繪獵人追逐獵物的場景。這些獵人的身體看起來就跟我們的一樣。我們不禁覺得創作這些壁畫的人，以及畫要展示的對象和我們十分類似，並感覺和這些基本人性有所連接。然而，事實是，多數我們可以列舉出來的思想和行爲，在人與人之間，或各文化間都存在差異。有些人信神，有些則否。有些地方是一夫一妻制，有些則可以有很多配偶。在一些地方，以暴力回應他人對自尊的侮辱是正常的反應。在其他地方，甚至不存在有自尊這樣的概念。在一些地方，肥胖的腳踝是美麗的象徵，在其他地方則非如此。在相對少數的文化中，瘦才是性感的。我們都是同一物種，然而，由於文化變遷的速度和外在環境條件的不同，以及歷史的影響，我們喜好的東西也各有差異。事實上，普遍習性最令人訝異的地方就在於，儘管各地文化不斷變動，它們竟然還持續存在。相較之下，那些我們認爲理所當然的眞理，反而幾乎不會在每個地方都被如此認定。

目前，地球上的人口將近有七十億，這些人能夠產生無限的變化，眞正有趣的是，這當中竟然還存在著少數幾種普世皆然的特性。追根究柢，這些特性勢必來自於我們的生物特徵。任何一個普世存在的特性，若是能受到意識的控制，流傳在不同文化間，那多多少少在每個地方就會以各種不同的樣貌呈現出來。想想那些叛逆的青少年，光是他們這群人就不知道會展現出多少差異。少數能夠經歷我們混亂變化而不變的普遍特質，可能都是由遺傳控制，以一些更深層的原始方式存在，超出我們的改變能力。

如何感覺酸甜苦辣？

我們的視覺偏好受到掠食動物和蛇的影響，這是在牠們對人類產生的影響中最普遍的一種，但也相當複雜。在我們的演化偏好中，也許最直接了當的就是味道。若是我們能夠了解味道的演化，就可以把它當作一個模型來了解視力。伸出你的舌頭，用你的手指摸摸看。你會同時感覺到兩件事：你的手指會感受你的舌頭，同時你的舌頭也感覺並嚐到你的手指，至於味道如何，端視你的手指而定。有五個基本的可能性：甜、鹹、苦、鮮與酸味，它們能夠組合起來，形成更有層次的口感（食指也許嚐起來像是一股淡淡的花生醬？）。味蕾本身看起來像是腦狀珊瑚，在中央是味蕾細胞的感覺觸角，其末端則是一根細毛。當你吃東西時，食物的小顆粒會經過這些毛細胞。若是有糖經過甜味味蕾的毛細胞，味蕾下的神經就會發送訊號到你的大腦。一直到你大腦獲知這是「甜的」之前，毛細胞都處於受刺激狀態，化學連鎖反應也持續著。等到感知到味道是「甜的」時，至少發送了兩種訊號。一個訊號發送到你的意識大腦，觸發你所想的甜味。另外，還有一個訊號發送到你那古老的、潛意識的、更深層的爬蟲類大腦。它在接收到糖的訊號時，會刺激你身體中的荷爾蒙變化。

有了味蕾，舌頭就成了老饕的肌肉。我們已習慣舌頭和其作為。我們將它們視為理所當然，整個下午任其沉溺在咖啡或壞酒之中。不過，對我來說，舌頭最有趣的地方在於它對我們的影響，一個微不足道卻舉足輕重的影響。畢竟，味覺其實只是一種伎倆。我們的舌頭所能分辨的化學類別（如甜、酸等）以及它們帶給我們的「感覺」，都是在大腦中產生的。無論是家貓還是野貓，其甜食受器的基因都沒有作用*，所以牠們永遠都不會感覺到所謂的甜味。我們的舌頭也有可能演化成偵測另一群不同化合物的器官。或者我們對這些能夠偵測到的化合物的知覺，可能會產生很大的改變，因爲並沒有什麼特定的特質讓甜食產生甜味。關於甜的一切和它的味道都是我們腦中的演化產物。何以如此呢？爲什麼我們的一些味蕾會演化成如此，好釋放大腦經驗爲愉快口味，如：甜、鹹、鮮味的訊號，而另一些則釋放出模糊的酸味，甚至是糟糕的苦味訊號？又究竟是爲什麼我們的味蕾會產生味覺？

讓我們以一個想像實驗來思考這個問題，想想看味蕾不會產生味覺的情境。若它們存在的唯一目的就是調節體內的荷爾蒙和消化酶，我們的味蕾就沒有理由要通知意識大腦我們嚐到某樣東西了。這正是發生在腸道內的事。一直到二〇〇五年，才有人發現我們的腸道內也有味蕾。目前看來，腸道是我們的味蕾，或至少是味覺受器最多的地方。〔註1〕這些受器和嘴巴內的幾乎一模一樣，僅有兩項差別，它們都被排在更小、更分散的團塊上，而且沒有連接到意識

*受器又稱受體。是細胞膜上的特殊蛋白分子，能夠辨識別周圍環境中的化學物質引發一連串的訊息傳導和生理反應。

因此，它們將所有的訊號發送到神經系統的潛意識區塊以及全身。當食物與它們碰觸，腸道內的味覺受器啓動全身的反應波動，觸發唾液分泌以及其他種種反應。

雖然這些反應都是潛意識地觸發，我們腸道內的味覺受器對我們的影響卻是有形的。我們可以看到它們的運作，當吃下有毒的食物，我們會嘔吐。在胃裡的苦味味蕾若將食物判讀爲有毒，其反應就是觸發我們嘴巴的反射開口和排除食物。這一切都沒有發生在我們的意識大腦上，直到我們發現自己趴在馬桶前。腸道內的味覺受器是我們的味蕾和味覺受器運作方式的證據。我們口中的味蕾之所以讓我們感到開心或不開心，是因爲我們的祖先。這些祖先在吃下他們所需要的食物時，味蕾所引發的快感會讓他們尋找更多的食物，因此他們就更容易生存下來。對於危險的食物則剛好相反，並產生不快的感覺。就跟實驗室所養的動物一樣，我們的祖先會受到他們的感官訓練，去追逐某些東西，並避開其他的。他們的舌頭會獎勵他們做出正確的決定。「多找些甜蜜蜜的食物，你會得到回報！」不過一旦犯錯，也會遭到處罰：「再把那根草放進你的嘴裡，就有你受的，我向上帝發誓，弄不好我會讓你吐得一地。」

究其原因，味蕾之所以在意識大腦引起我們的感覺，是爲了要觸發偏好，最終則是讓我們採取行動。正是因爲如此，我們的味蕾僅偏好少數幾種好味道（甜味、鮮味），並分辨壞味道（苦味、酸味）或稍微複雜一點的味覺（鹹味）。我們都喜歡鮮甜的食物，因爲我們都具有相同的味蕾。基於同樣的原因，我們也喜愛鹹食，只要不會過鹹。味蕾產生的先天偏好，是演化嚮蜜鴷生活在非洲，以蜜蜂的蠟、幼蟲和卵爲食。在這方面來說，牠們算是相當獨特的，因爲大多數的動物都無法消化蠟。嚮蜜鴷獲得得天獨厚的吃蠟能力，同時也遭到詛咒，陷入取食的困境。嚮蜜鴷的鳥喙過小，無法穿透蜂巢。人類的問題則不一樣。我們渴望蜂巢中的蜂蜜，爲了得到它，幾乎願意做任何事情。在泰國，爲了要取得蜂蜜，會讓小男孩拿著發煙的木棒，爬到一百英尺高的樹上，和三英寸長的巨型蜜蜂戰鬥。世界各地的孩童、男人與女人都曾和蜜蜂面對面，在蜂巢深處布滿蜂刺，但人們卻因發現黏搭搭的甜蜜而開心。套用人類學家李維史陀的話，「蜂蜜的豐富和微妙口感，難以形容給那些從來沒有嚐過的人，它的味道確實幾乎是無法承受的精緻……它打破了感官的疆界，模糊了其所在，使得那些吃蜂蜜的人分不清究竟是在品嚐美味佳餚，還是遭到愛情之火的燃燒。」雖然對人類來說，問題不在於蜂螫（我們或多或少都學會要如何避免），而是在於要如何找到蜂巢。和嚮蜜鴷在一起，牠們可以找到蜂巢，而我們可以打破它們，讓蜂蜜流出來，人和鳥雙方都獲得一個更甜美的生活。因此，數百年來，或是數千甚至是數萬年來前，嚮蜜鴷和東非人了解彼此的才能，互相依賴。

許多鳥類生物學家都曾看過大嚮蜜鴷和人類間的互動，大嚮鴷其學名爲 *Indicator indicator*，即指標之意，正好用以說明牠的故事。當一隻嚮蜜鴷發現蜂巢時，會飛到最近的房子或人旁邊，一邊發出 tiya、tiya 的叫聲，一邊快速拍動牠的白尾巴，朝向任何一個看到牠的幸運兒。牠會一直這樣做，直到有人跟著牠一起到蜂巢下。牠會再次在蜂巢附近鳴叫，並在一旁等待。幸運的話，蜂巢的高度不高，人得以攀爬上去採集蜂蜜，找到獎勵其甜味味蕾的食物，而嚮蜜鴷也獲得獎勵，嚐到美味（人類的味蕾非常古老，才會讓我們和嚮蜜鴷有類似的喜好）。〔註2〕就目前所知，沒有其他哺乳動物會跟隨嚮蜜鴷，所以牠們每一丁點的細微動作似乎都是爲了我們而演化，我們可以幫助牠們，牠們也可以幫助我們滿足各自的味蕾。直到最近，一切才開始改變。

在西元三百五十年左右，距離嚮蜜鴷千里之外的印度人想出如何從種植的甘蔗中萃取出糖。長時間下來，這套過程日益複雜，終於人類可以從甘蔗中提煉出甜蜜蜜的純糖晶體。這在人類史上是一革命性的進展。曾經因爲稀有而珍貴的糖，隨著蔗糖的出現和人類加工能力的散播而變得普遍。而在其他地方，也栽種出甜菜。人類種植的甘蔗和甜菜一年比一年多。現在，玉米也加入這個行列。原本農場種植的是有益的食物，但現在卻用來生產營養價值低的高果糖玉米糖漿。西元二〇一〇年時，全球用於種植甜菜和甘蔗的面積有四十多萬平方公里，相當於是一個加州的大小。〔註3〕專門用來生產玉米糖漿的玉米田也占了相似的土地面積。

每年有上百萬人持續處於饑荒中，但我們仍將這麼大面積的土地，用於種植我們其實並不眞正需要的物質（即使沒有加糖，我們現在飲食的含糖量也很足夠），這項事實正好彰顯出我們有多麼恩寵味蕾。當然，可以將糖業看成是一種投資的選擇，但將它視爲我們味蕾的感知，並告訴我們什麼是「好的」，這後果也相當合理。因爲在我們漫長的演化歷史中，我們從來沒有面臨糖分過多的情況，在我們的體內，沒有警鈴或鳴聲來提醒我們吃了太多糖。我們的身體對糖的需求基本上是無限的，而且是非理性的。但在我們發展出使用工具來改變土地的能力前，這從來就不是一個問題。

現在，再回到東非，目前已經沒有人會追隨響蜜鴷。牠已不再飛來村莊。曾經追逐牠們的孩子，現在改吃冰棒。我們出賣了昔日的夥伴，過去大量的響蜜鴷現在變得稀有罕見，倒是甜菜和甘蔗變得十分普遍，其數量甚至多過人類，地球上男男女女平均每個人會分配到數千根甜菜和甘蔗的莖幹。沒有人選擇要忽視響蜜鴷，我們只是做了讓我們的味蕾快樂的必要舉動。正因爲臣服於味蕾的宰制，少數能夠提供我們大量糖分的品種獲得青睞，而那些指引我們尋找四散蜂巢位置的鳥兒則變得更爲稀少。

在非洲的許多地方，雖然沒有人再繼續採收蜂蜜，但仍然流傳著響蜜鴷的故事。據說若是有人在收集糖蜜之後，沒有以少許的糖或蠟來獎賞響蜜鴷，牠們就會報復那些人，將大象或河馬引到蜂巢邊，棄人類於不顧。從來沒有人看過大象跟在響蜜鴷的後面，不過寓言故事講的只是因果關係，細節錯誤也無所謂。我們沒有獎勵響蜜鴷，所以必須承擔後果，儘管此一後果是獲得過多，而不是過少的甜頭。

欲求不滿的味蕾

正如我們曾經需要糖所提供的能量，長期以來我們也因爲歷史改變而需要鹽。當我們還是海裡的魚時，循環系統就已經演化出來，那時鹽無所不在。在那個情況下，演化偏好使用鹽和其他海中常見的化合物來調控身體的核心，像機械中開關、槓桿、滑輪的各個部位。其中特別是鹽，我們全身上下都會用到。它協助血壓調節，這仍然是目前鹽在我們體內最主要的功能。其他營養物質可能也有類似作用，不過在海中，使用鹽不但便利也很省事。後來我們離開大海搬到岸上，在這裡鹽很稀少，雖然我們還是找得到它們，就跟其他物種一樣。金剛鸚鵡會往鹽岩飛去，大象也會往那裡走去，有時甚至還發現孕婦會吃下大量的鹹味黏土。正是在生命從海洋到陸地的這段過渡期，我們的鹹味味蕾變得更精密和突出。鹽味和快感之間的連結深層而強烈。因爲要是少了鹽，我們很容易死去，因此大腦需要提醒我們去找鹽。

過去幾百年來，我們對鹽的需求也改變了，就跟糖的情況一樣。我們發展出收集和儲存的能力，甚至還會製鹽。現在我們又回到像魚一般的生活環境，擁有大量的鹽，但我們的味蕾還是古老的，仍然對鹽有所執念，於是我們不斷提供鹽給味蕾，灑在薯條上、加在番茄湯裡，甚至是蘇打水中。不過和甜味與鮮味味蕾不同的是，鹽味味蕾有限度。我們會將過鹹認知爲壞味道，但低於這個濃度的鹽時，會引起我們無盡的渴望。你可能會責怪自己對於鹹食無法克制，認爲自己也許缺乏自我控制的能力。但事實上，你只是在因應你身體演化來獎賞你的作爲。你的鹹味味蕾唯一的工作就是要提醒你鹽的好處，要你尋找更多的鹽，味蕾在懇求你。那麼，控制糖、鹽與脂肪（鮮味味蕾所想要的）攝取，有部分是因爲意識大腦可能會告訴你要避開它們，但大腦的其他部位都在刺激你，要你去尋找它們。這是一個普遍的掙扎，不像爭權奪利般，而是一場過去與現在之間的鬥爭。〔註4〕

欲求不滿的問題也不僅限於鹽和糖。我們還有渴望脂肪和蛋白質的味蕾，這兩種物質在我們的歷史中也相當缺乏。至於苦味和酸味，則正好相反。苦味引發強烈的化學物質訊號，所以當我們嚐到苦味時，會有想要吐出來或作嘔的感覺。實際上讓我們覺得苦和酸的化合物有很多，它們沒有什麼共通性，除了有毒之外。我們的舌頭複雜得驚人，它要評估這世界複雜度的味道，並爲我們簡化出兩種的反應：去找更多來吃或是吐出來。我們會將壞食物吐出來，因爲我們的身體沒有其他的處理辦法。〔註5〕這套機制一次次將我們從討厭的漿果或葉子中拯救出來。所以在悠久的歷史中，我們得以在充滿毒物的世界中，找尋必要的營養素並倖存下來。

味蕾是探討我們普遍偏好的一個好出發點，因爲味蕾演化出來的唯一原因就是要帶領我們走向我們所需要的。我們的味蕾就像其他的偏好一樣，卻和飢餓或口渴不同。味蕾不會告訴我們需要吃下多少糖或脂肪，或是何時該吃。它們演化成沒有上限，和飽食感有上限不同，而且是基於我們總是需要這兩種物質的演化「假設」來運作。不論你已經吃下多少，當你的舌頭碰觸到一塊餅乾時，大腦就會發出「甜的」的響聲。口渴和飢餓的感覺則不是如此。口渴和飢餓的反應機制會在我們需要水分或食物時通知我們（身體有測量胃被食物撐開狀況的感應器）。一旦我們的身體有足夠的量，或者它認為它得到足夠的量，就會停止要求我們繼續覓食。就算只是在胃中將一氣球充滿，也會得到同樣的效果，因為它模擬出相同的豐滿感。但味蕾並非如此，它們一千多年來就一直在訴說著渴望，而我們總是聽命行事。我們可能會死於高血壓，事實上確實有為數不少的人死於此，但我們的味蕾還是會告訴我們：「鹽是好物。」在現代環境的脈絡中，味蕾的訴求顯得相當不合理。〔註6〕

感官的好惡和生存相關？

那其他之前列出來顯然也很普遍的偏好和厭惡，又是怎麼一回事呢？那些無涉於味覺，但和視覺、聽覺甚至嗅覺有關的偏好呢？我們部分的嗅覺顯然是演化出來指引我們邁向幸福遠離不幸。我們都很討厭糞便的氣味。這似乎也合情合理，當我們聞到糞便時，所經驗到的氣味，演化成讓我們想要遠離這些東西的感覺（雖然離糞便遠一點這種事情，看似沒有必要提醒我們自己，但你這想法可能高估了我們祖先的智力）。我們對糞便的厭惡程度，就跟甲蟲聞到頭上糞便的氣味時，所體驗的愉快感相當，就像屍體的氣味對禿鷹來說想必非常美好。糞便和腐肉本身並不會產生任何不好的氣味，就跟蔗糖不會產生甜味一樣。這一切都來自於我們變幻莫測的感官。我們的大腦對各種不同的聲音也會產生不同的反應，雖然這方面的研究並不多，不確定其影響爲何，但可以想見這些感官偏好也有利於我們祖先的健康。我們許多的普遍經驗似乎都攸關我們的生死存亡，即使現在不是如此，過去也曾經與我們的生存相關。

現在再回來談視力的問題。視力不同於其他感官，無論是否受到蛇的影響，視力是我們特殊的感官、我們最寵愛的孩子。我們的舌頭、鼻子與耳朵會對各類刺激產生不同的反應，但相對於我們視力所觀察到的世界，這些感官都被邊緣化。視力回應的是整體的複雜場景，無論眼前是抽象畫家傑克森・波拉克的畫作，還是向我們撲來的老虎。我們用來形容觸覺、味覺和嗅覺的詞彙少得可憐。但視覺就不同了，我們會鉅細靡遺地描述色調、光感，用上數百個相關的形容詞。但深藏在視覺過程中的偏好，竟然會和我們在味道或氣味中所發現的相同，這似乎令人難以置信，但的確不無可能。

我們知道有某些場景會在每個人身上引發相同的反應，無論其文化背景爲何。蛇引發我們噤聲禁步地向後彈跳。牠們會觸發噩夢和恐懼，除非是在早期有經過文化或教育洗禮的地方，才能消除這種恐懼感。有水的景觀會觸發愉悅感，廣闊的大地、草原和森林也是，還有彷彿已經過整頓，清除掉底層植物的樹叢。這種反應難道也是我們過去演化的結果嗎？難道眞的有某些類型的圖像讓我們感到快樂，而另一些讓我們害怕，這些反應都是爲了適應生存嗎？或者至少曾經是如此？怕蛇曾經是有益的；也許離開森林底層陰暗的植物走向草原曾經也是有益的。在這裡，我們又回到伊斯貝爾的蛇，牠就像苦味的食物，曾經奪去人命，我們的眼睛很可能因此受到磨練，學到教訓。

長久以來，科學家一直都難以研究感官中的視覺適應。我們本來就依靠視覺來認識世界，同時也將視覺當作是研究自身的工具，但就跟狗一樣有咬不到自己尾巴的麻煩，我們似乎也難以檢視自己的眼睛。儘管如此，所有解釋我們複雜的彩色視覺理論，都扯上其偵測其他生命的能力，不論我們要找的是水果還是蛇。我們的視覺系統會不會就跟味覺、嗅覺，甚至聽覺一樣，不僅會觸發意識反應，還會產生潛意識？這潛意識會不會是爲了因應不同類型的場景，爲了因應那些過去曾經拯救我們，但現在存在意義卻不相同的場景？若是舌頭可以帶領我們朝向好的食物，眼睛是否也可能具備類似趨吉避凶的功能呢？我們似乎可以想像眼睛是最爲複雜的感官，但辨別具體好壞性質的能力最弱，分不清到底是該遠離還是朝向刺激，但或許眼睛也能引發我們的偏好。

天生就怕蛇

讓我們再回到蛇的問題上。畢竟要遠離牠們實非易事。我們對蛇的恐懼，或者至少一開始所抱持的戒心，似乎是普世皆然的。當我們還生活在非洲和亞洲熱帶地區的野地裡時，曾遭到毒蛇咬傷，而被蟒蛇勒死的情況也還算滿常見的，因此對蛇懷有戒心的人，得以挽救自己一命的說法是滿有說服力的。任何對蛇粗心大意的人，比方說爬蟲學家，恐怕難以傳遞他們的基因。令人驚訝的是，這樣的恐懼感竟也流傳至今，不論我們現在身處何方，以怎樣的方式生活。不論你身在曼哈頓，還是喀麥隆的熱帶雨林中，大家似乎天生就有怕蛇的傾向。平均而言，人對蛇的恐懼程度大過於車輛或槍隻。不是每個人天生都怕蛇，但調查顯示有超過百分之九十的人都是如此。這種恐懼感很早就發展出來，可能是先天一種與生俱來的恐懼感，又或者這是很容易習得的。讓猴子觀看其他猴子對蛇產生恐懼反應的影片後，牠們終其一生都會怕蛇。但若將影片中的蛇以兔子來取代，看過影片之後的猴子，也從未怕過兔子。蛇似乎在靈長類動物的大腦中占據一個獨特的位置，跟其他的威脅不一樣，甚至不像是其他具有威脅性的生物。比方說，猴子似乎不會馬上學會要對貓科動物產生恐懼感。這情況也不僅限於猴子。當身邊有大人以可怕的聲音說話時，還不會說話的嬰兒似乎天生（也就是說不需學習）就會留意有蛇出現的影片，而不是注意其他動物的影片。但若大人以正常的聲調說話，嬰兒就會一視同仁，不管是蛇或是河馬等其他動物。我們的大腦內似乎有一個規則：「如果你生來一無所懼，就不會對任何東西產生恐懼感，但若真要怕什麼，那就怕蛇吧！」〔註7〕所以我們就變成現在這個樣子。

何以某些特定場景會引發負面反應（跟苦味食物作用的方式一樣）？解釋這個問題，必須回頭談到杏仁核。這塊大腦區域是在我們被追逐或反抗時，爲身體上緊發條的要素。數百名生物學家畢生都在恫嚇老鼠，進而研究牠們的恐懼、杏仁核和視力之間的關聯。他們會告訴你，如果給一隻老鼠看一張可怕的圖片，無論是貓還是生物學家的圖片，牠都會起反應，即使牠的意識大腦正專注於別處。可怕的圖像會刺激老鼠的杏仁核，而不是額葉區（這塊和我們聰明才智有關的大腦部位，其功能在你和其他人腦中都被大幅誇大。）而且更重要的一項發現是，當移除猴子大腦的杏仁核後，牠們就喪失對蛇的恐懼感。過去有很長一段時間，我們並不清楚恐懼感在人類身上是否也會潛意識地傳達。

看來似乎也是如此，因此腦生物學家長久以來一直在腦部出現問題的大鼠和人類身上尋找蛛絲馬跡。他們希望能夠找到有視覺的「盲人」，即盲人仍然可以看見，但不會意識到自己正在「看」。〔註8〕盲人不會意識到看的行爲，就像我們的腸道在品嚐食物時也不會意識到正在這樣做。盲人通常會驚訝地發現，他們都知道東西的位置。近來的一項研究發現，盲人在走廊上行走時會閃避周圍的物體，雖然他不知道它們在那裡。有些人也有情感上的盲目，會對害怕的面孔哭喊，即使他們完全不知道他們到底看到什麼東西。會出現視而不見的盲目情況，意味著人類就跟老鼠一樣，會對我們所見的一切產生意識和潛意識反應。那麼接下來的問題是，這些潛意識引發的視覺到底有什麼用。這又帶出進一步的問題，盲目是否會像我們腸道中的味蕾，會潛意識地標記所見場景的類別，無論是具體如蛇，還是一般的恐懼類別。

阿恩・歐曼（Arne Öhman）是一位剛好也怕蛇的腦生物學家，儘管他居住在沒有蛇出沒的瑞典。阿恩・歐曼和他的同僚發展出一種測試，可以模擬盲目的效應。他們讓受試者看一張張的臉孔圖像。有時伴隨著一個響亮到讓人分心的聲音，有時則無。在伴隨較大的聲音播放圖片時，歐曼可以讓受試者看到所播放出的影像，但不會進入他們的意識大腦，事後詢問受試者時，他們也表示沒有看到什麼臉孔。而且，在看見臉孔時應該會亮起來的大腦區域也沒有發亮（若是同時進行核磁共振的話，就會觀察到這個現象。）實際發亮的是大腦的另一個區域，顯示這個區域有在運作，表示這當中至少有一些訊號是直接傳到杏仁核的。在歐曼進行這項研究前，不曾有人注意到這些訊號，而這些本來也就不是我們會意識到的訊號。

研究人員目前已經確定出這些連結相當古老，在大鼠的腦中比人類腦中更爲活躍，而且普遍存在於所有的哺乳動物身上。這是主導恐懼、侵略以及衝動的古老線路。某些視覺刺激和場景會直接觸發這條古老線路，而身體會在不自覺的情況下對這類訊號起反應。當歐曼讓受試者看蛇或是嚇人的面孔時，訊號會傳到他們的杏仁核，引發身體產生一般的恐懼反應。即便受試者的大腦沒有意識到自己看見了一條蛇，這種反應也會發生。他們不會對蛇進行任何推理的動作，因爲恐懼感產生的過程中並沒有牽涉到推理過程。

目前並不清楚究竟這套古老的線路在我們的大腦中運作了多久，但可以確定的是這系統一直存在於那裡，讓我們跳起來、打哆嗦、逃跑或是動彈不得。若說這套古老線路和我們對某些動物圖像產生偏好（或恐懼），或是引發我們的美醜觀感，或對某些事物感到安心或恐懼有關聯，似乎不算太過牽強。在大鼠中，有一些和這套古老線路相連的細胞，是用來協助個體標記和物體間的距離有多靠近。還有另一群細胞稱爲「位置細胞」，會在動物經過一個路標或是面對某一路徑時持續追蹤。若推測這些細胞也可能在目光跟隨草叢中的蛇時標記下訊號，會是異想天開嗎？去推想大腦潛意識可能鉅細靡遺地記錄下這世界讓我們產生好感或厭惡感、憤怒或喜悅的經驗會扯得太遠嗎？

現在我們知道的是，對蛇的戒心似乎來自於一種與生俱來的學習能力，讓我們能夠容易學會或是透過觸發產生恐懼，而且一旦我們變得懼怕，就會培養出高度的戒心，這是一種眞正的恐懼。多數的我們天生就偏好開放景觀勝過濃密的森林。一棵長有枝枒可供攀爬的樹，在我們大多數人眼中，都比一根細長的樹來得好看。這些偏好，就跟對蛇的恐懼感一樣，可經由學習來調整，透過經驗和推理來強化或弱化，但它們似乎一開始就根深柢固，天生如此。還有一些其他的特性也是如此，比方說人類普遍偏好水或波光粼粼的藍色。究竟這一切是如何運作的，哪些場景是我們眞正喜愛的？是怎樣習得這些普遍偏好，或是爲什麼原因而沒有學會？而我們的身體又是如何反應？這些問題都讓人著迷，像一顆未經開採的原石，能解答我們以及我們味蕾的運作根本。這還是個無人探索的疆域，世人才剛剛開始加以探討。

感官偏好支配我們的選擇

即便人類的偏好爲何具有普遍性的種種細節至今都還是個謎題，但其所產生的後果倒是顯而易見。這些偏好引導我們做選擇，形塑了整個生命世界，最後還將我們帶離當初所演化出來的世界。就在我們從獵物轉變爲掠食者的那一刻起，單純的恐懼感作用轉變爲綜合恐懼和攻擊的複雜混合反應。就跟螃蟹一樣，我們的影響力也來自於我們的工具和感官，一旦有了武器，人類第一批影響到的物種就是那些我們看得到和捉得著的獵物。我們四處搜尋牠們，因爲我們的眼睛和耳朵能夠偵測到牠們，而當我們抓到獵物後，牠們的脂肪會獎勵我們的舌頭。能夠逃過我們的武器繼續生存下去的生物，不論是過去還是現在，通常是因爲牠們能逃過我們的目光，再不然就是牠們繁殖的非常快。我們追逐體積大，而且顯眼的動物。牠們可能試圖利用我們的弱點（根據韋梅耶定律）來逃跑，但長矛和社會化讓我們的弱點逐年減少。當我們放眼大地的獵物時，也開始放火燃燒大地。我們燒乾草、樹葉、樹木，和一切可以點燃的東西。我們將森林變成草原好讓我們看得更遠，望向遠方的新世界。農業出現後，我們可以選擇在開放草原種植不同物種，開墾出小米、小麥和玉米田。玉米長得不高，小麥也是。在種不了農作物的地方，我們就畜養起牛隻，牠們啃掉高高的草叢，讓地球變得更加開闊，對大部分的我們來說，這樣的世界看起來也變得更美麗。在有些地方，我們會區別蛇之間細微的差異，例如眞正危險、主要有害或完全無害的蛇類。但在德州等其他地方，就不管三七二十一先打死再說，就如同每年仍舊會舉辦的響尾蛇獵殺大賽一樣。這些變化點點滴滴都會讓這世界朝向我們所偏愛的景觀邁進，這帶給我們更多快樂，不論我們是否意識到這件事，不論是否讓我們未來的生活更好。

我們所青睞的物種不僅是草和牛而已。我們也會選擇感官覺得美好的物種，不論是叫聲動聽的鳥，還是顏色鮮豔的金魚。問題是，我們爲什麼會認爲這類物種是美麗的，是否美感本身就跟甜味味覺一樣，是爲了幫助我們生存而演化出的一種適應。沒有人知道，至少到目前爲止是如此。與此同時，世人砸下重金將鬱金香等花卉運往世界各地；幾乎在每個國家，都有人養金魚；我們覺得狗通情達理，於是讓牠們進入臥室，和我們共用一張床。（至於貓是怎樣融入我們的生活的？沒有人能解釋。）現代化的列車直駛而來，帶來我們所渴求的一切。

除了我們基於潛意識的原因，有意識地偏好某些物種外，還有另一群物種或許最能直接挑動我們的感官反應：害蟲和訪客。牠們趁我們睡覺時在周遭蠢動，或是潛藏在我們忽略的彎道和裂縫中。老鼠爬上牆，因爲只有在那裡牠們才不會被發現。鴿子和其他城市裡的鳥類會築巢在屋簷下，這樣我們就找不到牠們。夜行性昆蟲則在我們的房子裡到處亂跑。而像塵蟎與臭蟲這類物種，純粹就是體型小到我們看不見，所以能肆無忌憚地在我們身上隨意爬行也不會受到什麼傷害。微小的生物，如細菌和古細菌，更是蓬勃發展。我們試圖剷除牠們，反而刺激牠們繼續成長，突變之後捲土重來，甚至生命變得更爲持久。

我們的感官，再加上我們的力量，迅速而普遍地改變了這個世界，讓我們很容易就忘記世界原來的樣貌。今日的地球，大約有百分之六十的土地被人類整頓過，大部分用於農業生產，種植不同的作物。地球上絕大多數的人類都靠水而居（想想你最喜歡的海灘度假勝地，還有曼哈頓和洛杉磯）。多數的我們想要靠水而居，不僅是因爲我們需要水，也是因爲我們喜歡水。水就像重力一樣吸引著我們，讓我們感覺良好。曾幾何時，在現代人類出現之前，地球上滿是廣闊的森林，以大型動物居多。老鼠很罕見，蟑螂也是，就連草原也還沒有那麼普遍，目前環繞在我們身邊的開花植物幾乎還沒有引起我們的注意。許多現在我們可以輕鬆步行的海岸線，那時都還隱藏在幾十呎高的沙丘後方，這些沙丘雖然能夠保護我們的海岸，卻擋住了我們的視野。最後，視野獲勝，所以沙丘幾乎都不見了，縮小成一排小丘，好讓我們看到更多我們的眼睛和大腦所需求的。

人類也並不是把一切都交給命運和味蕾。在資源有限的地方，理性會贏過我們的衝動。我們設立了保育機構和計畫，建設公共衛生系統和公用廁所，當中每一樣，在某種程度上，都是要求我們在選擇改變環境時，需要考慮其合理性，而不單單只是被吸引力牽著走。有些努力獲得成功，但這並非因爲我們脫離了直覺，而是我們靠著非直覺的理性，累積出勝利。在其他時候，當我們試圖靠自己時，往往喪失了理性，陷入一個爲了偵測蛇和水果而演化出的感官世界，罔顧全球危機。總體來說，我們多次做出同樣的決定，不論我們的文化和差異爲何。我們的感官和偏好具有普遍性，常常連帶影響到我們所做的決定。澳洲的原住民燒毀了大片森林；亞馬遜人也焚燒亞馬遜森林；在歐洲和北美的人也是如此。人會放火燃燒，一方面是因爲他們有能力這麼做，一方面也是因爲偏好這樣的結果，普世皆然。在一些地方，這種對開放棲地的偏好發展到極致。就拿美國爲例，現在有愈來愈多的土地轉變成草皮，面積比玉米田還要大，也許這正是我們的大腦偏好簡單、純粹與開放的最佳證明。糖仍然是甜的，鹽仍具有誘惑力，遼闊的海洋或草地的美麗依舊難以言喻。

這一切也有可能發展成另一番局面。要是我們的感官和今日不同的話，比方說我們像白蟻一樣看不見。白蟻在黑暗的隧道裡感覺牠們的道路，靠著嗅覺和觸覺來探索世界，鼴鼠和其他地下洞穴中的生物也是如此。在牠們的世界裡，光線顯得無關緊要。一些地下物種的祖先，一開始先是失去眼睛和大腦之間的神經連結，最後眼睛則完全消失。一旦失去眼睛，顏色對牠們而言也沒有意義。對一位失明的皇后來說，一位衣著華麗的國王，並不會比一位衣著邋遢的人更具吸引力。看得見顏色需要付出高昂的代價，因此白蟻失去彩色的色調，牠們的世界紛紛轉成過往洋蔥般的膚色，宛如幽靈一般。在這樣的環境，一切改由味覺和觸感來主宰。甲蟲、蟇蟲，甚至眞菌等物種會潛入白蟻的巢穴，大大方方地隱藏在那裡。牠們看起來完全不像白蟻，但摸起來很像，聞起來也是。至於在食物方面，白蟻利用味覺和嗅覺來尋找腐爛的食物，對牠們來說，想必聞到的也是某種甜美的味道，就跟我們一樣。人類在建構世界時，就跟白蟻一樣，也是爲了要迎合自己的感官，只是所用的感官不同而已。

說到底，我們常常落得跟白蟻或螞蟻一樣，受到感官衝動的擺布。但理性可以克服一切，只要我們不去相信我們的身體。我們的身體，特別是感官會說謊。它們陷入昔日的回憶，搖擺不定，所以當你的舌頭碰到食物時，你會享受到味道引發的快感。當然文化會影響我們對不同味道的反應，就跟我們對不同場景有不同的感受一樣。我們可以學會愛蛇，就像我們學會喜愛嚐起來苦澀的咖啡所提供的刺激一樣。我們對蛇的厭惡以及對糖、鹽和脂肪的喜好，都是因爲我們的過往還在腦中低語，但這股騷動是可以平息的。這種普遍的野心是我們的宿命，但不見得擺脫不了。如同嚮蜜鴷不會帶領我們走上正途，味蕾也不會指引我們前往對的方向，但它們會繼續要求，就像我們的恐懼感會叫我們戰鬥或逃跑一樣。

第六部　讓我們掉毛和產生排外心理的病原體

第十三章

是誰弄得我們一身赤裸，還容易罹患皮膚癌？

世上的哺乳類動物幾乎都有皮毛覆蓋，為何人類會全身赤裸？原來都是蝨子、蜱和牠們的病原體所造成的！體外寄生蟲帶來的傳染疾病，讓人類就算付出烈日曬傷和罹患皮膚癌的代價，也要演化成今日毛髮稀少的樣子。

清除掉體內的蟲子，其實會增加免疫系統的工作負擔。改變和互利共生的夥伴關係，則給我們留下過多錯誤的食物。而宰殺掠食者之後，則徒留鬼魂在大腦與神經系統中糾纏不休，這些魂魄讓我們坐立難安，充滿恐懼與焦慮。不過對我們影響最大的，其實是帶給我們傳染病的蜱（或稱壁蝨）和頭髮。

一直到十分晚近，我們的祖先依然全身覆蓋著毛髮，或者也可說是真正的毛皮，頭髮這個詞純粹只是讓我們覺得稍微與眾生不同而已。在我們與牠們之間，最明顯的區別就是毛髮。我們現在知道尼安德塔人與現代人間的連結。然而，在博物館中的尼安德塔人，全身覆蓋著毛髮，看起來不像「人」，比較接近「動物」而不是表親。*人類從全身毛茸茸轉變到平滑肌膚，這讓我們看待自己在博物館裡毛茸茸的祖先時產生一種複雜心理，不禁想問：究竟是發生了什麼事？何以我們會變得幾乎沒有體毛，而且，在這個過程中，許多文化（雖然不是全部）都逐漸認為體毛不具吸引力。有九成的美國女性會剃毛，因為她們想要變得更「美麗」。我們渴望肌膚光滑的程度不僅止於此而已。刮鬍子、腿毛或腋毛是一回事，但世界各地都有人想要以熱蠟將陰毛除得乾乾淨淨，可見我們對光滑的熱愛有多麼徹底。

現在看來我們沒有體毛可能是很「正常」的。但就我們的歷史淵源來看，並非如此。實際上我們並不知道尼安德塔人是否長有體毛。他們可能已經沒有了，這使得我們盯著他們的方式更啓人疑竇。不過可以確定的是，我們一百萬年前在非洲的祖先肯定具有體毛，而且第一批哺乳動物和介於牠們之間的所有物種都有。濃密的皮毛是哺乳動物成功的特徵之一，這讓牠們在周圍的低溫環境下仍然保有溫暖。一大早，爬蟲類可能還可以耀武揚威地嘶吼咆哮著，但日落之後牠們的體溫也跟著降低。哺乳動物則不是如此，牠們可以依靠自己的皮毛，再加上一顆較爲複雜的心臟，保持恆溫。毛皮是演化的一大突破，正是因爲在寒冷的天候中能夠保持體溫，所以比起那時候和現在的爬蟲類（除了鳥類），哺乳動物才能生活在更爲嚴苛的條件下。

無體毛這項特徵已成爲我們界定美的一項標準，這可從八卦雜誌《國家詢問報》上的每篇關於「多毛男」的文章獲得證實，但也廣泛影響到我們的健康和生活品質。在陽光充足的地區，皮膚會合成黑色素（一種會使皮膚黝黑的化合物），抵禦紫外線。在非洲，隨著人類體毛的脫落，皮膚表層下的細胞演化出產生黑色素的能力。我們所有的祖先都會產生黑色素，但當中有些人搬離炎熱氣候區後，黑色素反而阻擋掉過多的陽光。皮膚需要一定量的陽光好讓身體合成維生素D，在陽光稀少的地方，黑皮膚的個體會罹患佝僂病，導致死亡。長時間下來，白皮膚基因取得優勢，而且這在人類的演化史上不只發生一次，而是隨著人類向北遷移分別出現過好幾次。換句話說，要是我們的皮膚沒有因爲掉毛而暴露出來，人類就不會有膚色的差異。

＊確實是如此，不過多數現代歐洲人和亞洲人的祖先都曾和尼安德塔人「交配」。基本上所有的歐洲人和亞洲人都帶有尼安德塔人的基因。

所以，到底是爲什麼人類會失去覆蓋在體表上的毛呢？就像許多現代的困境一樣，這可能和曾經與我們有交互作用的物種有關。要怪就怪那些體外寄生蟲：蝨、蜱與蒼蠅。在人類起源的洞穴中，牠們爬到我們頭上，穿過頭髮，還會咬我們，有時牠們也會進入我們的血液，傳播疾病。

為何人類變得全身赤裸？

今天，在地球上約有四千五百多種哺乳類動物，幾乎每一種都有皮毛覆蓋，僅有極小比例是無毛的物種，即使是人體也不完全是光溜溜的。你我身上都還是覆蓋有在發冷時會豎起來的細毛，但完全沒有禦寒的功能。海豚和鯨魚則全身光滑。牠們毛髮稀疏和游泳有關，無毛的海洋生物更符合動力學。但去毛並不是順利游泳的唯一方法，全身毛茸茸的海豹和海獅也同樣是游泳健將。在六〇年代，一些生物學家對於這些相較起來沒有什麼體毛的海洋動物提出一個解釋，認爲最早的人類是一種會游泳的類人猿。也許從猴子到人類之間的某段演化時期，我們是美人魚。也許一開始人類生活在河邊和海岸，在其他原始人把我們打得落花流水之際，我們找不到任何東西吃，只好尋找海鮮充飢。我們可能會吃貝類和海膽，然後漸漸發展出我們赤裸裸的未來。可以想像一下充滿藍色珊瑚礁的場景。如果我們皮膚光滑，也許可以游得更快、更遠，搶到最後一顆海膽，如此就能生存下來。

這個理論，雖然長久以來都很突出，卻沒有受到廣泛的支持。不過它確實突顯出人類沒有體毛是一個不尋常的情況。想想還有什麼物種也是「裸體」的，你腦中除了浮現海洋哺乳動物和裸鼴鼠外，還有嗎？有少數幾個物種，如犀牛，大象和河馬的毛髮也很少，但就像海豚和鯨魚一樣有層厚厚的皮，足以與外界隔離。打從一百二十萬年前，第一批哺乳動物演化出毛髮後，幾乎沒有什麼物種會遺失這項特徵。

那麼，如果不是因爲可以游得更好，爲何我們會成爲少數幾種失去體毛的哺乳動物呢？也許我們在大莽原上靠兩條腿跑步來追逐獵物（或逃離掠食者）時，少了體毛可以保持涼爽，也能進行水合作用。這個假設看似合理，問題是有證據顯示少了體毛可能使我們更容易脫水，而不是減少脫水的發生。況且，其他移居到開放草原（或進入乾燥樹冠層）的靈長類動物也沒有因此而失去體毛。而以奔跑追逐獵物的獵豹等掠食動物也依舊披著一身皮毛。也許無毛這項特徵，就像孔雀的尾巴或是山魈的粉紅色屁股，沒有什麼實際功用，只是矯飾而已，純粹是因爲可愛而被選擇。可想而知，男性會傾向選擇體毛較少的女性（反之亦然），因爲沒有體毛顯示出他們具有良好的基因，這些基因如此美好，遠遠超過人類對於曬傷或是光著屁股坐在原木上的不適感及擔心，這就是達爾文所想的。他自己的妻子擁有一張吹彈可破的光滑臉蛋，雖然有人可能會質疑，是否要相信一個娶了自己表妹的人對於擇偶偏好的想法。但事實是，人類沒有必要達到完全沒有體毛。相反地，在早期這裡一點點，那裡一小撮的體毛似乎意味著個體長有癩疥，而不是健康狀況良好的明證。

都是蝨子和蜱的錯

我自己最喜歡的理論，一個世紀以來，分別有三群科學家不約而同地提出來。他們每個人都認爲我們的祖先之所以演化成沒有體毛的原因是受到不尋常的蜱、蝨子和蒼蠅的糾纏，這和普遍的寄生蟲問題相關。在十九世紀初，這個想法首次由從事過各行各業的托馬斯・貝爾特在他的著作《尼加拉瓜的博物學家》（*The Naturalist in Nicaragua*）中提出。貝爾特在熱帶地區待了很長一段時間，在那裡他身上幾處還長有體毛的地方一直被蜱、蝨子和其他各種生命所侵略。他對自己反覆被這些生物侵襲感到震驚不已，他寫道：「沒有一個在熱帶叢林裡生活和活動的人能夠忍受……寄生物種造成的煎熬。」但是，他又要我們想像一下，若是全身都覆蓋著毛髮，再加上蜱、蟇和牠們的親戚，情況會變得有多糟糕。他推論道，一個世紀以來的生物學已經確認一項法則，棲息地愈多，個體就愈多。現在所指的棲地就是他身上的毛髮，而且在那一刻，他希望自己毛髮愈少愈好。「不適感」就算不是這理論的母親，也稱得上是個近親。在一九九九年時，這套寄生蟲理論再次被芬蘭土爾庫大學的生物學家馬庫斯・雷塔萊所提出，他（跟我一樣）大部分的時間都在研究螞蟻。雷塔萊提出的想法幾乎和貝爾特一樣，只是更爲周詳和正式。在二〇〇四年，這個想法再度被馬克・佩葛和他的同事所提出，他們發現了貝爾特的舊作，但並不知道雷塔萊所寫的文章。

我自己身上從來沒有長過跳蚤或蝨子，但我有一個關於陰蝨的蠢故事。陰蝨是一種蝨子，就跟其他蝨子一樣，牠們一生都寄生在其他動物的身體上，因爲在其他地方牠們都活得不太好，事實上，牠們的生存取決於是否能留在寄主身上。牠們的身體比體蝨或頭蝨大，約略是迷你版的印度象鼻神，長有很多手臂。不過跟象鼻神不同的是，牠們微小而脆弱，一旦離開寄主，不要幾分鐘的時間就會乾枯而死。陰蝨會把卵產在寄主的毛髮中，吸取寄主的養分。牠們平常無處可去，一直要到兩個寄主的親密時刻，靠著寄主身體之間的距離縮短，讓陰蝨得以從一個寄主跳到另一個身上。人體上的陰蝨和大猩猩的親緣關係最爲相近，意味著我們的祖先和大猩猩的祖先曾經「互動」過。要靠著寄主互相觸摸來存活下去似乎不太可能，但事實證明指出，相互接觸是我們的行爲中最可預見的。藉由我們的身體，陰蝨已經傳遍全世界，就跟頭蝨一樣，牠跟著第一批遷移到新世界的人一起過去了。在秘魯的木乃伊身上都有發現頭蝨和陰蝨，相當不雅的死法。

我第一次看到陰蝨是在康乃狄克大學的昆蟲標本館中，旁邊擺的另一個標本，據說是從丹尼斯・萊斯頓最近用過的馬桶座上收集來的。萊斯頓是位著名的，或可說是聲名狼藉的螞蟻生物學家，才剛去世沒多久。萊斯頓最出名的研究是樹冠層中的螞蟻如何幫助（或阻礙）果園的病蟲害防治。這種功能也作爲鑑定螞蟻種類的一項特徵，有些螞蟻會吃掉成千上萬的害蟲，其他的則會養殖這些害蟲好取得甜蜜的樹汁，而在這樣的過程中，反而增加了害蟲數量。不過，萊斯頓的其他研究也很知名，他在加納長期研究螞蟻在咖啡園中的作用，當地人甚至爲他寫了首流行歌曲，其中一句寫著「這個白人花公子實在不太酷」。正是因爲缺乏這種酷酷的冷靜頭腦，萊斯頓最終才會被康乃狄克大學開除，不過有人懷疑他可能因是蝨子造成的問題被開除。總之這篇故事的重點在於，萊斯頓爲了要擺脫他自己「蒐集」到的陰蝨（在此請允許我用一種委婉的說法），若要讓蝨子離開他的「蝨子旅館」的話，他必須要刮鬍子。事實上，除毛是最有效的方式，能擺脫跳蚤、蝨子或其他外來生物等體外寄生蟲的折磨。在一項研究中，醫生發現隨著「比基尼式的熱蠟除毛」的普遍，陰蝨的感染比例下降，雖然淋病和衣原體的個案有上升的趨勢。〔註1〕

毛髮是寄生蟲的天堂

體外寄生蟲（ectoparasites）（ecto 指在我們的體表，相對於在腸道中的「體內寄生蟲」）天生喜好居住在毛髮之間、之上或之內。這就是爲什麼在兒童之間經常會爆發頭蝨傳染，而且難以遏止。蝨子的卵會附在毛髮上，就跟眞正的蝨子一樣。蝨子的觸手非常特別，會捲曲成牠們所纏繞的頭髮的形狀。牠們抓器的大小剛好就是牠們寄主的毛髮寬度。頭蝨（稍後我們再談體蝨）的抓器比較窄，因爲頭髮比較細。陰蝨的抓器則寬一點，你會在身上其他一些地方發現陰蝨，像是你的睫毛，其中一個原因就是睫毛比頭髮粗一點。

就寄生蟲和毛髮的密切關聯來看，要說頭髮或毛皮的量和我們所飼養的體外寄生蟲的數量之間有所關聯似乎是合理的。不過這套解釋爲何我們赤身裸體的寄生蟲理論，仍然需要一些佐證。儘管有許多人對我們毛茸茸的祖先感到不屑，但失去毛髮也意味著失去它的諸多優點。少了體毛，人類更容易受到紫外線輻射的傷害，也讓我們在沒有著衣的情況下難以保暖。〔註2〕同時使我們的體型看起來更小，一隻裸鼴鼠看起來很小，但哈士奇就不會有這個問題，除非牠碰巧剃完毛。

遺傳上僅需要一點點變化就可以讓動物失去毛髮，也許只要一個基因的變化。在一般情況下，要失去一項特徵是容易的，這就是何以我們現在培養出許多包括貓狗甚至是雞在內的無毛動物。天擇很少會產生無毛的哺乳動物（所有的鳥類也都長有羽毛），可見有體毛覆蓋總是有用的。居住在樹冠層的哺乳動物有毛皮，幾乎所有地底下的哺乳動物也有。就連多數會游泳的哺乳類也有。毛皮的好處甚多，在演化中要失去皮毛，想必是因爲有許多條件讓擁有皮毛的個體付出高昂代價，可能是因爲無毛的個體在生殖上能取得更大的成功，再不然就是毛茸茸的身體會增加死亡的風險。

在面對寄生蟲理論時，我們必須要思考的第一個問題是，失去寄生蟲的好處是否値得我們用長年在沙灘上曬傷、在雪地裡發抖，還有在鏡子前這麼多的尷尬時刻來換取。這套寄生蟲理論之所以能夠成立，並不在於寄生蟲對我們產生多大的威脅。被跳蚤咬會發癢，但在其他方面無傷大雅（在這方面跟我們體內的一些腸道寄生蟲很類似），除非咬傷的情況很嚴重。牠們咬我們，吸一點血，或吃一些死皮，然後就去過牠們的生活。偶爾黑猩猩和大猩猩感染到太多寄生蟲會長出瘡來，我們的祖先大概也有這樣的情況。這些瘡的感染可能會導致死亡，但並不常見，眞正會致死的是這些寄生蟲傳播的疾病。蜱傳播斑疹熱、腦炎、斑疹傷寒、基薩那森林熱、犬艾力西體症、萊姆病、阿斯特拉罕熱等，不勝枚舉。蝨子散播回歸熱和斑疹傷寒；跳蚤則會傳播瘟疫；寄生蟲所帶有的疾病多到某種程度時，會讓我們在失去體毛後反而可能延長壽命，或者至少足夠活到交配之後的年紀。體毛甚至可能有利於某些不需要載體的傳染病傳播，細菌也可以住在頭髮（或羽毛）上，這就是我在前面的章節中提到詹姆斯・雷尼爾（James Reyniers）要養出無菌鼠時，會先剃光母鼠身上的毛的原因。這也可能是以動物屍體爲食的鳥類前後三次分別獨立演化出「禿頭」的原因，一次是在新世界的禿鷹，一次是舊世界禿鷹（牠們實際上是鸛的後代），第三次則出現在長相不討喜的禿鸛祖先身上。

寄生蟲帶來的疾病才是關鍵問題

在這樣的前後脈絡中，達爾文質疑的是，爲什麼在哺乳動物中只有人類放棄了他們的皮毛。當然，他會想，若是皮毛會讓我們容易感染寄生蟲，得到牠們的傳染病，那其他哺乳動物應該也面臨相同的問題。難道一隻赤身裸體的熊，雖然可能看起來會很可笑，但無毛不會因此讓牠們少長一些跳蚤嗎？然而，我們從沒看過赤裸裸的熊，甚至連皮毛稀疏的都沒有。關於這個赤裸謎題的解答，可能和早期人類社會的兩項特點有關。

首先，即使早期人類通常被形容成過著「游牧」般的生活，但在一年的大部分時間裡，他們實際上過著相對「定居」的群體生活。在這樣的群體中，寄生蟲可能會繁殖出相當大的族群。而且在一天結束後，我們會返回一個固定的地方睡覺，通常那個地方是一個洞穴。目前已知在那些早期的洞穴生活中，我們開始接觸到蝙蝠身上的蟲子，這種蟲子是趁蝙蝠睡覺時吸血維生的。此時，蝙蝠寄生蟲家族的其中一條血脈，跳到早期人類身上，成了我們所謂的臭蟲，俗稱床蝨。要能夠寄生在人體上，首先臭蟲得找到可預測出沒地點的穴居人，至少要讓牠們在白天可以在穴居人原始的床上睡覺，然後每天晚上都能再次找到他們。靜態的生活意味著這些寄生蟲不用從一個身體傳到另一個身體，但仍然可以找到寄主。臭蟲可以在我們睡覺的地方等著我們，所以不需要演化出能夠掛在我們身上的獨特招數。今天我們也知道群居型的動物，特別是會返回固定地點睡覺的，比方說會返回群棲地的海鳥、穴居的蝙蝠等行群體生活的動物，都比獨居的動物有更多的寄生蟲。正是這種生活方式，導致我們身上出現跳蚤，並且得到牠們夾帶的病原，即使其他靈長類身上都沒有跳蚤。也許寄生蟲生存的關鍵在於寄主的群居生活，特別是我們的高密度群居生活。

除了群居的傾向外，第二件讓人類有別於其他動物，更受到體外寄生蟲所青睞的地方在於我們發明出衣服。衣服的發明和體毛脫落的時期可能相去不遠。一旦我們有能力改變我們的溫度，更普遍地用衣服保護我們自身不受外在環境的傷害，毛髮的好處可能就此消失，所以演化只剩下它造成的代價要處理。如果一個性狀所帶來的利益大於其造成的負擔，會有保留的傾向；如果這性狀僅會造成負擔，那它應該會消失。換句話說，一旦我們用其他動物身上的毛皮做出我們自己的衣服（還是可以洗的！），不論是在二十萬年前，還是更古早的時候，對我們的祖先來說，跳蚤無礙的咬傷就只是一種拖累。

在這樣的情境下，才能夠適切地比較失去毛髮的我們，以及其他物種祖先的優劣條件。這些祖先應該更容易得到跳蚤、蝨子等寄生蟲傳播的疾病。但其實我們並不能做出這樣的比較，至少目前還不能。今日和人類親源關係最近的物種是類人猿、黑猩猩和大猩猩，但牠們都和我們的祖先很不同。不過，似乎可以從中看出一些端倪，類人猿身上，除了有和我們身上一樣的寄生蟲之外，往往還有其他更多種類的寄生蟲，像是我們現在沒有的毛蟇。目前無法確知我們的直系祖先是否也有這些寄生蟲和病原體的問題，不過看來似乎很有可能。

回到晚近一點的歷史，一些奇聞軼事似乎透露出一些訊息。一八一二年六月，拿破崙召集他的軍隊準備取道波蘭，進攻俄羅斯。拿破崙滿懷雄心壯志，但有時光靠野心是不夠的。正如一般人經常提出來的，在試圖拿下俄羅斯的過程中，拿破崙的軍隊裡有超過五十萬士兵死亡

（幾乎就是六分之五的比例）。但一般通常沒注意到的是，這些士兵的死因大多不是因爲戰爭本身，而是來自於疾病。他們死於由蝨子傳播的斑疹熱或痢疾。早在法國軍隊遇到俄國人之前，就開始有士兵因病而死。拿破崙的百萬大軍只有四萬人存活下來，出發時相當於是一個大城市的人口，回來時卻只剩下一個小鎮的數量。另一方面，俄羅斯軍隊卻沒有遭受這樣的命運。這是爲什麼呢？他們之間的一個差異可能在於法國人會戴假髮，這無異是提供蝨子和牠們所夾帶的疾病一個更好的棲息地。俄國人則沒有戴假髮的習慣。相對而言，他們的體毛也較少，他們因此而得救。這不是體外寄生蟲扮演歷史關鍵角色的唯一例子。據推測，第二次世界大戰是有史以來，士兵病死於體外寄生傳染病的人數高於戰亡人數的戰爭。

除了歷史，還有其他地方可以找到社會、毛髮、寄生蟲和疾病之間交互影響的例子。就跟我們歷史中的其他問題一樣，也許能讓我們學到最多的方式就是觀察其他物種，這是生態學和演化學中的比較法。比方說回頭看看像我們社會一樣轉型成龐大、相對靜態組織的螞蟻、蜜蜂、黃蜂和白蟻，不過我們沒有必要去到演化樹上這麼遠的地方，比一比和我們一起擠在哺乳類分支上的鼴鼠就可以了。非洲分布有許多種鼴鼠，牠們一般吃植物的塊莖，絕大多數的時間都生活在地底下。有些種類的鼴鼠像螞蟻一樣，有鼠后和工鼠，而有好幾個物種都喪失了視力。不過當中只有一個物種是無毛的。這個物種像人類一樣，生活在周遭生活條件恆定的環境裡。一旦不用擔心體溫維持的問題，在群居生活中長有皮毛所付出的代價可能會超過它帶來的好處，所以就跟我們一樣，牠們也失去了皮毛。鼴鼠和人類之間的差別在於目前還存活有其他長有毛的鼴鼠，因此我們可以比較寄生蟲在牠們身上造成的負擔和裸鼠之間的差別。就目前所知，裸鼴鼠是沒有體外寄生蟲的。相比之下，其他目前所採樣到的鼴鼠身上都長滿體外寄生蟲。這可能就是我們祖先過去的面貌，就像毛茸茸的鼴鼠一樣，每個都被咬得發癢，有些還因爲咬傷而喪命。

全身赤裸必須付出的代價

也許我們是因爲蝨子、墓蟲和蒼蠅而全身赤裸（在這個故事中，跳蚤可能起不了太大的作用，因爲跳蚤是在相對晚近的時期才傳到新世界，而鼠疫也是一種相對較新的疾病）。也許，只是也許，這和裸鼴鼠全身赤裸的原因一樣。就跟我們身體的許多特徵及其起源一樣，沒有人可以完全肯定其理由。其他的解釋也是可能的。不論答案爲何，似乎從其他也變成無毛的哺乳類身上得到的答案會比從化石紀錄中我們晚近的直系血親來得多。要是無毛不是我們最基本的特徵，所有關於無毛的討論都會顯得有點傻。一旦我們赤身裸體，許多的生物特性也不得不一起改變。我們演化出特殊的皮脂腺來應付大面積裸露在外的皮膚，因爲在烈日下我們需要冷卻皮膚。我們開始將裸露視爲一種快感的刺激（在某些巴布亞新幾內亞的部落裡，男性僅佩戴一個葫蘆，但若是連葫蘆都沒帶，還是會引起不小的騷動）。展現我們裸體的行爲成了全球一千億美元色情產業的基礎。後來，我們的膚色變暗，以保護我們的血肉，不過在某些人種身上，膚色再度轉白。這樣蒼白的膚色，正是造成每年數千人因皮膚癌而死亡的主因，而另一個極端的結果，則是膚色轉黑的黑色素所造成的上千例的佝僂病。我們的赤裸，決定我們是誰以及我們對待彼此的行為。我們的赤裸成了一切的中心，其所影響的程度牽連到蝨、蜱、蠅與其餘的生物。也包含那些在牠們腸道和口中的病原體，這些病原體雖然很小，其影響力卻很大，足以讓我們掉毛，甚至造成死亡。

與此同時，我們耗費數百萬美元來確保我們頭頂上尚存的一些皮毛，並花上更多的錢來移去臀部的毛。我們是赤裸的人猿，但是經過高度維護，這些維護可能起因於我們的病原體以及牠們所引起的疾病。要是其他「有毛」的原始人還在，他們看待我們的眼光，可能就跟我們看裸鼴鼠或禿鷹差不多，會覺得有一點點的噁心。我們的疾病塑造了我們。很久很久以前，疾病塑造出我們的免疫系統。晚近以來，它們可能使得我們喪失毛髮，而這就是我們演化出回應瘟疫的明顯方法。

對抗疾病的基因演化

不論寄生蟲和疾病對我們脫毛的早期影響為何，這都還不是故事的結尾。隨著農業興起以及牛隻和玉米的出現，情況變得更糟。新的疾病也隨之出現，並開始積累。大約是在人類培育出第一批農作物時，學名爲惡性瘧原蟲的人類瘧疾也跟著演化出來。〔註3〕一出現，牠們就迅速蔓延開來。農田中潮溼的地方和那些暫時的庇護所孕育出的蚊子，將瘧原蟲帶往一個接一個的農田，風雨無阻。一旦進入人體，瘧原蟲就會進駐到紅血球內。最初染上瘧疾的人有大多數都因此死亡，但還是有些倖存下來，這些人往往是身上帶有抵抗瘧疾的基因。其中有一個基因經常出現在基礎生物學的課文中，這個基因可以抵抗瘧疾，但卻會導致鐮狀細胞貧血症。當孩子從母方或父方接收到這基因的副本，就能對瘧疾免疫，而且能夠活到養活自己孩子的機率也大增。但若同時得到來自父母雙方的基因，就會得到致命的鐮狀細胞貧血症。目前瘧疾在世界上的許多地方都還是很普遍，特別是熱帶非洲與亞洲，因此這些基因仍然受到青睞，儘管會帶來不好的後果。令人驚訝的是，這並不是唯一幫助我們減緩瘧疾致命狂潮的基因，甚至並不是最常見的一種。

抵抗瘧疾最常見的基因型和鐮狀細胞貧血一點關係都沒有。它的名字叫作 G6PD（「葡萄糖-6-磷酸脫氫酶」的英文縮寫），會產生能夠餓死瘧原蟲含氧血球。這些對付原生生物的強悍基因是瘧疾的剋星，也是演化的力量和人類適應性的證據。在馬里蘭大學，發現成人用以消化牛奶的基因之重複起源的遺傳學家莎拉．蒂許科夫，近年來在研究 G6PD 基因的傳播。在非洲、中東和地中海地區有超過四億人帶有這種基因的好幾個變化型。它似乎在父母傳給子代的過程中蔓延得很快。不過，這些基因就跟鐮狀細胞貧血症有關的基因一樣，是要付出代價的。

帶有抗瘧疾基因的個體吃蠶豆後會引發貧血。在瘧疾橫行的地方，只要不吃蠶豆就能夠逃過一劫，這實在稱不上是個悲劇。目前，瘧疾每年仍然奪去數百萬人的性命，因此，這些基因在世界許多地方可能仍然受到天擇的青睞，吃蠶豆或不吃，這實在不是個問題。今日，瘧疾是熱帶地區的疾病，但帶有抗瘧疾基因的個體則早已遍布全世界，他們的基因也有超出其抵抗瘧疾的效用，而蔓延開來。因此，有上百萬的人民仍然不能吃蠶豆，即使他們不大可能罹患瘧疾。這些人（你可能也是其中之一）的基因，在現代的情境中不再有用。巧的是，他們往往居住在那些飲食中富含蠶豆的地方，宗教人士有時會覺得上帝真的是有幽默感。蠶豆症似乎是天擇作用的一個跡象，天擇在暗中作用，而且一視同仁。無論是蠕蟲、農作或疾病，我們深究得愈多，就會發現我們的歷史與過去的生活方式正聯合起來對付現在的我們。（註4）

我們的赤裸、鐮狀細胞貧血與蠶豆症，都可能是起因於疾病。但是當我們從生活中根除一些最嚴重的傳染病，又會造成怎樣的後果呢？我們清光腸道中的蟲子，剷除草原上的掠食者，但是當我們撲滅所有的傳染病，無論是透過疾病控制或僅是單純地遷移，又會得到怎樣的結果呢？我們會認爲這答案很簡單，我們自認爲會變得更健康、活得更長，而其他的一切都不變。不幸的是，自然很少是這麼簡單。

蘭蒂・桑希爾俯瞰他位於新墨西哥州阿爾伯克基群山環繞的家鄉，覺得眼前的世界好像都受到其他人的忽略。我們往往覺得可以控制自己的一舉一動，但從桑希爾的角度來看，這想法不太明確。我們的生活比較像是一艘艘掌舵寬鬆的船，隨波逐流，受到古老的波濤所搖擺。

身爲一個科學家，桑希爾研究一種特別的生物，想要尋找牠和其他生物體共有的一般特性。桑希爾長年研究蠍蛉，牠們被如此命名是因爲其雄性生殖器官超大，狀似蝎子的螯。他也研究水黽等其他昆蟲。不過早在研究的一開始，他就在昆蟲原始的欲望中看到和他人類同胞類似的渴望與決定。他認爲我們最下流的舉動和最大的樂趣都是來自於我們的演化過程。在桑希爾眼中，理性是讓我們不至於淹沒在生物本能中的特性，但我們在理性的使用上不盡完善，就像是在一處波濤洶湧又深不可知的海面上航行一樣。

一九八三年，桑希爾因爲他那本和約翰・阿爾科克合寫的《昆蟲交配系統的演化》（*The Evolution of Insect Mating Systems*）而出名，這本書現在已成爲昆蟲學界的經典。此書原本是探討地球上最爲多數的小型生命相關性生活的論文，當中記載了昆蟲和牠們交配的方式，不論是在沙地裡、半空中、原木內還是水底下。〔註1〕但是到了二〇〇〇年，桑希爾卻弄得自己一身腥，因爲在這一年，他又出版了一本書，他以和阿爾科克一起發展出的昆蟲強迫性行爲（這對在你床單下做可怕事情的臭蟲等物種來說是非常普遍）使用的模型，來解釋在人類世界中的強暴問題。〔註2〕迎接這本書的是種種批評與憤怒。這樣的憤怒可能會讓桑希爾羞於繼續研究人類內心世界的衝動。但相反地，這位學術界的牛仔集結了他身邊的生物學家，從人類演化角度來研究從昆蟲到人類的行爲。在這個智囊團中出現許多狂野的想法和讓人眼睛爲之一亮的科學家。其中最近才嶄露頭角的一位科學家是克里・芬奇。芬奇其實並不想成爲桑希爾智囊團中最激進的思想家，但事情就這樣發生了。

一切都是為了防傳染病

芬奇在一九九九年開始在新墨西哥大學當研究生。他計畫研究響尾蛇的求偶行爲。響尾蛇的性生活精緻而迷人。芬奇想要知道更多的細節。但結果事與願違，也許是因爲響尾蛇研究本身就有一定的難度，不過有部分原因是那時候芬奇的心思開始轉向其他題目。在科學研究中很容易就會分心，走上數以百萬計尚未有人開發的道路上，稍不留意就走上叉路。讓芬奇分心的是「疾病」。在之前研究過的生物，疾病似乎無所不在，他思忖著物種要如何逃脫疾病。他對疾病的研讀愈多，對於身上能永保健康的動物就愈感到驚訝。但他仍得找一個容易研究的動物來寫他的論文，於是他選擇了水黽，接續桑希爾好幾年前所做的研究。他的研究成果足以讓他成功取得碩士學位。然而，他還是不停地研讀疾病的相關文獻。在這過程中，他明白大多數的動物，不論是響尾蛇、水黽還是猴子，都有一套免疫系統，就跟人類一樣。但牠們也有一套後來被稱爲「行爲免疫系統」的一組反應，能在一開始就將生病的可能性降低。〔註3〕芬奇想要知道人類是否也有這種避免疾病的行爲。這行爲可能是在潛意識中，或深埋在不同文化中的規範，因此目前還沒有被發現具有任何功用。芬奇很快開始進行他的博士研究。這一次，他更大膽地放手去做。他跳過了蛇和水黽，想要建構出整個疾病的故事，涵蓋歷史、行爲、文化和人類。桑希爾已經研究過昆蟲的性生活，也以此探討人類的性生活。芬奇看過在池塘的表面水黽，看到人類逃離病原體和演化的悠久歷史，這一切都只是爲了活命而已。

芬奇知道隨著人類永久或半永久地在村莊中定居下來，傳染病的病原體會變得更加多元和普遍。當我們不再移動，疾病就開始趕上我們。每隔一段時間就會出現一種新的疾病。到了兩百年前，儘管人類已經赤身裸體，而且相對沒有跳蚤和蝨子，人類共同養活的病原體高達數百種，類型之多，超過整個北美洲掠食動物種類的總數。這個過程還在繼續。即使到現在，每年還是有病原體從牠們的主要宿主跳到我們身上。當中有許多病原體是透過人傳人的方式散播，從一個身體到另一個。人口愈密集，散播就愈容易。不過，既然我們可以存活這麼久，意味著我們有許多應對之道，也許其中有一些就是透過行爲來應對疾病。任何個體或社會若能以更新穎且有效的方法來處理新出現的可怕病原體，都將會存活得更好。

人類還可以採取迴避策略，只要移動到其他地方就好，若是移動到新地方的速度夠快，或許疾病就趕不上人的腳步。穿過白令海峽的美洲原住民因而擺脫許多嚴重的人類疾病（那些在一四九二年由哥倫布和他的船員所帶來的疾病）。但不見得一定非要迅速移動不可。我自己做的一項研究顯示，在一個地方，不同疾病的數量以及它們的普及度（此疾病的病例數）和當地氣候有強烈的密切關係。寒冷和乾燥的地方疾病較少。有數百種疾病，好比說是瘧疾，需要一種特別的蚊子將病原從一個身體傳到另一個。要遠離瘧疾，人唯一要做的就是離開這些瘧蚊，向兩極移動或往高海拔爬行。

不過還有另一種選擇，那就是改變我們對待彼此的行爲。若是社交和靜態生活，使我們更容易感染疾病，改變我們社交的方式可能可以改善問題，我們可以藉此清理身上的致病寄生蟲。這麼做不是很浪漫，但身上長出蝨子或跳蚤可就更不浪漫了。理毛是一個古老而又強大的疾病管制方法。舉凡老鼠、鴿子、牛、羚羊與猴子都會理毛。若是想辦法不讓鴿子理毛，牠們身上會長滿蝨子。設法讓乳牛無法清理身體時，其身上的蜱會高出一般牛隻的四倍多，而蝨子更是高達六倍。羚羊長有一顆特化的牙齒，被稱爲「牙梳」，除了幫助清理體外寄生蟲，似乎沒有其他功用（這裡我們似乎又看到一項證據，當體外寄生蟲造成很大的負擔時，足以讓動物的身體演化出因應措施。）〔註4〕許多動物都會清理自身，甚至彼此理毛，即便這要付出高昂的時間成本。大鼠的一生有高達百分之三十的時間都在理毛，跟用來覓食或交配的時間相去不遠。吼猴會將牠們四分之一的熱量消耗在打蒼蠅上。顯然，整理儀容這種行爲不僅有助於減少寄生蟲（和可能的病原體）所造成的負擔，而且可能會隨著物種的不同而展現出差異，甚至會隨地點改變。

文化風俗中的行為免疫

芬奇也想到其他可能會影響到我們染病機率的行爲，那些內建在大腦或深植於文化中的行爲。當然，我們也打蒼蠅、抓蝨子和遷移，但遷移並非易事，而且對許多病原體來說，一旦牠們抵達我們的身體，完成最困難的任務，這時才理毛已經太遲。事實上人也不可能靠理毛來擺脫瘧疾，或是消滅其他不用透過載體來傳播的傳染病。芬奇想要知道的是，是否一開始就存在有某些行爲和文化習俗（減少我們生病的機率），即所謂的「行爲免疫力」。昆蟲社會有時會組織成小型的群體，以減少疾病傳播。有些螞蟻僅指派少數個體擔任處理屍體的工作，以減少與屍體的接觸。目前發現至少有兩種螞蟻的工蟻會在生病後離開蟻巢，獨自死亡，這樣牠們就不至於傳染疾病給牠們的姊妹。芬奇想知道人類是否也展現出這類行爲，即便只是潛意識的，換句話說，我們是否也像螞蟻一樣聰明。他還想知道，人類這類行爲的展現是否取決於他們接觸到疾病的頻率。

二〇〇四年他得到一個重大的提示。在英屬哥倫比亞大學馬克・夏勒（Mark Schaller）心理學實驗室的研究生賈森・福克納，提出一個理論解釋何以人類會產生排外心理，他認爲人類族群之所以演化出對他人的恐懼感，是因爲要控制疾病的傳播。福克納推測在疾病很普遍的時代，排外心理可能可以防止疾病從一個部落傳到另一個部落。也許就是因爲這個原因，在不同的歷史和文化中，「他者」往往被描述得很可怕，而且還很具體地以骯髒和疾病纏身來形容他們，似乎永遠都是別人身上有跳蚤、蝨子甚至是老鼠。在福克納看來，我們對他人的厭惡，好像是一演化的普遍特質，在疾病普遍的地方，排外的個體可能更具優勢，雖然這會導致社會問題，卻能因此保住性命。他懷疑排外心理可能會產生一種特定且有用的厭惡感，這情緒本身除了讓我們遠離疾病外，沒有其他已知的價值。

為何部落崇尚集體主義？

在看到福克納的研究後，芬奇開始重整他瘋狂的想法。這次他不再專注於水中的蟲子，而試圖釐清人類的故事。他可能被自己的野心沖昏了頭，不過還沒有離譜到桑希爾會出面勸阻他的地步。芬奇廣泛地閱讀人類學和社會學的研究文獻，當然也少不了昆蟲學。他的研究鎖定在因地點不同而產生差異的人類文化和行為，特別是我們的個人主義意識。人類學家早就注意到不同文化間存在有很大的差異，有完全依據其自身好惡行事的牛仔風格，也有以整個家族為中心的行為模式。個人主義文化和集體主義文化之間的差異是人類之間最大的差別之一，甚至比一般生活形式、婚姻習俗，乃至於禁忌之間的不同還來得大。在許多亞馬遜的部落中，家庭或家族幾乎和個人的自我一樣重要。這樣的文化，一般稱為「集體主義」，在部落或家族內的個體不分彼此，主要以群體為單位，區分他我之間差異。因此，偏離一團體的常規會引人側目，個人的創造力和個性被視爲不重要，甚至是不好的。芬奇和他那票崇尚西方個人主義的夥伴，推想集體主義可能是因應疾病的普及而出現的，在那些地方，一舉一動皆依循團體的「傳統」方式，如此可能會有助於減少疾病的發生，而沒有受到時間考驗的個別行爲，則可能會產生相反的效果。也許個人主義和其所帶來的一切，包含西方英雄到流氓生物學家甚至是民主制度，只有在社會從疾病的壓力中解放出來後，才有可能維持下去。

與此同時，英屬哥倫比亞大學中，福克納的指導教授馬克・夏勒和另一名學生達米安・穆雷正在研究排外心理以及其他如外向和性開放的行爲，是否也是受到疾病影響。就跟排外心理一樣，內向的性格和保守的性行爲似乎都是在社交傳播疾病盛行時的好點子。最後，芬奇、桑希爾、夏勒和穆雷一起建構出一個理論，推測所有造成文化和個體差異的主要元素幾乎都與疾病有關。我們之所以是我們現在這個樣子，是因爲疾病使然。這群人開始相信這套說法，雖然他們出生在大多數疾病的盛行率已經降低的環境裡，而且他們幾乎都是個人主義者。

排外是恐懼疾病的心理？

有些疾病和行爲之間的關聯是無庸置疑的。生活在熱帶地區農村裡的居民，蝨子仍然是生活的一部分，因此他們會相互清理，但是在紐澤西州或克利夫蘭的家庭很少會這麼做。這樣的差異來自於各地體外寄生蟲數量的差異。若是頭髮中根本就沒有寄生蟲，當然不會有人幫忙抓蝨子，但其他行爲呢？其他界定我們自身的重要行爲又要怎麼解釋呢？難道它們也是取決於我們出生時的疾病盛行率？在這個問題上，禽流感提供了一個可能的解答。二〇〇九年，H1N1病毒引發的禽流感成了一個潛在的威脅。任何會收看電視的人，哪怕只是偶爾看一下，也會知道要「提高警覺」。所以，他們怎麼做呢？在墨西哥，大家在碰面問候時不再接吻，甚至拒絕握手。世界各地都有航班被取消，特別是那些從疫區出發的航班。換句話說，所有人開始切斷和陌生人的身體接觸。甚至可以說，他們變得排外，像螞蟻一樣自成一群。他們開始呼籲來自其他國家的航班停飛。當然，他們並沒有停止擁抱或親吻他們自己的孩子、丈夫或妻子。他們純粹只是要迴避其他人。他們第一個想到的是他們的群體、他們最親密的部落。

我們對H1N1的反應正是芬奇和他同伴的推測，當疾病盛行時，在世界各地一次又一次發生類似的情況。當然，生物學家會提出許多理論，並不是所有的都正確，也不是全可以進行驗證。但芬奇的理論有趣的地方是，在「那時」它是可驗證的。如果他的想法是對的，那麼病原體較爲普遍的地區，應該會比較排外。他們應該會傾向保護自己人，而比較少邀請他們的鄰居。雖然在文化中，還有許多其他事情會影響到個人的個性，但這一點倒是不難想像。人類學家可以列出一長串歷史上重要的各地奇風異俗，比方說，隔離的習慣可能就有利於排外心理（若是難以預測從遠方而來的人，他們自然就形成一大風險）。資源稀少可能也會讓人對鄰居產生一點敵意。在資源短缺的情況下，若是發現病原體的盛行和現代人的行爲間有任何關係，倒是讓人稱奇。

芬奇和他的研究夥伴想要看看歷史上疾病最爲盛行的地區是否也是集體主義、排外心理和性格內向這些特質最爲明顯的地方，以此來驗證他們的理論。過去進行過許多跨文化的調查，主要目的就是在了解行爲和人格的核心屬性。其中一項最大的調查是針對ＩＢＭ在世界各國的十萬餘員工進行訪談。訪談主要是區分牛仔型人格和集體主義者之間的分野。芬奇以這套訪談資料庫再加上其他資料，比較出世界各地人類的個性化分數。〔註5〕結果發現在致命疾病較爲普遍的地區，居民一致以他們的部落爲重，比較少看重自己的個人命運和決定，也比較排外。此外，夏勒還發現，疾病愈盛行的地方，個體在文化和性行爲上愈不開放，也比較不外向。〔註6〕芬奇和夏勒以及其他人所觀察到的現象，只是一種相關性。我們不能僅僅因爲兩件事情（如疾病盛行率和個性）隨著不同地點展現出同樣的變異模式，就判定這其中有因果關係。但最起碼，這些科學家觀察到的模式並沒有推翻他們自己的論點。

根據這個結果，芬奇、夏勒、桑希爾、穆雷、福克納以及和他們一起工作的科學家，開始相信他們發現了人類行爲和文化的一般性規則。他們從遠處看著我們，並聲稱他們了解了，他們看清了我們的本質。他們的理論或許是對的，但沒有人敢這麼快就下一個明確的結論。他們所發現的是一個有趣的模式，是病原體、人類行爲與文化之間的一層統計關係。更爲棘手的問題是，究竟疾病會如何影響我們的行爲。要探究這問題一直都很困難，或者說至少到最近爲止一直是如此。

夏勒坐在他辦公室的椅子上思考疾病這個議題時，他最想知道的是疾病如何影響行爲與文化。夏勒是知名哺乳類生物學家喬治·夏勒的兒子。就跟他多年來追逐稀有動物的父親一樣，他也喜歡追尋探究，只不過他追尋的是一個個的想法而不是雪地裡的黑豹。他在想，我們的潛意識是否眞能以某種方式來衡量我們所暴露的環境其致病程度？夏勒在想，是否我們都有一種與生俱來的能力，可以辨識生病的個體，因此做出不同的反應。也許某些地方的人，能比其他地區的個體，更精細地辨別出生病的個體，又或者這能力只有在必要的時候才會被活化。在因應這種風險時，大腦是否能夠在不用費心去提醒我們意識的情況下，自行辨識和分類目前周遭環境的疾病嚴重程度？表面上這似乎過於異想天開。但夏勒和他的研究夥伴還是決定要做一個實驗來測試這個想法。這個實驗的結果很可能會改變我們對自己的身體、對自我，乃至於我們對世界的關係的想法。

「厭惡感」來自行為免疫

夏勒在他的實驗室裡架起一個電腦螢幕，在上面播放一些如家具等不會造成壓力的影像，然後再放一系列和槍枝暴力或疾病相關的圖像，比方說一個女人咳嗽的畫面，或是一名天花患者。看到一系列病人影像的受試者，其身體是否會潛意識地對所看到的疾病產生反應？人在緊張的情況下會產生皮質醇和正腎上腺素這類荷爾蒙進而影響到免疫功能，這之間存在著直接的連結。但一張病人的照片可能會影響到我們的免疫系統嗎？實在很難想像，我們的潛意識會對疾病產生像夏勒所設想的那樣複雜的反應。

他們將受試者帶到實驗室，抽取他們的血，然後讓他們看一組中性和一組有壓力的幻燈片。看完之後，再抽一次血。然後將兩組血液樣本放在試管中，並暴露在含有許多致病菌和脂多醣（lipopolysaccharide）的化合物環境中。夏勒和他的研究夥伴推測，看過病人照片的受試者其血球細胞可能會更產生更多的細胞生長激素（cytokines）來攻擊細菌。但事實是，結果完全出乎他們的意料。他們發現看過病人影像的受試者其血液產生的細菌攻擊因子（IL-6）比看影像之前高出二三・六％。那麼看暴力影像的這組實驗結果又是如何呢？也許IL-6濃度提高只是因應壓力而產生反應？但事實並非如此。沒有看病人影像，僅看暴力影像的這一組，其血液成分的濃度並沒有改變。觀看疾病的跡象會觸發受試者的免疫系統，以應付大腸桿菌這類病原體。光是因爲看到這類圖像，就足以引發這樣的反應。而這一切都是潛意識地發生，令人難以置信的快速和簡單。若是你走你出房間，看到有人咳嗽，這反應很可能也會發生在你的身上。〔註7〕

夏勒和芬奇繼續推論，他們認爲除了免疫系統（或許還包括我們赤裸的身體），我們也透過一套行爲免疫系統來對抗疾病。這套系統有部分涉及到情緒和厭惡感，會上達我們的意識，似乎也直接影響到我們的身體、行爲和文化。有可能因爲這套系統，我們在疾病普遍的地方，會更自然地展現出降低染病風險的行爲。這可能包括排外心理和其他屬性。另外，我們的行爲也受到文化所調控，好比說是集體主義和其他的社會特性，這些則是以禁忌和規範的形式存在於日常生活中。規範的形成可能會受到個人先天的生物特性所影響，但它們也有自己的步調。即便一個區域的疾病盛行率已經降低，文化改變的速度可能更緩慢。之前芬奇、桑希爾、夏勒和其他人發現疾病的盛行率和個人主義之間的相關性就是一個典型的例子。我們的行爲和文化似乎和當前的疾病盛行率關聯不大，但與幾百年前的疾病盛行率倒是有很大的關係。積習難改，我們再次發現自己難以擺脫過去的糾纏。

這一切和今日的你，不管身處何方的你，又有什麼相干呢？這個發現意味著，你對待朋友和陌生人的行爲不只是受到你自己意識的影響，還有一些更爲深層的東西在作祟。這種影響可能會以種種形式展現在我們的性格和社交行爲的諸多層面上，就算這裡僅有厭惡感在作用，也是其來有自的。我們之所以演化出厭惡感是爲了要讓疾病相關的刺激觸發我們保持距離的傾向，同時也觸發免疫系統，讓它「就定位」，問題是引發厭惡感的刺激，並不完美。我們的頭腦在判斷疾病的徵兆時似乎演化出一種寧可錯認病人並迴避他們，也不要因爲誤判而沒有迴避到病人的策略。

肥胖、年老及殘疾——被誤判的疾病特徵

對我們這些居住在生活條件良好、傳染病罕見，或是因生活環境和公共衛生改善而讓疾病減少的人來說，會因爲誤判疾病相關線索，而付出許多潛在的成本，（況且在多數疾病已消失的情況下，偶爾疏於防範一個疾病，所付出的代價也比以前低。）最明顯的成本是我們抵禦疾病相關的免疫系統和行爲可能會變得過於活躍。這裡特別要注意一點，夏勒在研究個人對疾病刺激反應時，給受試者看的病人照片，和那些我們每天在電視上看到的並不一樣。我們的身體除了對眞的病人有反應之外，是否也會對電視上的病人有反應呢？沒有人知道。

身體對疾病跡象的誤判而讓我們付出的另一個代價可能更大，那就是身體會潛意識地帶領我們避開某些社群。對此，夏勒早已展開論述（零星地提供證據來證明）許多老化與非傳染性疾病（如病態肥胖）和殘疾等，也會觸發我們的厭惡反應。若眞是如此，那就是我們的潛意識大腦意外地將老化、肥胖或殘疾的跡象誤判成是傳染病的跡象。夏勒發現當個體會將疾病看作是一種威脅時，其行爲很可能被解讀爲年齡歧視者的表現。〔註8〕類似的結果也出現在我們對肥胖的看法上，當我們擔心會因此而染病時，歧視的情況會變得更糟糕。若眞是如此，那這些排放反應就會影響我們如何應對社會中的老化、殘疾和慢性病的個體。在許多現代社會中，老人、殘疾人士和慢性病患者會被邊緣化已是毋庸置疑的事實。這種邊緣化是我們厭惡感的錯

置，厭惡感原本是演化來保護我們免於生病的，它的疑心很重，但也不無道理。無論如何，這套行爲免疫系統的複雜性，雖然我們還沒有充分認識，但目前看來它似乎在我們爲自己所打造的世界裡發揮部分功能。它左右我們的潛意識，甚至在我們能夠判斷是非對錯之前，就先影響我們的行動和免疫系統。

與此同時，芬奇和桑希爾不能自己地繼續他們更爲瘋狂的思考。他們懷疑在疾病盛行率高的地區，當地的嚴重排外心理和集體主義文化導致了各文化和種族之間積累的差異。他們還推測疾病、排外心理和集體主義也是造成民主制度無法實現或難以維持的原因，甚至也因此更容易爆發戰爭。到目前爲止，他們陸續找到一些證據來支持這些理論，但都只是在初期的臆測階段，還需要更多的時間來進行深入探討。這裡的每一項發現與研究似乎都可以有另一種解釋，但這些理論之所以發人深思，是因爲若是它是對的，其影響所及幾乎是整部人類的歷史。若你對此感興趣，桑希爾仍然在收學生，不過若是你有意申請當他的研究生，最好當個個人主義者。

第七部　人性的未來

若是我們渾身毛茸茸的祖先前來參訪我們的城市和郊區生活，想必會搞不清楚手扶梯的用途，也會對動植物的去處感到疑惑，而不禁想問：你們把鳥怎麼了？當然，答案是大多數的鳥類都已離我們遠去，不再出現在我們的日常生活中。我們的糧食是運送而來的，還經過機器製造和設計包裝，最後以紙袋包裹。食物上面標記的是內容物的成分，而不是它的起源或歷史。牛奶不再是用手擠出，而改由機械化設備來收集。人類享用的雞肉都是生長在室內環境中。我們的共生物種，那些我們賴以維生的動植物，如今都轉變成材料，成爲我們消費品。就這方面來看，我們現在所居住的城市和過往的每一個城市都不同，我們的生活也是如此，我們幾乎和過去日常生活所依賴的物種完全分開。

在實際層面上，我們要怎麼做才能在倫敦、曼哈頓、東京與香港等大都會區，恢復良好的自然元素；或者僅是在一般城市，如北卡羅萊納州的首府羅利、紐約州的雪城，或是新墨西哥州的阿爾伯克基做同樣的事？要回答這個問題，首先要體認到城市結構的重要性，包括其建築物、廢棄汙物、道路和管線的複雜框架。我們打造出的環境會影響我們之間的互動，其影響力就跟環境中個人的決定一樣大。住在玻利維亞時，我開始思考生活周圍的基礎設施，只要有足夠的理性、願景和力量，未來仍然充滿可能，只要我們願意多退一步，就能造就巨大改變。這正是發生在亞馬遜北部瑞博拉塔廣場中央一家餐廳裡的故事。這家餐廳是一個名叫湯姆的人開的，餐廳兀自坐落在一處前不著村後不著店的角落，但和其他地方比起來，這角落已相對是有錢人聚集的場所了。室外擺了一排桌子，沒有遮陽傘。在這些桌子上吃肉喝湯的客人，是全城最富有的一群。這裡的每一道菜都要不了幾美元，然而即使在這樣的小事上，也可見到這世界的相互隔閡。在這個城市裡，也許只有千分之一的人可以負擔得起湯姆餐廳裡的午餐，能夠成爲那裡常客的人就更少了，所以坐在這廣場的餐桌上，坐在這摩托車回轉至小路的圓環附近，無異就是在宣告自己的財富。

有天早上，我坐在湯姆餐廳的餐桌上，遇到一位女子，她跟我講了一個故事，是關於這城市的未來。她說她的父親是一位住在高地區的都市規畫師。玻利維亞分成高地和低地兩區，上千年來，兩區的文化都是分別發展，自成一格。她的父親是一位高地人，而他受的教育讓他成爲許多宴客餐桌上的座上嘉賓。他是這個國家最重要的城市規畫者之一，他曾負責一個新城市的規畫案，那是一座充滿「願景」的城市。在玻利維亞，願景有其歷史意義。印加帝國的盛世就是在玻利維亞和其鄰國秘魯之間的這片爛泥中建立起來的。西班牙人從來沒有找到傳說中的黃金城，但要是他們能夠放寬視野，除了找尋黃金之外，也看看這裡傑出的建築和城市規畫，他們就會明白印加帝國確實符合黃金城的條件。而玻利維亞人相信只要有願景，就可以再現過去的宏偉。

這名男子這輩子最主要的任務就是設計一座可以造福印加人後裔的城市。他爲這個城市畫上街道和建築物，加入公園、游泳池和公寓。他還放了別墅，並且爲每一棟房子的花園畫出他想像中的花朵來妝點，房子的牆上長了繡球花，山丘上盛開著玫瑰。他也在城裡加上行政大樓和廣場。他一畫再畫，每星期清潔工都得清理掉一大堆的草圖。他的這座城市，每個月、每一年，甚至每十年，都會脫胎換骨一次，他的固執堅持到他的辦公桌上終於出現令人驚豔的最終城市草案。

在製作這份最後草案的過程中，這位身兼父親和城市規畫者的男人，想像自己和妻子一起搬到城市裡的一棟房子。他在城市的一角加上一個餐廳，猜想他的女兒將在這裡遇到一個男人，並且墜入愛河。這不僅止於他的想像而已，隨著他做的每項決定，他可以確實地掌控一切：把街道弄得窄一點，他會害一個單車騎士掉到水溝裡；拓寬一些，他就能夠讓騎士順利一路騎去上班。他可以移動長椅的位置，改變老人家閒聊的地方。他可以加上幾座雕像，調整雕像的姿勢，從而影響到雕像肩膀上休息的鴿子其排列方式。他可以想像鸚鵡飛到果樹上，而水果掉到學童撿得到的地方。他發現他的這座城市就好比是一個樂團，他希望讓所有的樂器都演奏得恰到好處，讓生活的樂章不僅好聽，而且完美。

他有的是時間來決定和重新選擇，因此他所規畫的這座城市展現出人類普遍的希望和偏好。人類的習慣和文化會改變，道德也是，但是熱情、社會以及和其他生命共存的需要依舊存在。他的城市是建來取悅居民，讓他們活得更幸福、更健康。人類需要狗兒、樹林花卉，也需要有地方見面交談，這樣的需求會不斷持續下去，一代接一代。在這些想像出來的生活表面之下，他又用鉛筆勾勒出其他必要的層面，如水管和廢棄物管道，以及其餘持久性的基礎設施。有些人就是有耐心，願意種橡樹來等待樹蔭。這個男人也是如此，他爲下個世紀埋下種子，然後等著看它發芽茁壯。

我坐在湯姆的餐廳裡，深受這個故事吸引，思考著一個人的夢想可以有多大，能夠產生怎樣的意義。但故事也帶給我另一個問題，我從未聽聞過任何一個像這個故事中所描述的城市，玻利維亞沒有，世界上的其他地方也沒有。但這個女兒興高采烈地講著，彷彿這座城市已經蓋好。她講得好像她已經在角落的餐廳裡陷入愛河；彷彿她的父親確實設計出不會讓單車騎士掉到水溝裡的街道；好像眞的有鴿子漫天飛舞，鳥兒在枝頭鳴唱，每棵果樹都結滿成熟的果實。於是我問：「這城市在哪裡？」但其實話還沒說出口，我就知道答案了。這座城市從來沒有建造出來，而且永遠也不會。她的父親到後來也明白這一點，但他還是幾乎每天都到他的辦公室，去設計一座只可能在想像中出現的城市。在這樣的純粹和壯麗中，這個女人講的故事如此美好，彷彿成了一部建築小說。書的主要情節闡述著我們改變命運的能力究竟有多大，也擴及其他人和其他物種的生活，當然次要情節則透露即使我們規畫好，城市也不見得一定會成功蓋好。不過，我們還是繼續規畫，繼續拿著鉛筆在紙上繪圖，繼續做夢。

正是這名女子的父親的故事將我們與其他社會性動物區分開。螞蟻打造的道路網可能比人類建造的還要合宜，牠們的工作效率可能也比我們高得多，牠們使用資源的方式可能更爲永續，甚至連牠們生活的社會都比我們多元。但牠們缺少這個男人所具備的能力，一種能夠坐下來，根據我們的集體理性來規畫遠景的能力。螞蟻缺乏的，就是這種掌控自己命運，進而做出改變的能力。

我們不會總是意識到自己正在編織夢想或下決定。大多數的時候，我們就像螞蟻一樣，受到本身的渴望和外在條件所推動。但是整體來說，我們有學習能力，能夠做到超出個人限制的事。我們有能力訂定計畫，並以這個計畫爲基礎來進行改變，其影響所及，不只是我們自己的生活，還擴及全人類，甚至涵蓋到所有人的生活和所有的物種。我們有能力拿起繪圖板，在上面勾勒出未來，描繪街道、房屋和來回移動的居民，我們還有能力替後代子孫決定他們是要走路還是開車，甚至還能夠決定他們彼此互動的方式，以及他們的餘生。在這裡我不會提出一套固定的答案，因爲我並不想把這本書變成探討生物未來的工具書，我想要講的故事和其他幾位同樣手握鉛筆的有志之士有關。不過，和這位玻利維亞城市規畫師不同，他們勾勒出的未來很有可能會成眞。

被淘汰的科學，不中聽的警示

狄克森・德帕米耶原本並沒有想要當一位革命家，或是規畫一個城市的未來，他只想當一名科學家。他的成長背景和我們多數人一樣。他在他母親的晾衣繩上捕捉蜻蜓，然後放到玻璃罐裡，觀看牠們試圖掙脫的舉動，他也蒐集蛇。他對大自然感到好奇，而他探索世界的方式就跟其他的孩子一樣，試圖在摸索中尋找眞理，又或純粹只是找樂子。這種摸索生命的日子不斷持續下去，他攻讀碩士、博士一直到博士後研究，最後將其職業生涯投入在寄生蟲的研究上，特別是旋毛蟲（*Trichinella spiralis*），至今德帕米耶仍然覺得牠們很「美麗」——我實在找不到其他適當的詞來形容旋毛蟲。當然，牠們也有恐怖的一面，會引起旋毛蟲症＊，不過牠身體旋轉的體態確實相當優美。對生物的摸索引導德帕米耶接觸到這種蟲子，而且花了二十七年的時間在牠們身上。他對牠們的生活史非常熟悉，也大致認識一般寄生蟲的狀態。他還沒邁入老年，就已經成了寄生蟲學界的元老。他發明了一種快速的血液檢查，可以判斷人體是否感染到旋毛蟲〔註1〕。這一切都如他所期望的進展，甚至可能比他希望的還好。他拯救了許多人命，而且成了高瞻遠矚的學者。但是在一九九九年，也就是他五十九歲時，他發現自己處於新的局勢。他無法獲得任何研究經費，不論是從美國國家衛生研究院、國家科學基金會，還是其他任何單位。

時代是會改變的，就連科學家也會有被淘汰的一天。新領域獲得更多的青睞，不管它們是

＊旋毛蟲症主要是藉由食入感染的生肉或未煮熟的肉如豬肉而感染，這種圓形寄生蟲通常寄生在豬、人以及許多哺乳類的肌肉中。

否代表進步或眞理，而舊領域可能完全消失或至少消失一段時間。這些舊領域的勤奮天才，失去了資助，遭到忽視，就跟他們沒落的舞台一樣，面臨同樣的命運。德帕米耶看著基因領域的學科誕生，這是一種特別的工業化遺傳學，隨著它的興起，全世界關於物種的實際生活和運作的研究跟著停擺。他一次又一次的申請研究經費受挫，最後才決定專注於教學上。在那之前的職業生涯中，他都沒有眞的投入在教學上，但現在，有了時間和精力（而且沒有研究經費），他的生活產生一大轉變。他將過去用於科學發現的全付精力都投注在這批哥倫比亞大學的研究生的腦袋上。他們這些學生，多少帶有一點優越感，但也有非常大的機會能夠對未來的生命造成重大的影響，於是他將注意力轉到他們身上。

德帕米耶開始教授兩堂研究所的課。一堂是關於環境健康的「醫療生態學」課程。另一堂是「普通生態學」。就是在教授醫療生態學這門課時，他的生活開始改變。這堂課進行得很順暢，有些學生顯得很興奮，有些則無動於衷；有些很友善，有些很被動；有些學生會睡著，不過大多數都保持清醒。換句話說，這堂課處於一種典型的狀態，至少在德帕米耶做了一個導致他會失去控制的決定前，一直是如此。

德帕米耶在他的課堂間穿梭時，這個世界正在崩毀。據估計，到二〇五〇年時，全世界人口將達到九十二億。農業耕作會因爲日益炎熱的氣候而變得更爲艱難。病原體引起的疾病將再次成爲一大問題，不僅在已開發國家是如此，整個世界也是，而且所有這些問題都會和肥胖、免疫系統疾病、社會不滿，以及數以千計，甚至百萬計的物種滅絕等現代問題並存，而這些問題將更爲惡化。他告訴他的學生：「要餵養這個未來世界，同時維持它的健康，完全超出我們現階段的能力。」到二〇五〇年時，若我們要以目前的耕作方式來種植，「將需要一大塊額外的耕地面積，相當於是整個南美洲的大小。在地球上根本就不存在有這樣的地方！」德帕米耶這樣說，就目前已知的來看，他講的一點都沒錯，但學生對此觀點產生不同反應，他們開始抱怨。*

學生就是這樣，這是他們的天性。或者說，這是人性，學生只是對這樣的授課內容展現一種溫和的不滿。這些學生很堅持，他們聽膩了困境與危機，不想再聽他們所成長的世界將會如何的分崩離析。他們只是單純地充滿著青春的期望和想望，也許就是太單純，因此想要討論充滿希望的題目。畢竟學費是他們出的（或至少是他們的父母），這是「他們的課」。

對德帕米耶來說，應付這些抗議再自然不過的反應就是提醒他的學生，負責教學上課的是他，而他所認識的世界並不會讓人特別樂觀。他可以提供一些比較正向改變的例子，然後繼續

*要知道這堂課的概狀，可以快速瀏覽一下報章雜誌上這幾年提到或引用德帕米耶的文章，標題爲：「蚊子傳播的疾病是人類主要死因之一」、「國際旅遊的興盛有助於病毒的跨國散播」、「受污染的食物造成上百萬人生病」以及「在接受器官捐贈者的身上發現西尼羅河病毒」。現在，你知道這是怎樣的一門課了吧！

上他的課。或者，他也可以報復一下他的學生，闡明這些厄運的嚴重性。他可能會說：「現在所看到的還不到事實的一半呢！」就像是那些總是坐在門廊上的老人家會講的話。但他有了另一個念頭。他決定去尋找年輕人滿懷希望的原因，或至少讓他的學生去這麼做。他心想：「那就去找尋希望吧！」於是他問學生是否能夠想辦法解決一些他所提出的問題。這些問題都已經很嚴重，影響到數十億人，而且每年所影響到的人數將會愈來愈多。所以，當他的同事開始談論何時要退休時，德帕米耶正埋下一顆充滿希望的革命性新生命種子。一個新的未來將從中誕生。

這些學生面對的問題，跟我們所面對的一樣：在目前所處的生態狀況中，人類離開了曾經困擾我們，也嘉惠我們的自然，那接下來該怎麼做呢？他們尋找有希望的解決方案，最後決定研究綠色屋頂，即那些在屋頂種植花草樹木，甚至農作物的城市建築物。在許多都會區都已經出現有綠色屋頂，在屋頂或陽台出現一片片的菜園、草皮或其他行光合作用的生物。有些綠色屋頂的出現純屬意外。在熱帶國家，任何屋頂要是幾天沒人打理，就會長出新生命，不過其他多數地方還是要靠人工種植。要將土壤以樓梯或電梯運上樓，擺好之後加以照料，就像是照顧一般土地一樣。在德帕米耶眼中，綠色屋頂對這個大哉問來說是個微不足道的答案。但他還是遷就他的學生，讓他們放手一搏。

綠色建築能帶來新希望？

綠色屋頂和屋頂花園的想法已經有長遠的歷史。巴比倫的空中花園，若眞有其事，也算是一種屋頂花園。據說尼布甲尼撒二世（Nebuchadnezzar II）在西元前六百年，爲了撫平他思鄉情切的妻子，米底的安美依迪絲（Amytis of Media）對波斯的樹木和植物的想念，於是打造了許多花園。顯然，屋頂花園不論是在巴比倫還是其他地方，必定造價高昂。屋頂必須十分牢固、防水，而且通常必須將澆灌用水打上樓，或挑上去。花園除了生產糧食和討好配偶外，還有許多其他的好處，它可以隔絕空氣中的毒素，過濾和聚集雨水，減少地面汙水溢出，還可以減少建築物冷暖氣的成本。在都會區，一直以來就認爲它們可以降低炎熱時節的氣溫。當然，還有一點，就是它讓我們感到開心。對身處現今伊朗的安美依迪絲來說，這份開心來自於花園會讓她想起她的家鄉。對於今日的我們來說，花園則讓我們回想起那段住在野外的數十億年的日子。

近年來，綠色屋頂日益普及。在二〇〇八年，北美洲的綠色屋頂數量，相對於前一年增加了三十五％，而且這種增長趨勢似乎還在繼續。就是連自有一套獨到城市美學見解的紐約人，似乎對此也不大介意，他們向來偏愛黑色和灰色色調更勝於彩色。在上東城，一棟雜亂的經濟公寓的屋頂現在由佩斯大學（Pace University）在上面播種植草皮，充滿一片綠意。〔註2〕。在芝加哥，市政廳的屋頂也轉變成綠色的，還有其他幾百個屋頂，形成了數百萬平方公尺的花園。當你飛過這些城市時，可能會看到在灰濛濛的現代世界中，竄起一小叢一小叢的樹葉，一小群一小群的生命聚落，沒有多少人曾預期看到這樣的景觀。

屋頂帶來的好處不僅限於人類而已，也造福許多其他物種。綠色屋頂的出現無異是證明古諺：「自然不容有眞空的狀態」（nature abhors a vacuum），或至少大自然的一部分是如此，而且生命的擴散還能夠克服距離問題。儘管懸浮在半空中，屋頂上的棕色區塊很快就會爲生命所占滿，不論是否有人這麼做。跟在種子後面到達的是上百種的蜜蜂和黃蜂。蜘蛛吐出長長的絲，攀附在其上一起飄盪過來。也不是只有這些物種才會占據這些空間。牠們在樓房間移動的方式，就跟牠們在草叢中移動的方式一樣。有翅膀的動物從一棟房子飛到另一棟，完全沒有意識到有什麼不尋常的地方。在日本和紐約，養蜂人就是靠這種頂樓生物來生產蜂蜜。蜜蜂在各建築物之間飛行，收集花蜜來養幼蟲、若蟲和牠們的飼主（無意間）。毫無疑問，綠色屋頂是一生態系，但屋頂花園的規模是否大到足以爲人類所用則是另一個問題，關於這點，德帕米耶將繼續討論下去。

當學生開始進行這項研究時，他們就知道自己面對的是一大挑戰，即使德帕米耶並沒有明說出什麼澆冷水的話。屋頂花園是城市美麗而有趣的元素，是分散在各處的寶石。但是要養活成千上萬甚至數百萬人，又是另外一回事。對基督徒來說，耶穌能夠以一片麵包餵養群眾。這群學生也想靠水泥和天空來達成這項任務，就算僅是爲了讓德帕米耶閉嘴，不再繼續講世界局勢有多麼糟糕也好。沒有人認眞看待過綠色屋頂，也沒有人想要把它「做大」，沒有人認眞倡導過將整個城市屋頂綠化的計畫。學生一開始推想也許這只是因爲沒有人知道這些花園能夠減少多少汙染、生產多少農作。於是他們決定要釐清這樣的屋頂，如果眞的推廣起來的話，到底能發揮多大的作用。這些花園眞正能夠解決的問題可達到多大的規模？這批學生認爲不論答案爲何，一定是很大的數量。

這些學生非常辛苦地進行研究。在那個 Google 尚未問世前的時代，他們的第一步驟是到地下室去尋寶，他們得到紐約公共圖書館的地圖室，找出整個曼哈頓地區屋頂的表面積。他們需要知道能夠進行種植的屋頂有多少。他們一個屋頂接一個地測量、蒐集資料，答案讓他們覺得似乎大有可爲。他們不僅僅發現屋頂，還有陽台、廢棄的路段以及舊的鐵路。在所有的現代城市中，充滿了層層疊疊的廢土，也就是等於充滿層層疊疊的生命。學生一週接一週來上課，他們變得愈來愈興奮，直到最後完成曼哈頓能夠進行栽種的總面積。

學生一再總結各項數據。他們計算出作物的重量，但是沒有辦法將這些和屋頂花園的其他好處轉化爲以錢計價的價值。幸好，最近有一項在多倫多耗費數百萬美元的三年期研究，能夠在這方面提供幫助。瑞爾森大學建築科學系進行的研究發現，若是將多倫多所有的屋頂綠化，將會產生巨大的經濟效益。雨水收集最初的淨效益就有一億一千八百萬美元。下水道汙水溢出的減少將再節省四千六百萬美元。在寒冷的多倫多或是紐約，光是電費就可能省下上千萬美元。總而言之，初期多倫多大概可省下約三億美元，之後每年約有幾千萬美元不等。〔註3〕雖然沒有人眞的計算過，毫無疑問紐約有更大的建物表面積，會省下更多的經費。這一切都還沒將實際生產食物的好處算進來。

但心中懷有一絲絲現實主義厄運的德帕米耶仍然會懷疑：「這能餵養紐約市的多少人？在這八百多萬隻靈長類動物中，有多少會吃這個城市的藤蔓和樹木結出來的果實？」他們想要的答案是一個很大的數目，三百萬甚至更多，最好是整個城市的居民。但現實總是會打擊人心。這些地方加起來只能生產全紐約食物的百分之二。百分之二實在微不足道——在這個需要很多糧食的地方，只有一顆有機芒果。

從空中花園到直立農場

德帕米耶可以任憑學生陷入現實的計量中，需求量太大，但供應量太小。不過，有件事讓他反其道而行。他提出了一個新的問題：「要是將整棟建築物變成農場呢?要是利用水栽法將廢棄建築轉變成生物群，打造出一直立農場，沿著牆而上，甚至在牆壁內讓植物像森林一般的增長呢？」學生仍然滿懷希望，這樣的微調正是他們在研究上的大躍進所需要的。

就算到了這個時刻，德帕米耶在他學生的研究中還是扮演著被動的角色。他提供幫助和指導，但那是學生的執著，不是他的，完全都不是。他還有另一個班級要照顧，而且私底下，他還在想他能夠提出什麼關於寄生蟲的研究計畫。要是那時他得到國家科學基金會的資助，他甚至可能中途就會放棄他這群學生。好在國科會沒有資助他，於是他繼續指導這個班，而且愈來愈投入，直到他發現自己一頭栽進學生的問題裡。當他在晚餐時和他的妻子聊到當一個人只有一點點希望和一些種子時可以做什麼，他發現自己其實也很想知道最後的答案。

德帕米耶開始把他所有的時間都投入在這個計畫上。他抬頭看著環繞他的曼哈頓高樓大廈。這些建築物裡面充滿人類的身體，和居住在其上的物種：蟲子、塵蟎、細菌和蒼蠅，但牠們只有拿取，卻沒有回報。每天有數千磅的食物及數百萬加侖的水經由電梯、樓梯與管線運上樓，同時又有幾乎等量的廢物在廁所中被沖下來。每一棟大樓都在吸取城市土地外的養分，吸取的範圍遍及世界各地的土地。這是他過去就知道的，這世界的陰霾、黑暗和不祥的現況：榨取田地、砍倒森林，並壓榨從印度到巴西的貧困農民。他知道這一點，但腦中翻轉著各種念頭。在這裡，他陷入了學生的夢想，他滿腦子想的都是要如何舉起他的木劍和他的責任，而不是放緩腳步。

要在城市裡種植農作物，而且是大量的種植，並且要像其他生態系一樣具有生產力，而不單單只是供人收成食物，眞正需要做的是什麼？他開始在餐巾紙上畫下草圖。他不再申請關於蟲子的研究計畫。他的生活不斷變化，他的研究生涯完全改觀，取而代之的是一個截然不同的形貌，就如同曾經被認為存在於火星上的運河一樣。但願，這次不再是虛幻一場。

德帕米耶和他的學生也是有可供效法的模範（除了唐吉訶德之外），但不是很多。從美國內戰退下來的景觀設計師弗雷德里克・奧姆斯特德（Fredrick Olmstead）在芝加哥、紐約、紐澤西和其他地方，打造出許多全美最棒的公園。不過奧姆斯特德和德帕米耶的情況不同，他是用公家的經費來建造公園。他把它們打造得完全符合我們古老的偏好，純粹和直接地展現出我們對草地、零星的小樹林和水池的喜愛，但他的公園並沒有營收，也不需要餵養人類，就跟博物館一樣，它們永遠都有公費可以依靠，會有專人來修剪樹木、維持路徑的通暢。修剪草的任務，曾經是由羊這些共生夥伴來執行，但最終還是讓給了機器和便宜的燃料。這種模式並不是德帕米耶所想要的，不過他的尺度相當大。畢竟，既然奧姆斯特德能夠改變整個城市，意味著這並不是件不可能的任務。這表示一個人光是靠著規畫，就可以塑造人與人之間的相互作用，其影響力可達幾十、幾百甚至幾千年。

另一個模範既不是來自於建築界，也不是來自於農業界或設計領域，而是來自於動物界。切葉蟻的生長完全依賴牠們自己養殖的食物，沒有其他替代方式、補給或是依靠。養葉白蟻和許多養蕈甲蟲也是如此。這些社會性動物都沒法和我們一樣，可以返回狩獵或採集的生活模式。牠們依賴那些帶回巢的葉片上所生長的蕈類，以此餵養幼蟲和若蟲，形成一小團一小團白色的群體，遍布在整個熱帶地區。切葉蟻、白蟻和其他所有會進行種植的動物最有趣的地方在於，牠們都是在牠們的居住地，牠們城市的心臟來進行耕種。牠們的農場位於牠們最能掌控的地方，如此能夠在初期抵禦病原體。可以想見這種情況是來自於具體的演化力量。很難想像會有任何一種螞蟻，像我們一樣，在自己的巢外種植而面臨我們所遭遇的難題。在巢外，到處都是病原體；在巢外，食物和幼蟲之間的距離變得更遠；在巢外，溫度不是太熱就是太冷。而在巢內，可以像照料孩子般的來照顧蕈類。可以說，因爲這些原因，部分或全部，每次有物種演化出種植這項特性時，都是在牠們自己居住的地方進行栽種，只有人類社會例外。我們是唯一將自己的農場設置在遠離居住地方的動物。這樣一來，我們將世界分成生產食物的地方，以及消耗食物並產生廢物的地方（我們的城市）。沒有一種動物曾經選擇住在牠們的廢物旁邊，而不是牠們的食物旁邊。要是曾經有過任何螞蟻、甲蟲或白蟻像我們這樣經營自己的城市，牠們應當都不見了，牠們會滅絕。

這個班級和德帕米耶提出的計畫是一座三十層樓的高塔，更貼切的說法是蟻巢或花園房間。有一天這座塔將會成爲其他種植水果、蔬菜、穀物和其餘各種食物塔的先鋒。這是座食物塔，就像切葉螞蟻和養葉白蟻的「塔」一樣。德帕米耶和他的這班研究生，將這些高塔設計成能夠淨化汙水、發電，還能提供其他社會服務。德帕米耶和他的學生估計，要是有一百五十棟這類建築物，就可以提供整個紐約市所需的食物，而在紐約，廢棄的建築物遠遠超過一百五十棟。

雖然他們的計算和想法都很粗糙，但這樣的建築物能夠生產的食物量相當驚人。德帕米耶愈想，就愈覺得這個計畫可行，特別是想到他過去一貫思考的世界危機與困境，他感到這計畫在未來勢在必行。德帕米耶知道，到二〇五〇年時，地球將要容納比今日至少再多出二十億的人口，要餵養這二十億人，我們必須找到土地來生產糧食。要是不砍伐地球上剩餘的大部分森林，就算我們比今日更努力耕種，也養不活這些人。同時，這些人當中，絕大部分將會聚集在城市裡，所以我們需要有更多食物在城市。我們還需要森林和草原，不論它們是在哪裡。我們需要它們的原因有很多，特別是現在，我們需要移除一些空氣中的二氧化碳，當中有一大部分是我們將食物從生產地運送到市場的交通所產生的。這裡提出的食物塔看來又是一顆萬靈丹，至少在紙上作業時。

這想法在當時也不完全是史無前例。多年來，已經有許多人已經在房子裡種植了作物，特別是在水裡（而不是土壤）進行水耕。《紐約雜誌》的一篇報導提到一個特別具有說服力的例子，在佛羅里達州原本有戶人家在三十英畝的農場裡種植草莓。（註4）在安德魯颶風摧毀他們的草莓田之前，他們就一直在那裡種草莓。颶風過後，他們開始在室內以水耕系統來種植草莓，可以將草莓疊一層又一層地栽種。在室內種植，只需要一英畝的地，就可以種出以前三十畝地的量。他們的新方法只占據以前三十分之一的土地，剩下的土地將漸漸地為森林、鳥類和蜜蜂所盤據。

要在三十層的高樓進行水耕農業是一個龐大，甚至有點不切實際的想法。大眾媒體立即為德帕米耶對此想法的心情所感染，甚至開始成爲他這場旅程中的希望。每次有一篇新報導，就會有更多人寫信來，說他們對此感到多麼興奮。當然，永遠都有人會在一旁澆冷水，他們聲稱魔鬼總是在細節裡。批評者指出一些合理的爭議點，在各大城市，建築物都要有商業競爭力，而土地是昂貴的。然而，似乎在某個地方確實可以蓋一棟具有一定規模的綠色建築，也說不定可能在更多地方蓋出大大小小的綠建築。

在德帕米耶和他的學生所討論的願景中，似乎漏掉了兩件事情。首先，德帕米耶並不眞的知道他自己在做什麼。他是一個在農場研究蟲子的專家，卻想要在大都會地區設計一整棟建築物，這和他的本行相距甚遠，完全超出他的能力範圍。另一點是德帕米耶所提議的計畫，並不只是在提供糧食問題的解決方案，而是今日人類所面臨的許多問題，至少在某種程度上是如此。這些問題和我們的現代生活與我們的古代生活之間的斷裂有關，或更具體來講，是肇因於人類與其他物種的分開。在本質上，德帕米耶的建議就是要在我們的生活中回復那些有利於我們的物種，即食用植物。他同時還以室內農場的方式來築起第一道防線，抵擋會傷害我們或危害到我們作物的物種。理論上，甚至不必使用農藥。德帕米耶的狂想僅止於種植食物這一步，但光是這樣就已經遠見十足，而當他的願景與其他人的結合在一起時，我們可以期待身邊所有的關鍵要素都跟著整個城市景觀一同復甦起來。

德帕米耶的計畫依舊是個夢想，甚至只是個想成就大事業的蟲子科學家希望的願景。他不懂建築，弄不清楚管線，也不知道太陽能發電。他對於要實現這個夢想所需要的細節一無所知。大型的建築事務所開始和他聯絡，幫助他進行物流設計。他們的設計圖獲得改善，並且兼顧到必要的物流作業。更重要的是，其他人也開始跟隨他的想法，將其付諸實行。現在網路上隨處可見到垂直花園或農場的圖片，它們散布在高樓大廈間，好似從建築物中突出的裝置藝術，雖然這不是當初德帕米耶所設想的。最後，德帕米耶終於應邀會見紐澤西州紐瓦克（Newark）市的市長。紐澤西州雖然有許多缺點，但確實是個花園之州，不過紐瓦克市實在很難稱得上是個花園城市。市長想要做些改變。我們這位蝨子科學家的名字，來自於法文，其意思是「蘋果樹」（Des pommier），而他的想法可能只是需要播種就能發芽。

自然一定就是美？重新認識自然

在我們回去討論紐瓦克的會議前，似乎得先來回顧一下我們目前的生態狀況，想想我們是否要生活得一切照舊，而我們的未來會在哪裡。但願現在我已經說服你們：若是照過去幾十萬年來的方式生活，意味著我們將撲殺所有我們可以殺死的生物、種植最能滿足我們味蕾的食物，然後意外地造福那些偷偷摸摸的物種，儘管我們也很想將其消滅。有了新穎的工具，我們可以殺死的生物更加多樣化，還可以消滅那些體積小的生物。因此，那些偷偷摸摸的物種將愈來愈少，從大鼠一直降到抗藥性細菌。現代城市中最豐富的物種就是那些儘管有人類存在，依舊可以生存的生物（老鼠、鴿子、抗藥性細菌、抗藥性蟑螂和臭蟲）。在古老的城市，最大的野生生物聚集地就是髒兮兮的小巷子，和各式各樣的廢棄物管線，那裡算是一種野生生物區。換句話說，我們身邊的物種之所以存在，是因爲其他理由，而不是我們設計規畫的。我們管理物種，因爲我們喜歡牠們離我們遠一點。若是繼續像往常一樣，將農作物生產區推向更爲偏遠的地區，也會將剩餘的生命趕出城市。這種情況已經發生在中國、巴西和其他國家的一些新城市。

有時會有人建議，在城市裡我們需要做的是恢復「自然」。有許多文獻和理論經常提到「親生物性」（biophilia），假定人類天生就喜愛大自然，因此若能在我們的生活中恢復自然，會讓我們更爲快樂和健康。基於一個看似微妙的原因（但實際上並不是），我並不同意這種論點。以合理的定義來說，若出現在城市裡或出現在我們周遭的物種就是自然，那住在我們身體上的物種也是自然的一部分，不論是天花還是巨嘴鳥。但是我們生活中所缺失的並不是自然，而是一個對我們最有益的自然。同樣的道理，我們在周遭環境和日常生活中所喜愛的生命（bio＝生命，philia＝愛）也不是全部的生命，而是在某種程度上能夠嘉惠於我們的生命。當老虎追逐我們時，我們完全不會對牠們產生一點與生俱來的愛。當疾病害死我們的家人時，我們也不會對它們懷有一絲絲愛意。所以隨著人類的發展，城市和郊區所需要的不單單只是更多的「自然」。更多的老鼠、蟑螂和病媒蚊也是更多的自然啊！不，我們需要的是更多自然中的豐富性和多樣性，或更直接的說法是，它所帶來的更多好處。

在思考好處時，不能簡單地相信我們的眼睛所告訴我們的。在未來有利於我們的物種可能也包含蟲子、螞蟻和人體內的腸道微生物。牠們可能對我們也有好處，換句話說，這座生命方舟比我們在規畫公園和花園時所需考慮的還要多。爲什麼不呢？在我們的腸道內，可能眞的需要爲自己養些蟲。我們之所以對此感到疑惑不解，有很大的程度是因爲我們寧可相信眼睛所告訴我們的，也不願相信臨床報告。雖然目前還不清楚蟲子如何在體內起了治療的效果，但我們也很少理解現代醫藥何以有效的原因。隨便問個研究人員，利他林或止痛藥是如何運作的。在大多數情況下，沒有幾個人說得出來。我們只知道，在服用後，症狀甚至疾病就消失了。現在我們對蟲子的認知也是如此。

在腸道內，我們可能可以管理特定的細菌物種。我們也許可以服用益生菌，來幫助有利於我們的細菌，並減少會傷害我們的微生物（或是營造出不利這些害菌的條件）。目前還沒有確切證據證實哪種特定益生菌對人體的好處最大。時間將會告訴我們更多細節。當我們的腸道細菌組成偏離健康狀態時，我們應該要能夠管理腸道的物種，使自己更健康。務實一點來說，我們還沒到達這個境界。在此之前，我們的 IgA 抗體和闌尾會繼續奮戰，讓身體運作順暢，畢竟這就是它們長期以來的工作。

在大腦中，我們仍然覺得附近好像埋伏有掠食者。恐懼感一陣陣浮上心頭，讓我們倍感壓力。這種恐懼感似乎是一些心理疾病的根源。我們沒辦法像增加腸道蟲子那樣在大腦中重新引入掠食者。所以，我們往往是以服藥來處理這問題。我們吞下了幾十億的抗焦慮藥丸。這種藥丸可能會有負面的副作用，但在短期內，它會告訴大腦「這裡沒有美洲獅」，於是大腦得以休息。

除了給自己蟲子和益生菌之外，也許還可以讓我們身邊的環境更豐富，更多樣化，就像以前那樣充滿各種交互作用。要是身邊沒有荒野，我們可以將野生生物帶進我們的生活。當然，也許我只是受到德帕米耶追夢的蠱惑。也許他談的只是全食物（Whole Foods）中的有機芒果，而不是提供群眾更基本的小麥。但從另一方面來看，至少德帕米耶開始和紐瓦克的市長談論這個議題。有時，當人追逐的夢想是風車時，可能真的會成就些什麼事，人或許可以發現這足以提供一整個城市所需的大部分能量。也有的時候，當人追逐的夢想是一棟種滿燕麥的野生大樓時，實際上眞的可以蓋起來。

德帕米耶忐忑不安地去了紐瓦克，投資者也加入他們的會談，和希望讓紐瓦克擺脫臭名的科里・布克（Corey Booker）市長一同討論。德帕米耶帶著他充滿未來主義色彩的垂直花園照片以及一些數據，如地球人口、糧食供應量減少和減少情況更爲嚴重的森林的統計資料。他站在會議室前面，傾訴他的想法，好似我們的未來都懸在這個計畫上。從這一刻起，他正式成爲一個夢想家，一個對未來抱持希望的人。市長的幕僚問了他一個又一個充滿諷刺與懷疑的問題。

投資者也提出問題。然後，在更多的討論後，市長和德帕米耶又開了一場談論未來的私人會議。

在與德帕米耶的私下會談中，市長的團隊同意推動這項計畫。他們將打造一個原型，一座小型的垂直花園，試看看這花園基本上可以餵養多少人。這座原型花園是德帕米耶相信可行的一棵小芽，也有人會說這就好比是一顆蘋果樹的「蘋果」（德帕米耶的名字在法文中就是蘋果之意）。與此同時，在義大利也建造了一座花園大樓，而世界各地都開始出現類似的討論，這樣的對話正是螞蟻所缺乏的能力，這是一種做夢的能力。

與此同時，城市生活的未來並不完全繫在德帕米耶的進展上。不論是否會建造出垂直農場，屋頂綠化的腳步已經展開。稀有物種的復育工作正在進行，在這種情況下，我們有更多的機會讓我們的雙手碰觸到野生生命。目前已經知道一些我們需要其他物種的原因。隨著時間累積，我們將會學到其他的。我們對於自己的身體仍然有很多不了解的地方，有待未來的世代來探尋。選擇要和哪些物種生活在一起，以及如何生活在一起（目前我們還有機會可以做選擇，但這機會不會一直存在。）爲何不在身邊建造一座生命多樣性高的花園，不管當中是農作物還是其他更豐富的生命？何不鞏固人類和其他生命之間的相互作用，套用勒杜博斯（René Dubos）的話，支持那些嘉惠我們的物種，而不是那些偷襲櫥櫃和房舍牆壁的物種。爲什麼不呢？我們會爲了美麗的動物而懸掛起餵鳥台。那爲什麼不將整個城市設計成有利於那些不僅能夠取悅我們，同時也是我們基本生活和智能所需的物種呢？

問題在於我們可能偏好某些物種，而我們會以怎樣的方式偏好牠們則影響整個計畫。或許可以如德帕米耶建議的，從糧食作物開始，這樣也會造福到其他仰賴這些物種的生物，比方說其授粉媒介。這些物種會直接嘉惠於我們。我們直接吃牠們，或是享用牠們的成功。在我們的城市裡，可以有蜜蜂、黃蜂、蜂鳥、太陽鳥和其他愛好花蜜，口器嘴喙呈曲線型的生物，此外，還可以有更多其他的。

要回答我們到底可以偏好哪些物種，必須重溫一下我們自己的故事，從第一個生命開始，一路傳到我們可能的祖先雅蒂（Ardi）身上*，然後再到我們今日的家園。若是以本書中的立論和角度來複述這段人類起源故事，那就會是下面這樣子。很久以前，我們生活在錯綜複雜的自然環境中。五億年前，演化出能夠幫浦血液的心臟。它們的跳動全然是生理性的，但之後幾乎身體的每一次細微變化都與我們和其他的生物之間的互動有關。四億九千年前，爲了要偵測獵物，演化出第一批的眼睛。之後又演化出第一個味蕾的來幫助我們尋找適合食物，避免誤食

*於一九九四年發現的女性始祖地猿（*Ardipithecus ramidus*）遺骸化石，簡稱雅蒂（Ardi），推測具有四百四十萬年的歷史，是目前已知最古老的人科遺骸。

有毒的物種，敦促我們朝向所需要的，遠離我們不要的。我們的免疫系統演化來檢測微生物，分辨牠們，偏好一些，排斥另一些。所有這一切，我們都和與其他大部分的動物一樣。就這點來看，可以說是身體將所有的生命連結在一起。

隨著我們逐漸演化成人，有幾個性狀變得特別突出。我們的視力增強，可能是爲了要察覺附近出沒的蛇和其他具有威脅性的生物，或者是爲了找尋水果。我們演化出一雙長腿來幫助我們追逐獵物。肺部擴大了，手演化出能夠握住武器的特殊能力。在這期間的某個時刻，我們發展出引導我們行爲的意識，世代綿延下來，帶領我們走上打造自己城市和社會的道路。

我們只能意識到部分的我們。我們會意識到用以打獵、覓食和社交的感官，但不會意識到免疫系統的選擇，儘管這套系統的運作方式和其他感官非常類似。在我們的感官中，沒有一個能讓我們完整地認識到周圍環境，同樣地，我們所做的決定也不完全來自我們的意識。我們感知不到對其他動物來說相當明顯的聲音、氣味、味道和質地。我們甚至也感知不到自己的眼睛、鼻子、耳朵和味蕾提供給大腦的訊號，這些訊號基本上是在我們一無所知的狀態下逕行傳遞。

無視於身體對周遭物種的依賴，我們服膺於自己的感官，依自身好惡來重塑世界。我們將許多物種從生活中移除，然後從地球上多樣的生命中刻意選擇少數幾種。與此同時，其他一些我們現在視爲害蟲的物種，翻過柵欄或牆壁悄悄潛入我們的生活。不請自來的牠們，就這樣一起加入我們的生活。至少這個版本的故事看來好像是眞的發生在我們周遭。不過在這故事中，我還留了一個令人意想不到的伏筆。這批悄悄進入我們現代生活中的物種，並不是從地球上任何生命形式中隨機產生的。這些偷偷摸摸的老鼠、蟑螂和臭蟲幾乎都來自同一個地方，只是一直到最近才有人注意到這件事，之前我們一直忙著撲殺牠們，因此沒有注意到牠們是如何演化的。

模仿古代懸崖建造的摩天大樓

一九八五年的秋天，道格・拉爾森（Doug Larson）將自己高掛在六百英尺的高空，他和他的學生史蒂夫・史普林（Steve Spring）在那裡尋找從懸崖長出的松樹。史普林做的論文題目相當普通，是關於生長在岩壁上樹木，而拉爾森則是他的指導老師。除了危及生命的處境外，他們所做的和一般科學研究一樣。他們的計畫是採集一些樹木樣本，好判定樹齡。這完全是他學生的主意，拉爾森寧願研究地衣，但他也很高興偶爾能和學生一起探索新問題並給予協助。在拉爾森和他的學生來回反彈於岩壁之間時，任何事情都可能發生，結果眞的「出事」了。

在他還沒上那座懸崖前（這是尼加拉大懸崖的一部分），拉爾森的整個學術生涯都在研究地衣。這種生物看起來很可愛，而且持續存在了很長久的一段時間，看上去和大多數的人類都沒什麼關係。但有件事情是可以肯定的，地衣是藻類和眞菌的神奇融合，結合這兩種生命形式生活在一起，地衣可以生活在岩壁表面，靠空氣、陽光和礦物質維生，這是兩者獨自生活時做不來的。拉爾森一次又一次體認到這項特質。

然後來到了懸崖。在懸崖上，拉爾森和史普林採集了一些樹木樣本，這些是東部白杉樹（*Thuja occidentalis*），樹寬不到拉爾森的手臂。這些樹木發育不良、形狀扭曲而且粗糙，不然就是向上彈直。他們那時覺得研究懸崖上的樹齡真的有點蠢，這些看來顯然是幼樹，發芽之後掛在懸崖上幾年，最後就掉到崖下。等到拉爾森和史普林回到實驗室，他們大吃一驚。在顯微鏡下觀察這些樹的樣本時，發現完全不是他們料想的幾十個年輪，而是數百個。這些樹木竟然有幾百年的歷史，好比懸浮在空中的一座古老森林。事實上，這是地球上最古老的一群樹木之一。〔註5〕這座懸崖上的森林不僅能夠對抗地心引力，而且，不知何故，還能對抗時間。

發現這些樹有兩層意義。其一，樹齡本身就是很重要的訊息，提供一段更複雜和更長的故事。後來發現古老森林並不僅僅是駐留在拉爾森家附近的懸崖上，世界各地的許多懸崖峭壁都是古老生物的庇護所。在加拿大、美國、英國和法國的岩壁上都發現千年以上的樹木。拉爾森從圭爾夫一位沒沒無名的科學家，轉眼成為加拿大的知名生物學家，變身為稀奇古怪的古樹代言人。在尋找這些古樹時，拉爾森同時想要順道察看一下生長在懸崖上的一般生物。在初步調查後，他開始認為懸崖不僅重要，甚至對人類來說都算是處於相當中心的位置。明明這距離任何一個大都市都很遠，但他甚至以此發展出一套新理論，來解釋現代都會生活的出現。

拉爾森的理論來自於他校園辦公室生活和在崖壁間搖搖欲墜的另一種生活之間的相似性，同時也來自於許多人的腦袋。他和另外五位科學家*組成一個團隊，彼此的想法開始有所交集，收斂成一套體系。他們一同興奮地討論這個想法，時而擴充一點，覺得不妥時，稍微修正一下，然後再一次擴大。他們五位以拉爾森爲首，共同出版了這個理論，以嶄新的形式，發表在一本關於懸崖生態系的書中（這是唯一一本關於懸崖生態系的書）。後來，光是這本書似乎還不夠，他們又寫了一本書，通篇討論這個想法，書名爲《都會懸崖革命》（*The Urban Cliff Revolution*）〔註6〕。拉爾森和他的團隊在這本書的第一章和其他最常被人討論的章節中表示，我們建立的城市就如懸崖一般，大家就居住在洞穴般的房間和陽台裡。他們認爲我們之所以打造這些宛如懸崖的環境，即便它們地處邊緣又不具生產性，主要是因爲在早期人類演化的漫長歲月裡，山洞和懸崖是我們躲避掠食者的庇護所。我們以水泥建造出高聳入雲的城市，正是因爲它們會讓我們想起過去在峭壁和洞穴中的日子。這還不是那本書中最激進的想法。

除了我們偏愛洞穴的理論之外，這個團隊還解釋了和我們一同生活在都市裡的物種起源，不論是蒲公英還是鴿子。他們注意到這些不請自來的都會型物種，通常就是以前和我們一起住

*除了拉爾森之外，其他四位分別是猶他・馬修（Uta Matthes）、彼得・凱利（Peter E. Kelly）、傑若米・朗霍（Jeremy Lundholm）與約翰・蓋瑞斯（John Garreth）。

在岩洞或懸崖上的同一批物種。在世界各地的城市，人類都創造出龐大的洞穴和懸崖網絡，演化出生活在這類條件下的物種紛紛遷入，牠們滿意而成功地進駐，一如過往。

懸崖在地球上占的比例很小，面積不到萬分之一。目前全世界停車場所占的土地都比懸崖和洞穴來得多。如果懸崖環境和城市生物相依僅是隨機關係，那麼我們在城市中看到的物種應該只有千分之一是來自於洞穴或懸崖。但是拉爾森發現，在他家鄉的城市裡有將近一半的植物物種都是起源自懸崖邊。動物的調查也出現類似結果。懸崖物種的名單幾乎就是我們在窗外看到的生物。蒲公英、挪威鼠、德國蟑螂、臭蟲、車前子、遊隼，岩鴿（鴿子）、八哥，崖燕、麻雀、穀倉貓頭鷹、蚰蜒（以及一種可愛的外來種螢火蟲，牠們專吃城市裡的蚰蜒），以及許多其他生活在都市裡的物種，過去也都是從洞穴和峭壁中演化出來*。有些物種，像是洞穴蟋蟀和螢火蟲等目前在住宅區的數量普遍比在山洞裡還來得多。這些物種不僅恰好是我們所青睞的，而且有許多甚至延續牠們繼續在山洞裡的生活方式。岩鴿仍然窩在縫裡。牠們古老的宿敵遊隼，仍然會從空中俯衝下來捕食棲身在懸崖上的牠們（雖然現在的岩壁是玻璃帷幕）。套句拉爾森他們的說法，牠們仍然「爆炸性地垂直」起飛，因為在缺乏跑道的情況下，牠們只能這麼做。

拉爾森的第二個想法看起來好像只是一個普通的生物細節，但實際上並沒有那麼簡單。拉爾森對都市生命形式的起源的想法，暗示著我們應當來管理城市裡的生命。我們傾向將城市裡的生命當作是一處退化的森林來看待。我們偏愛樹木，經常討論「城市林業」，現在甚至出現專門針對此議題的研究領域。但事實上，城市不只是如此，也許正如拉爾森所建議的，城市是一處包括森林，以及那些遙不可及、類似洞穴和崖壁的景觀。若拉爾森這群人的想法正確，我們所選擇的這些鄰居物種只是意外而已，純粹是因為牠們成功適應我們碰巧打造出來類似洞穴的棲息地。到目前為止，我們似乎在周遭打造出一座花園，但不是用來種植可食用的作物，一切只是一場意外，只因為我們的生活方式和周遭的結構有利於這類物種的生存而已。若眞是如此，拉爾森的研究意味著我們需要重新思考生活周遭的物種管理，這當中有部分需要透過改變周圍的基礎設施來達成。我們需要支持的，不只是那些持續存在的物種，或是現今遠離城鎮的森林和草原的物種，而是要創建出一些更為野性、更為有趣的環境。

讓理性戰勝感官

在這裡，我將提供我自己對此的想法。我承認我也迷上了德帕米耶和拉爾森掀起的這場革

---

*我們日常生活中，源自於懸崖或峭壁的物種數量不可勝數，以下僅是提供參考的部分名單：鬱金香、天竺葵、連翹、蒲公英、牡丹、牽牛花甚至連山羊、白老鼠以及幾乎我們所有的農作物，從刺山柑、龍舌蘭、杏仁、胡蘿蔔、小黃瓜到小麥全部都是。

命。也許我們能採取的第一個行動，就是在城市裡盡可能地種植許多有益或可能有益的物種，理想上最好是當地城市地區的特有種。他們應當是來自於懸崖和樹冠（後來發現樹冠，這層樹木頂端乾燥的部分，是另一處類似懸崖環境的棲地）。試想一下，在每一座城市，大大小小的城市，都有一道道布滿野生物種的綠牆，甚至還有稀有物種在當中，在那裡漫天飛舞著蜂鳥、蝴蝶和蜜蜂。試想一下，在街頭的中央分隔島上出現盤根錯節的樹林，冒出一群野生動物。再想想，一大片一大片生機盎然的綠牆，其中穿插著垂直農場。有些物種已經進駐城市裡，這是一個好兆頭。在香港，曾經只生長在樹上的附生植物現在也生長在一些市中心的大樓上，而且數量相當龐大（雖然種類還不是很多）。在墨西哥市，有幾十種地衣生長在樓房和樹幹的表面上。我們可以增加更多的物種，然後是那些仰賴牠們的物種。也可以在街道的分隔島上種植果樹，在家家戶戶的陽台種上漿果。可以在城市中行走時採食，就跟過去的人類一樣覓食。我們可能還記得如何爲了塡飽肚子或是維持生計來採集生物，而在這個過程中，我們可能還會順便吃下更多樣的良性微生物或一兩隻蟲子。

眼下，我們最大的障礙仍然是大腦和其中預設的偏見，大腦仍然告訴我們噴灑過殺蟲劑的綠色草坪比蘊含豐富物種的草地來得健康，還繼續訴說著過去住在山洞裡，猛瑪象仍往地平線走去的那個時代的故事。此外，城市花園在現實上還有些環節上的障礙，有的大有的小。汙染會讓我們在城市種植的水果和食物有毒（正如一般對德帕米耶計畫的批評，直到他們明白他所謂的花園都是在室內）。在墨西哥市和其他地區，汙染就造成地衣死亡（事實上在煤礦場中，就是將地衣當作一種汙染的警報器）。若是我們的城市，或者至少在某些城市，市區的毒素過高，可以肯定的解決方案應該是清理我們的城市，而不是丟掉我們的水果。我們必須能夠咬一口生長在街角的蘋果。在我們起源的漫長歷史中，多數時候都臣服於許多的感官誘惑，但現在必須要顧及其他層面，想想未來的生活願景。就算第一口嚐到的是苦果，就算我們打造的第一座和目前所有的城市都不甚完善，我們應該繼續埋下種子，直到我們的社會結出甜美的果實。

如果我們不能在我們的周遭與體內成功地保存豐富和有用的自然（就跟闌尾在我們體內所做的一樣），那麼只能任憑剩下的那部分自然前來宰制我們。目前所有對大自然終結的擔心，似乎都還不用煩惱生命的存續，至少在未來幾百萬年內，這不會是個問題。大自然可以存在於炙熱火山口的煙霧間，不論是在溫度高到足以燒開水，還是低到能夠冰凍骨骼內的骨髓，大自然都可以存在。

眞正應該擔心的是我們的自然的終結，這是人類和其他物種之間的連結，是我們賴以生存的連結。現在讓我們回到杜博斯（Dubos）：「要是我們沒有設法創造出一個環境，能讓人類，尤其是兒童安全地展現他們豐富多樣的遺傳天賦，」我們終將會失敗。這指的不光是我們的身體會失去其他物種及其豐富性。這整本書通篇的祕密，就是希望能更清楚地表達出一項主題，那就是我們的身體和生命唯有在和其他物種共存的情況下，才會有意義。只有在觀照其他的生命後，我們才能眞正了解自己。

我們看待其他物種以了解自己的某些方式因爲太過普通，我們甚至想都沒有想到。我們拿小鼠、豚鼠和大鼠來做實驗，因爲牠們和我們有很高的相似度，認識牠們，就能了解自己。但眞實更爲遼闊。我們對自己的了解，大多數都不是來自於實驗室動物，而是在亞馬遜、塞倫蓋蒂，在這些地方，野生物種依舊逕行交配、死亡並且依照牠們自己的意志來逃跑。畢竟是在曠野中，我們才會看到蛇類和掠食動物影響靈長類的證據。就是因爲看著其他物種，我們才能理解闌尾存在的意義。在白蟻和其他昆蟲的研究中，我們才首次了解微生物對腸道有益。是在螞蟻的社會中，我們看到農業起源最普遍的道理。在野生生物生活的地方，我們最能清楚認識我們的身體和生活。只有在了解生態和演化的一般規則和趨勢後，你我的存在才顯得有意義。

我們從野地中學到的道理對我們有多少價值？這很難說得準，但我可以確定的是，當失去了野生的猴子和牠們的天敵，甚至是蛇或其他罕見的螞蟻，我們就等於是失去了最能夠審視自己且映照出我們自身的鏡子。因此，我們需要維持荒野的存在，那裡是最能說明人何以爲人的地方。即便這意味著再度野化大平原，讓獵豹馳騁其上，讓我們能夠看到叉角羚的奔跑是有原因的，那就這麼做吧。讓牠們的逃跑來提醒我們，不論我們是否注意到，我們的生活裡仍然充滿野生的東西，而且將會永遠持續下去。

註釋 NOTES

第一章

1. 有關第一現場的謠言不斷，考古學家 Abbot 及 Costello 持續質疑誰才算是真正的第一發現者，而如何才足以稱之為「新發現」；目前可以確定的是，首先找到雅蒂第一個牙齒遺骸的為東京大學的諏訪元（Gen Suwa）。
2. 曾在非洲查德（Chad）尋獲一具距今約六百萬年前的頭骨，而其他較雅蒂更為古老的遺骸也被挖掘出來，但全都是一些細碎的片斷及從這些僅有片段拼湊出的故事。學者往往可以由一塊頭骨延伸出許多臆測。
3. 事實上在阿拉米斯附近，至今已有十四次以上挖掘到古代人科的記錄化石，並且這十四次的挖掘工作分屬不同時期完成。
4. 懷特、諏訪元及衣索比亞文化及體育事務研究局（Ministry of Culture and Sports Affairs）的阿斯法（Berhane Asfaw）共同在《自然》（*Nature* 371:306-308）期刊發表的論文〈Australopithecus ramidus〉中，所使用的「始祖南方地猿」（Australopithecus ramidus）一詞即現在所稱的「始祖地猿」（Ardipithecus ramidus）。換句話說，該詞代表發現的是已知「屬」（genus）中的新物種，然而與其他發現的考古化石相較，其新穎程度仍不明確。「ramidus」在當地阿法語中的涵義為植物或人類的「根」。
5. Shreeve, J. June, 2010. The Evolutionary Road. *National Geographic.* http://ngm.nationalgeographic.com/2010/07/middle-awash/shreeve-text/I.

6.某種程度上來說，如何定義人類最早的祖先與語言分析學的相關度較高。依據科學觀點，所有人類（生物）最早的祖先是單細胞微生物，但此處懷特所指的「最早的祖先」為第一個出現，演化上與現代人種較接近，而與猿類較遙遠的物種。

第二章

1. Gumpert, M. 22,1953. We Can Live Longer–But for What? *New.*

2.科學家們眾所皆知，要準確預測，甚至僅是測量人類的平均壽命相當地困難，然而目前一些研究的確顯示西方國家在近幾年內，平均壽命即會出現縮短的趨勢，New England Journal of Medicine 352: 1138-1145。

3.姑且不論雨果理論的可信度有多高，生存在冰箱、冷藏送貨車等所有冷藏保鮮的空間裡，有一群特殊的細菌品種，卻是無庸置疑的事實。這些細菌每天以上兆倍的速度繁殖，目前並已成功演化為人類現代化生活環境中的適者，宛如食物中藏有一個小型的北極生態圈。儘管人類以冰塊保存食物已有數千年的歷史，但直到一八七五年，美國才正式生產出第一台冰箱，而我們的飲食習慣也驟然改變——從只使用當季新鮮食材到隨時隨地享用各類食物。冰箱其實與一般人對其衛生無菌的印象恰好相反，其中住滿偏好低溫環境的微生物。當你闔上冰箱門時，數十種以上的細菌、真菌及其他微生物即開始蓬勃生長；包括具有致命性的李氏桿菌（Listeria），以及其他許多科學家目前依舊未知的品種。而乳製品上所標示的保存期限，正是取決於這些「耐低溫」，甚至是「嗜低溫」菌種的生長狀況。因此，在人類改變世界的同時，我們也創造出各式新棲地，而人類無法做主的情形之下，這些新棲地也正孕育出許多新型態的物種。

4. 由於某些醫師對此假說堅信不疑，因此即使在近代仍不乏駭人聽聞的醫學案例：以切除腦額葉的方式（frontal lobotomy）治療克隆氏症的病患；而根據一份一九五六年的紀錄，六名病患在術後不但無法擺脫克隆氏症，還因此飽受精神疾病之苦。雖然其中三名患者的病情出現好轉現象，但另外三名的病情卻逐漸惡化（顯然與機率相關），而最終，有兩名病患過世。其結果在當時被認為是一項「成功的臨床實驗」。

5. E-mail from J.V. Weinstock, May 18,2009.

6. Vaughan, T. A. 1986. *Mammalogy.* 3rd ed. New York: Harcourt Brace Jovanovich College Publishers.

7. 關於拜爾斯夫婦的生活細節、Bucky的故事與叉角羚的研究經過皆記錄於約翰的電子郵件及其動人的著作《專為速度打造：叉角羚》*Built for Speed, a Year in the Life of Pronghorn*. 2003. Cambridge, Mass: Havard University Press。

8. 約翰・拜爾斯引用自維拉・凱瑟（Willa Cather）所著《死神來迎接大主教》（*Death Comes for the Archbishop*）書中的一段話：「天空的遠方是世界的屋頂」，並將其改為「地球為天空之地」。

9. For example, see Lindstedt, S. L.; Hokanson, J. F.; Wells, D.J.; Swain, S.D.; Hoppeler, H.; and Navarro, V. 1991. Running energetics in the Pronghorn Antelope. *Nature* 353: 748-750.

10. 生物學家常喜歡記錄生物死亡的案件，有關年幼叉角羚的死亡案件請參考 Journal of Wildlife Momage ment 37: 343-352，依據此論文的內容，約有四分之一的幼叉角羚死於美洲山貓的獵捕。

11. 北美獵豹與非洲獵豹（即印度豹）並非源於共同祖先：巴奈特（Barnett）的研究指出，目前與北美獵豹血緣關係最相近的物種為美洲獅（cougar），但其卻與非洲獵豹演化出類似的生理特徵——四肢修長、鼻腔擴大、無法內縮的爪。這是「趨同演化」（convergent evolution）的經典範例，兩種不同祖先的物種，因類似的生存環境（遼闊的草原），演化出彼此相仿的生理特徵；而隨著這兩種肉食動物演化出相似特徵的物種即為牠們的獵物——叉角羚及非洲羚羊，兩者高速奔馳的能力亦是趨同演化的結果。

12. J. J. 鄧尼海伊（J.J.Dennehey）最新的研究結果指出，由於低階雌性個體被迫在團體的邊緣地帶生活、覓食，所以一般而言常是單獨行動且易受到同儕排擠。在過去，這些個體成為天敵口中犧牲者的機率較高，但現在，叉角羚的天敵數量遽減，而待在團體邊緣反而在無須與高階者競爭食物的情況下，即可輕鬆攝取到品質好的植物；同時因身為核心分子而免於天敵威脅的優勢已然消失，因此長遠來看，叉角羚的社會結構以及奔跑的速度都將會隨之改變。請參考 Behavioral Ecology 12: 177-181.

13. 雖然馬汀以北美果實為例，但其實各個物種的懷舊之情是互通的。

14. 關於那些擁有「過時特徵」的果實。

第三章

1. 此生態復育學的禁忌未必是個錯誤的觀點。科學界在接受較為激進的新論點方面，向來是漸進式的。這是基於每天有成千上萬個看似荒謬的新點子誕生，其中極少數屬於真正「天才的荒謬」。區分出科學與非科學（包括偽科學）需要嚴格把關，才能藉由去蕪存菁、淘汰謬誤的過程，建立起一個具備突破性的科學理論。

2. 杭特撰寫過有關猛瑪象及乳齒象的文章，但他所表露的感傷情懷似乎不是特定針對某些物種。

3. Hansen, D, M.; Kaiser, C. N.; and Müller, C. B. 2008. Seed Dispersal and Establishment of Endangered Plants on Oceanic Islands: The Janzen-connell Model, and the Use of Ecological Analogues. PLoS ONE E222 http://www.plosone.org/article/info%2F10.371%2fjournal.pone.0002111.

4. Summers, R. W.; Elliot, D. E.; Urban, J. F.; Thompson, R.; Weinstock, J. V. 2005, *Trichuris suis* Therapy in Crohn's Disease. *Gut* 54: 87-90.

5. 其中五位患者病情明顯好轉，且另一位患者症狀有所改善——這項相當初步但正面的實驗結果曾於一九九年五月舉行的美國腸胃病學研究協會（American Gastroenterological Association）會議中發表。依據《紐約時報》（*New York Times*）的報導，溫史達克指出：許多病患在這項實驗結束後，向他們請求提供更多寄生蟲。

6. 由於醫師有醫療保密義務（doctor-patient confidentiality），因此我們無從得知病患後續的健康情況。

7. Saunders, K. A.; Raine, T.; Cooke, A.; and Lawrence, C. E.; 2007. Inhibition of autoimmune Type 1 Diabetes by Gastrointestinal Helminth Infection. *Infection and Immunity* 75: 397-407.

第四章

1. 這些症狀顯然是因鎂離子缺乏（magnesium depletion）所引起的，至於為何會出現鎂離子缺乏症狀，原因不明。

2. 印加人晚期的頭蓋骨鑿洞手術，成效相當卓越；但這是由數百年錯誤嘗試的累積所換來的，而頭蓋骨鑿洞手術一旦出錯，病患的下場十分悲慘。

第五章

1. 如狐狸、郊狼等體型小的掠食者，生物學家稱之為「中級掠食者」（meso-predators）；中級表示食物鏈居中者。中級掠食者會在大型天敵消失的情況下，生存、繁衍得更好，稱之為中級掠食者的釋放。

2.請參考歐洲動物保育協會（European Federation of Animal Health, FEDESA）於二〇〇〇年所做的研究。

3.一九二八年，霍華德・沃爾特・弗洛里（Howard Walter Florey）、厄恩斯特・伯瑞許・錢（Ernst Borish Chain）及佛萊明（Fleming）共同獲獎。佛萊明是一個偉大的細菌學家，但他的實驗室經常十分混亂。某次他留下一堆長滿葡萄球菌的培養皿，便離開實驗室與家人去度假。當他重返實驗室時，佛萊明發現一些培養皿中長出真菌；顯然真菌入侵這些培養皿並殺死其中的葡萄球菌。他開始迫不及待地研究這種他自己命名為「菌汁」的真菌（後來被命名為青黴素）。從中他漸漸了解這些菌汁的特性——其中的活性成分難以分離出來。隨後佛萊明證實，青黴素能消滅多種細菌，但在試圖製成藥劑時卻不甚成功。他需要化學家的幫助，使活性成分單獨分離出來，而就在他嘗試二十年，準備放棄時，弗洛里和錢在完全不清楚佛萊明還在世的情形下，接手這項充滿挑戰性的青黴素活性成分分離實驗。此奇特的故事造就了青黴素的傳說，並救活了上百萬條性命。

4.四種試驗藥劑分別為：（一）無抗生素；（二）鏈黴素（0.5 g/250 ml飲用水）；（三）鏈黴素、崔西桿菌素（兩者各0. 5 g /250 ml飲用水）；（四）萬古黴素（0. 125 g）、新黴素（0. 25 g）、甲硝唑（0. 25 g）、氨苄青黴素（0. 25 g）混合於二百五十毫升的水中。

5.目前有些微生物學家認為「壞菌」或「好菌」的分類是錯誤的。細菌的好壞取決於它們所處的環境。低密度大腸桿菌在腸道中是無害的，但高密度的大腸桿菌或在體腔內時即可致命。

6.Thone, F. 1937. Germ-free Guinea Pigs. Science News Letter 31: 186–188.

7.這是瑞尼爾斯的信仰，然而事實通常更為複雜。十九世紀末期，兩個德國人 George Nuttal 和 H. Thierfelder 嘗試的方法也非常相似。同時間進行與瑞尼爾斯相關（但彼此並不知情）研究的還包括瑞典的 Bengt Gustafsson 及他的指導教授Gusta Glimstedt，他們試圖培育無菌鼠。這些無菌生物的實驗編年詳記於 Philip B. Carter and Henry L. Forster in their chapter Gnotobiotics in the now classic （and fascinating，I promise） book，The Laboratory Rat by M. A. Suckow，S. Weisbroth，and C. L. Franklin，the 2nd edition of which was published in 2007 by CRC Press in Boca Raton，Fla.

8. 二〇二〇年六月十一日，高齡九十八的菲力浦・崔克斯勒接受媒體採訪。他是隆德研究所（Lund Institute）最初協助瑞尼爾斯的幕後關鍵參與者，之後負責許多新技術的研發，尤其是在「無菌微創人體手術環境」方面（但為期不久）。

9. http://www. time. com/time/magazine/article/0, 9171, 883334, 00. html

10. 一九三七年之前，他是裡面唯一的教職員，專職掌管約五萬平方英尺大的無菌動物研究所——一個無菌動物專屬的大樓。到了一九五〇年，研究室擴充，空間更大、成員更多，而其中可容納一千隻以上的動物（包括雞、白老鼠、大鼠、猴子等）。研究人員必須潛水進入裝滿抗生素的水槽，以進入另一個大型研究艙，彷彿一位闖入新世界的勇者（Germ-Free Animal Colony Begun in Notre Dame Tank. New York Times，June 22，1950）。

11. 「細菌與蛀牙關聯性」的實驗結果由瑞尼爾斯研究團隊裡的 Dr. J. R. Blayney 發表。

12. Gordon，H. A. and L. Pesti. 1971. The Gnotobiotic Animal as a Tool in the Study of Host Microbial Relationships. Bacteriological Reviews 35: 390–429.

13. 他的確會因傲慢犯下一些愚蠢的錯誤，而這些錯誤使他被當時的校長 Lobund 開除。Lobund 曾指出開除原因為瑞尼爾斯是個「金錢詐欺犯」。瑞尼爾斯堅持繼續金屬無菌室的生產、銷售及宣傳，其製作成本為數千元美金；而當時菲力浦・崔克斯勒改良出以塑料建造的無菌室，則只需花費數百元美金。瑞尼爾斯的堅持是因為金屬無菌室才能替自己家裡的機械廠賺錢。

14. Rukhmi，V.，Bhat，C.，and Deshmukh，T. 2003. A Study of Vitamin K Status in Children on Prolonged Antibiotic Therapy. Indian

Pediatrics 40:36–40

15. 欲了解此令人興奮的新研究領域請見（F. Bäckhed. 2009. Addressing the Gut Microbiome and Implications for Obesity. International Dairy Journal 20: 259–261）的討論文獻。沒錯，此文獻出自一本專門討論乳製品的學術期刊。

16. 這的確存在，在生物學研究史中就發生過兩次。第一次是科學家們因命名分歧而自行宣告生物學的毀滅，也正好是我撰寫《眾生萬物》（*Every Living Thing*）時。不同學者使用的命名不同——有時到了另一個國家，同一種動植物的名稱即有所差異。有時甚至是在同一個國家內，不同生物學家在描述同一種動植物時也採用不同名稱。第二次，我認為是現在進行式，其他科學領域或許也面臨同樣問題，但是在生物學領域卻顯得特別嚴重。因為現有專有名詞互不相通、難以普遍理解，以致於研究主題不同的科學家在查詢其他領域的知識時，必須透過科學普及類的參考資料（而非學術性的參考資料）。

17. 關於某個特殊主題的科學研討會，有時因過於龐大而難以加入（或參與）其他不屬於此特殊主題的科學研討會。現今美國大型的神經生物學研討會議，一次的與會者可達六萬人之多；而由於每位與會者的研究都過於專精，其中每個討論主題只能吸引數百位（以下）出席者的興趣。

第六章

1. 許多文獻對闌尾功能的描述通常含糊其辭：一篇發表在二〇〇一年《美國科學人》（*Scientific American*）期刊的論文總結為：「愈來愈多證據顯示闌尾其實在人體的免疫系統中具有重要功能。」之後卻沒有任何關於「功能」可能性的推測。

2. 有學者曾經提出闌尾必須存在，是因為一個體積小的闌尾發炎、引爆的機率較高，所以對人體健康更具威脅。但是以其他物種為對象，研究其體內小型闌尾的結果，基本上已推翻上述猜測。

3. 動物穴居生活的演化已歷經數十，甚至數百次以上，每一次演化都使牠們的眼睛更小、身體更蒼白。丟棄不必要與昂貴的特徵後，留下一隻隻彷彿在永恆的黑夜裡，相互碰撞的蒼白鬼魂。

4. 威廉・帕克（William Parker）和他的研究夥伴已試圖重建哺乳動物演化樹的闌尾史。如果你想解剖動物，以了解闌尾的演化歷程，建議你先看看這份最新研究報告中所列出的物種。除了其中兩種以樹皮維生的特例動物之外，牠們都具備一些共通性——棲地導致疾病發生率較高，例如生活在泥土裡或複雜的社會中。但也有另一些生活在類似棲地的物種沒有闌尾，因此仍有謎團待解。請參考 Smith, H. F., Fisher, R. E., Everett, A. D., Thomas, R. Bollinger, R., and Parker W. 2009. Journal of Evolutionary Biology 22: 1984–1999.

5. 事實上，畢加索的故事也不是真的單純到以「青春的火焰」就能交代清楚。畢加索像夏加爾（Chagall），一直畫到九十多歲才歇筆，而莫內（Monet）則一直畫到他八十幾歲。類似的例子在音樂家理查德・斯特勞斯（Richard Straus），電影導演、編劇及演員的約翰・休斯頓（John Huston）或文學家索爾・貝婁（Saul Bellow）身上皆可發現。關於藝術創作及年齡的討論，請參考May 21t, 2005, New York Times article by Alan Riding; http://www.nytimes.com/2005/05/21/arts/design/21mati.html?pagewanted=1&_r=1.

6. 「我方」和「敵方」的區分與工蟻或白蟻識別入侵者的機制相同。牠們就像人體的抗體，以化學物質區分敵我，只是牠們使用的是觸角和身上其他部位的偵測器，而被判定為其他物種的外來者，通常極難避免遭到無情的攻擊。

7. 一篇有趣（且裡頭稍有怨言）的討論文章，就是在說明科幻情節如何變成科學事實。請參閱Slobidkin, L. 2001. The

Good, the Bad, and the Reified. Evolutionary Ecology Research 3: 1–13.。拉里・索拉柏金是我的學術顧問的顧問，同時也是個非常聰明的科學家兼辯論家。他的論述精湛，而事實上我認為他在偶爾的科學示意中，傾向於在某個觀念被測試之前即能說服他人。索拉柏金曾提出，在食物鏈中，百分之十的能量從初級生產者（例如青草）移轉到草食動物（例如牛），然後百分之十的能量再從草食動物移轉到肉食動物（例如美洲獅）。這個百分之十的魔術數字，在每一版本的基礎生物學教科書反覆重印。即使並不精確——在生態系統中，能量的移轉比例，於食物鏈的每個層級差異甚大；如果計算不同生態系統或不同物種的平均值，能量移轉比例也不會趨近百分之十。在索拉柏金人生最後的歲月，常以自己年輕時的這項沒有根據的論述，抨擊教科書，但無濟於事——這些「知識」依舊在教科書中流傳。一個才華橫溢的人，留給我們矛盾而複雜的遺產。

8. Sonnenburg, J. L, Angenent, L. T., and Gordon, J. I. 2004. Getting a Grip on Things: How Do Communities of Bacterial Symbionts Become Established in Our Intestine?. Nature Immunology 5: 569–573.

9. Palestrant, D., Holzknecht, Z. E., Collins, B. H., Parker, W., and Miller, S. E. 2004. Microbial Biofilms in the Gut: Visualization by Electron Microscopy and by Acridine Orange Staining. Ultrastructural Pathology 28: 23–27.

10. 《免疫學導覽》（*Atlas of Immunology*），一本免疫學的標準參考書，由Julius M. Cruse and Robert E. Lewis（Boca Raton, Fla.: CRC Press, 2004）所著：書中甚至沒有在索引中列出「共生」的字眼，可見物種間合作的可能性在主流醫學詞典從不存在。

第七章

1. 有趣的是，儘管多數族群擁有數以百計的物種知識（包括其用途），而目前已遺失其中絕大部分，但自農耕生活出現以來，藥用植物的相關知識不減反增，這是由於農業發展提升了人類對植物醫治疾病的需求所致。

2. Denevan, W. 1992. The Aboriginal Population of 亞馬遜叢林ia. Pages 205–234 in W. M. Denevan, ed. The Native Population of the Americas in 1492. Madison: University of Wisconsin Press.

3. 亞馬遜叢林及其當地居民常被誤解為「原始純樸」。事實上，多數亞馬遜叢林的土壤留有人類燃燒木炭的痕跡，而在某些犁過丘陵道路上，陶器碎片密集的程度，猶如piñata裡的糖果（譯註：piñata是用黏土做成雨神泥人壺，據說源自印地安阿茲特克人的宗教儀式，壺外表裝飾著一個滿面愁容的雨神，壺內裝有水、果實、糖果或玩具）。

4. 一個哈扎族（Hadza）婦女每週的平均工時約四十二小時，這包括了採集食物、準備食物、照顧子女、維修與建築家園等所有工作所需的時數。更重要的是，哈扎族與其他狩獵—採集族群相較工時算長的。

5. 茱莉葉・克拉頓柏克（Juliet Clutton-Brock）的著作相當有趣，專門針對這群人類極度依賴的物種。有趣之餘也非常值得一讀，因為畢竟我們的生存與牠們已經密不可分（Clutton-Brock, J. 1999. A Natural History of Domesticated Animals. Cambridge, U. K. : Cambridge University Press）。

6. 乳糖酶成體消化能力的相關文獻正在迅速累積。如欲參考分析較為清晰且周詳的文獻，或想要了解接近全貌的人類遺傳多樣性（特別是非洲），我建議閱讀以下資料：Scheinfeldt, L. B., Soi, S., and Tishkoff, S. A. 2010. Working toward a Synthesis of Archaeological, Linguistic, and Genetic Data for Inferring African Population History. Proceedings of the National Academy of Sciences 107: 8931–8938.

第八章

1.在美國，每年約有二十八萬人死於肥胖症。

2.從以上名單可以組合成各式各樣我們最愛的食物——餅乾、蛋糕、早餐脆片、披薩、英式鬆餅、蝴蝶餅、冰淇淋等。

3.Hammer, K., and Khoshbakht, K. 2005. Towards a “Red List” for Crop Plant Species. Genetic Resources and Crop Evolution 52：249｜265.

4.支持此項觀點的證據之一是其他靈長類動物體內普遍只有少數的澱粉酶基因。

5.Zimmet, P.：Alberti, K. G. M. M.：and Shaw, J. 2001. Global and Societal Implications of the Diabetes Epidemic Lifestyle, Overly Rich Nutrition and Obesity. Nature 414: 782–787.

6.Yu, C.H.Y., and Zinman, B. 2007. Type 2 Diabetes and Impaired Glucose Tolerance in Aboriginal Populations：A Global Perspective. Diabetes Research and Clinical Practice 78：159｜170.

7.請參考Scheinfeldt, L. B. , Soi, S. , and Tishkoff, S. A. 2010. Working toward a Synthesis of Archaeological, Linguistic, and Genetic Data for Inferring African Population History. Proceedings of the National Academy of Sciences 107: 8931–8938.

8.種族分類在不同地區有不同解釋，而我們在醫學上分類的誤用方式也依國情有所差異。事實上，人種的分歧涉及兩件事：遺傳（來自演化史）或文化，不但與現行人種分類不符，更不符醫師或護士採用的醫療評估用勾選表。

Braun, L. , Fausto-Sterling, A. , Fullwiley, D. , Hammonds, E. M. , Nelson, A. , Quivers, W. , Reverby, S. M. , and Shields A. E. 2007. Racial Categories in Medical Practice: How Useful Are They? PLoS Med 4（9）: e271. doi:10. 1371/journal

第九章

1. 芭庫爾的名字是我取的，她真正的名字已經佚失在歷史中。

2. Fitzsimons, F. W. 1919. The Natural History of South Africa. New York: Longmans, Green and Co.

3. 透過幾本書和近來的兩部電影成為不朽傳奇，最近的一部賣座電影是一九九六年的《暗夜獵殺》（*The Ghost and the Darkness*）

4. Tongue, M. H. 1909. Bushman Paintings. Oxford: Clarendon Press.

5. 很久以前流傳有一個關於強尼和皮特穿著靴子到森林裡健行的笑話。在途中他們遇到一隻灰熊，並開始追著他們。強尼停下來換上網球鞋，皮特則對他大喊：「你在搞什麼，強尼？你跑不過熊的。」強尼則回他：「我不需要跑得比熊快，我只是要跑得比你快。」這個玩笑一語中的，切入人性的核心：我們不過就是另一種動物，花了好幾個世代，弄清楚如何避免成為先被熊吃掉的那一個。我們的恐懼模組演化出讓我們成為得以逃離的人。我們的大腦皮層，即掌管意識的大腦前方區域，演化出賦予我們能夠發明和換鞋的創造力。

6. McDougal, C. 1991. Man-eaters. In: Great Cats: Majestic Creatures of the Wild. John Seidensticker and Susan Lumpkin, consulting editors. Emmaus, Pa.: Rodale Press.

7. 近來一項相當駭人的研究，進行了以狒狒餵食豹的實驗，結果證實現代的豹還是會留下靈長類獵物的頭殼，並反芻出其他骨頭。手指的骨頭依舊相當完整，這與在南非洞穴中發現的殘骸一樣。Carlson, K. J. and Pickering T. R. 2007. Intrinsic Qualities of Primate Bones as Predictors of Skeletal Element Representation in Modern and Fossil Carnivore Feeding Assemblages. Journal of Human Evolution 44: 431–450.

8. 這份後來的研究，包含一個有標題的畫：「重建一隻豹拖著一個……人猿小孩。有人推測在孩子頭骨上發現的裂痕可能是在豹以圖中所繪製之方式咬住孩子的頭時，其下顎的犬齒所造成的。」這樣的標題似乎並不真的需要一張圖片來說明。Brian, C. K. 1969. South African Archaeological Bulletin 24: 170–171.

9. 這當中包含有：Agriotherium（一種大型狗臉熊）、Chasmaporthetes（一種跑步速度快的鬣狗類食肉動物）、Machairodus（一種具有劍齒的貓科動物）、Dinofelis（另一種具有劍齒的貓科動物）、Homotherium（又是一種具有劍齒的貓科動物）、Pachycrocuta（包括巨頭鬣狗在內的一類鬣狗動物）、Megantereon（類似現代美洲虎的貓科動物）。

10. Jenny, D., and Zuberbuhler, K. 2005. Hunting Behaviour in West African Forest Leopards. African Journal of Ecology 43: 197–200

11. Isbell, L. A. 1994. Predation on Primates: Ecological Patterns and Evolutionary Consequences. Evolutionary Anthropology 3: 61–71.

12. Alrod, P. L., Nash, L. T., Fritz, J., and Bowen, J. A. 1992. Effects of Management Practices on the Timing of Captive Chimpanzee Births. Zoo Biology 11: 253–260.

13. 有趣的是，並不是所有馴養的動物都變得如此麻木。馬仍然焦躁不安，具有隨時準備逃離的傾向。這些差異正好反應出我們對不同的馴養動物有不同的偏好。對於馬（以及其他用於運輸的動物，如駱駝和驢子），我們希望牠們具有速度和力量。而對於牛、羊與豬，我們要的只是牠們的乳汁和肉。

14. Domestication Effects on Foraging Strategy, Social behaviour and Different Fear Responses: A Comparison between the Red Junglefowl (Gallus gallus) and a Modern Layer Strain. Applied Animal Behaviour Science 74: 1–14.

第十章

1. 以地中海陸龜為例，需要十年左右達到生育年齡，就連帽貝也需要幾年的時間。這些動物的數量曾經非常豐沛，但在被大量獵殺後，族群恢復的速度非常緩慢，所以現在在世界上幾乎找不到大量出現的地方。Stiner, M. C., Munro, N. D. and Surovell, T. A. 2000. The Tortoise and the Hare: Small Game Use, the Broad Spectrum Revolution, and Paleolithic Demography. Current Anthropology 41:39–73.
2. Young, R. W. 2003. Evolution of the Human Hand: The Role of Throwing and Clubbing. Journal of Anatomy 202: 165–174.
3. 科貝特獵殺了許多「食人」的老虎、豹和獅子，但他也堅決主張要保護這些大型貓科動物。對科貝特來說，在大型貓科動物和人類之間的現代故事中，似乎維持著一種不安的休戰關係，當大貓又病又老時，就會給予人類破壞這場休戰的機會。

第十一章

1. Wayne, R. K., Benveniste, R. E., Janczewski, D. N., and O’ Brien, S. J. 1989. Molecular and Biochemical Evolution of the Carnivora. In Gittleman, J. L., ed., Carnivore Behavior, Ecology , and Evolution. Ithaca, N.Y.: Cornell University Press, pp. 465–494.
2. Isbell, L. 1994. Predation on primates: ecological patterns and evolutionary consequences. Evolutionary Anthropology. 3: 61–71.
3. Andersen, P. R., Barbacid, M., and Tronick, S. R. 1979. Evolutionary Relatedness of Viper and Primate Endogenous Viruses. Science

204: 318–321.

4. 見格林關於蛇和其崇高性的美好論述：Snakes, the Evolution of Mystery in Nature.（1997）Berkeley: University of California Press.

5. 在我自己的研究領域中，「生命特質分布的持續效應」是最容易拿到研究經費的主題之一，生物地理學（biogeography）中的生物（bio）是指生命，地理（geo）意味著地球，而學（graphy）則是所指涉的故事，因此可以將這個領域描述成以生命來傳達地球的故事。這樣的一個故事，在本書裡我所講述的，乃是關於人類的，是在跨越時間和空間的尺度下，我們和其他生命互動的故事。

6. Vermeij, G. J. 1977. Patterns in Crab Claw Size: The Geography of Crushing. Systematic Zoology 26: 138–151.

7. 值得注意的是，如果你想多認識一點在螃蟹演化出大爪以前的海洋世界，可以去池塘裡看一下。在池塘中，很少會出現破殼而入的掠食者，所以仍然可以找得到沒有受到外殼保護，僅是簡單地盤繞，外殼具有大開口的蝸牛。牠們在那裡無憂無慮地生活著，一如過往。

8. 一九八二年韋梅耶第一次在一篇學術文章中闡述他的想法：Unsuccessful Predation and Evolution in the American Naturalist (120: 701–720)。韋梅耶從來沒有以法則來形容他的想法，這是我擅自做主加上的。

9. 事實上，犀鳥（一種大型的林鳥）也認得出戴安娜猴的叫聲。當戴安娜猴發出「大貓」的叫聲時，犀鳥並不會有所反應（犀鳥從來沒有被豹子捕食）。但是當戴安娜猴發出「大鳥」的叫聲時，犀鳥也開始鳴叫，並注意大鳥的蹤影。

10. Isbell, L. A. 2009. The Fruit, the Tree and the Serpent: Why We See So Well. Cambridge, Mass.: Harvard University Press.

11. 伊斯貝爾個人認為採食水果和蛇之間有所連結。她認為視力一旦因為需要偵測蛇而開始變好轉，水果（這時更容易被找到）就提供更多能量來滿足日益變大的大腦。

12. 會對我們產生生物效應的蛇也不僅止於毒蛇而已。我接到一封電子郵件（二〇一〇年六月十五日）的通知，當中提到哈利・格林（Harry Greene）即將發表的研究文章顯示出，菲律賓的原住民阿吉塔族（Agta），長期受到蟒蛇攻擊。在一百二十人的研究樣本中，有百分之二十六的成年男性曾經遭到網紋蟒蛇襲擊，當中有六人因此喪生。

第十一章

1. 見Wu, S. V, Rozengurt, N., Yang, M., Young, S. H., Sinnett-Smith, J., 和Rozengurt, E. 2002. Expression of Bitter Taste Receptors of the T2R Family in the Gastrointestinal Tract and Enteroendocrine STC-1 cells. Proceedings of the National Academy of Sciences 99: 2392–2397. 其他物種味蕾位置的分布更為多樣。鱘魚連嘴唇上都有味蕾，所以牠們跟我們不一樣，不用放到嘴裡就可以先品嚐食物。鯰魚的味蕾布滿全身，對牠們來說，全世界都是餐點。
2. Dean, W. R. J., Siefried, W. R., and MacDonald, A. W. 1990. The Fallacy, Fact, and Fate of Guiding Behavior in the Greater Honeyguide. Conservation Biology 4: 99–101.
3. Leff, B., N. Ramankutty, and Foley, J. A. 2004 Geographic Distribution of Major Crops across the World. Global Biogeochemical Cycles 18: GB1009, doi:10.1029/2003GB002108.
4. 有趣的是，這樣的掙扎在每個人身上略有不同，這是因為我們個別歷史的緣故。有些人可以嚐得出PTC（屬於一種苦味）這種化合物的味道，有些人則否。這樣的變異來自於一系列基因的遺傳差異，這些差異可能是適應性的，能夠嚐得到PTC的個體，可能比較善於品嚐（與吐出）含有苦味毒素的植物，所以可能在長有多種有毒植物的環境中活得較好。但是在現代的環境中，這種基因的優勢較少，還有一些缺點。會嚐到ＰＴＣ味道的個體可能無法享受一些如花椰菜的蔬菜，當中富含這類防禦性的化合物。

5. 不過，值得一提的是，人類（或許還有一些其他的哺乳動物）有學習品嚐苦澀和酸味的能力，就像學習喝咖啡一樣。不過這種偏好有多少程度是學習而來的，目前尚不清楚。

6. 這並不是說在現代環境中，口渴或飢餓感就完全是理性的。在某種程度上，我們的飢餓感有一個平衡點，通常男性約是三千大卡，女性則為兩千。在獲得這麼多熱量後，我們通常會產生飽足感。問題是我們的身體是在過去靠撿拾與獵捕維生的情況下，才演化出在獲得兩千或三千大卡時會產生飽足感，現在的我們並沒有那麼多的運動量。我們的飢餓系統依舊沒有改變，一樣的不理性。有趣的是，做運動可以重現我們以前的運動量，而且使用肌肉的方式就類似於它們演化來的功能，同時又燃燒掉身體所要求的卡路里。有些學者甚至認為人類之所以開始運動，就是為了要彌補我們的過往和我們的現在之間的差異。

7. DeLoache, J. S., and LoBlue, V. 2009. The Narrow Fellow in the Grass: Human Infants Associate Snakes. Developmental Science 12: 201–207 DOI: 10.1111/j.1467–7687.2008.00753.

8. Morris, J. S., Ohman, A., and Dolan, R. J. 1999. A Subcortical Pathway to the Right Amygdala Mediating "Unseen" Fear. Proceedings of the National Academy of Sciences 96: 1680–1685.

第十三章

1. Weiss, R. A. 2009. Apes, Lice and Prehistory. Journal of Biology 8:20.
2. Kushlan, J.A. 1980. The Evolution of Hairlessness in Man. American Naturalist 116: 727–729.
3. 瘧疾（malaria）是壞（mala）和空氣（aria）這兩個字組合而成，但就瘧疾事實上靠的是積水池裡的蚊子傳播這點來看，「壞水」（malaqua）可能更為適合。事實上，惡性瘧原蟲（P. falciparum）只是瘧原蟲的其中一種。
4. 這個故事實際上比我討論到的更為複雜和精彩。有關其他訊息，請參閱 DOI: 10.1126/science.1063292. Luzzatto, L. and R. Notaro. 2001. Protecting against Bad Air. Science 293: 442–443.

第十四章

1. Thornhill, R., and Alcock, J. 1983. The Evolution of Insect Mating Systems. Cambridge, Mass.: Harvard University Press.
2. Thornhill, R., and Palmer, C. T. 2000. A Natural History of Rape: Biological Bases of Sexual Coercion. Cambridge, Mass.: MIT Press.
3. 「行為免疫系統」（"behavioral immune system"）這個詞是因為馬克・夏勒（Mark Schaller）才被創造出來的，但這個想法早已存在，只是之前比較模糊。
4. 有篇不錯，但是有些過時的文章，回顧了動物對寄生蟲和疾病的反應，見 Hart, B. L. 1992. Behavioral Adaptations to Parasites: An Ethological Approach. Journal of Parasitology 78: 256–265.
5. Fincher, C. L., Thornhill, R., Murray, D. R., and Schaller, M. 2008. Pathogen Prevalence Predicts Human Cross-cultural Variability in

Individualism /Collectivism. Proceedings of the Royal Society B: Biological Sciences 275: 1279–1285.

6. Schaller, M., and Murray, D.. 2008. Pathogens, Personality and Culture: Disease Prevalence Predicts Worldwide Variability in Sociosexuality, Extraversion, and Openness to Experience. Journal of Personality and Social Psychology 95: 212–221.

7. Schaller, M., Miller, G. E., Gervais, W. M., Yager, S., and Chen, E. 2010. Mere Visual Perception of Other People' s Disease Symptoms Facilitates a More Aggressive Immune Response. Psychological Science 21: 649–652.

8. Duncan, L. A., and Schaller, M. 2009. Prejudicial Attitudes toward Older Adults May Be Exaggerated When People Feel Vulnerable to Infectious Disease: Evidence and Implications. Analyses of Social Issues and Public Policy 9: 97–115.

第十五章

1. 和用於治療免疫系統相關疾病的蠕蟲不同，旋毛蟲（*Trichinella*）並沒有演化出寄居在人體內的特性。牠是一種豬的寄生蟲，只有當我們吃豬肉時，才會接觸到這種蟲。一旦進入我們體內，牠並不知道該怎麼反應，處於失落的狀態，因此惹了很多麻煩，這正是造成我們生病的原因，雖然我們的狀況比牠們好一點。進入人體後，牠們難逃一死，但被寄生的我們，偶爾才會出現死亡的個案。

2. http://www.downtownexpress.com/de_133/greenroofsaregrowig.html

3. Ryerson University. 2009. Report on the Environmental Benefits and Costs of Green Roof Technology for the City of Toronto. http://www.toronto.ca/greenroofs/findings.htm.

4. Skyfarming—Turning Skyscrapers Into Crop Farms. New York Magazine http://nymag.com/news/features/30020/#ixzz0aUH4bkTj

5. Larson, D. W., Matthes, U., Gerrath, J. A., Larson, N. W. K., Gerrath, J. M., Nekola, J. C., Walker, G. L., Porembski, S., and Charlton, A. 2000. Evidence for the Wide-spread Occurrence of Ancient Forests on Cliffs. Journal of Biogeography 27: 319–331.

6. Larson, D. W., Matthes, U., and Kelley, P.E. 2000. Cliff Ecology. Cambridge, U.K.: Cambridge University Press.

國家圖書館出版品預行編目資料

我們的身體，想念野蠻的自然：人體的原始記憶與演化/羅伯・唐恩 (Rob Dunn)著；楊仕音、王惟芬譯. -- 二版.-- 臺北市：商周出版：家庭傳媒城邦分公司發行, 民109.10
面； 公分.
譯自：The Wild Life of Our Bodies: Predators, Parasites, and Partners That Shape Who We Are Today

ISBN 978-986-477-928-4（平裝）
1.微生物 2.人類生態學 3.人類演化

369 109014862

我們的身體，想念野蠻的自然：人體的原始記憶與演化

原文書名 / The Wild Life of Our Bodies: Predators, Parasites, and Partners That Shape Who We Are Today
作　　者 / 羅伯・唐恩（Rob Dunn）
譯　　者 / 楊仕音、王惟芬
企畫選書 / 楊如玉
責任編輯 / 鄭雅菁、楊如玉

版　　權 / 黃淑敏、劉鎔慈
行銷業務 / 周佑潔、周丹蘋、黃崇華
總 編 輯 / 楊如玉
總 經 理 / 彭之琬
事業群總經理 / 黃淑貞
發 行 人 / 何飛鵬
法律顧問 / 元禾法律事務所　王子文律師
出　　版 / 商周出版
臺北市中山區民生東路二段141號9樓
電話：(02) 2500-7008　傳眞：(02) 2500-7759
Blog: http://bwp25007008.pixnet.net/blog
E-mail：bwp.service@cite.com.tw
發　　行 / 英屬蓋曼群島商家庭傳媒股份有限公司城邦分公司
臺北市民生東路二段141號2樓
書虫客服專線：(02)2500-7718；2500-7719
24小時傳眞專線：(02)2500-1990；2500-1991
服務時間：週一至週五上午09:30-12:00；下午13:30-17:00
劃撥帳號：19863813　戶名：書虫股份有限公司
E-mail：service@readingclub.com.tw
歡迎光臨城邦讀書花園　網址：www.cite.com.tw
香港發行所 / 城邦（香港）出版集團有限公司
香港灣仔駱克道193號東超商業中心1樓
電話：(852) 25086231　傳眞：(852) 25789337
E-mail：hkcite@biznetvigator.com
馬新發行所 / 城邦（馬新）出版集團　Cité (M) Sdn. Bhd.
41, Jalan Radin Anum,Bander Baru Sri Petaling,
57000 Kuala Lumpur, Malaysia.
emial:cite@cite.com.my
電話：603-90578822　傳眞：603-90576622

封面設計 / 林育正
排　　版 / 浩瀚電腦排版股份有限公司
印　　刷 / 高典印刷有限公司
總 經 銷 / 高見文化行銷股份有限公司
電話：(02) 2668-9005　傳眞：(02)2668-9790

■2020年（民109）10月29日二版

Printed in Taiwan

城邦讀書花園
www.cite.com.tw

定價 / 420元

廣　告　回　函
北區郵政管理登記證
台北廣字第000791號
郵資已付，免貼郵票

104台北市民生東路二段 141 號 2 樓

英屬蓋曼群島商家庭傳媒股份有限公司

城邦分公司

請沿虛線對摺，謝謝！

書號：BU0102X	書名：我們的身體，想念野蠻的自然：人體的原始記憶與演化	編碼：

請於此處用膠水黏貼

讀者回函卡

不定期好禮相贈！
立即加入：商周出版
Facebook 粉絲團

感謝您購買我們出版的書籍！請費心填寫此回函卡，我們將不定期寄上城邦集團最新的出版訊息。

姓名：＿＿＿＿＿＿＿＿＿＿＿＿ 性別：□男 □女

生日：西元＿＿＿＿＿年＿＿＿＿＿月＿＿＿＿＿日

地址：＿＿＿＿＿＿＿＿＿＿＿＿＿＿＿＿

聯絡電話：＿＿＿＿＿＿＿＿ 傳真：＿＿＿＿＿＿＿＿

E-mail ：

學歷：□ 1. 小學 □ 2. 國中 □ 3. 高中 □ 4. 大學 □ 5. 研究所以上

職業：□ 1. 學生 □ 2. 軍公教 □ 3. 服務 □ 4. 金融 □ 5. 製造 □ 6. 資訊

□ 7. 傳播 □ 8. 自由業 □ 9. 農漁牧 □ 10. 家管 □ 11. 退休

□ 12. 其他＿＿＿＿＿＿＿＿

您從何種方式得知本書消息？

□ 1. 書店 □ 2. 網路 □ 3. 報紙 □ 4. 雜誌 □ 5. 廣播 □ 6. 電視

□ 7. 親友推薦 □ 8. 其他＿＿＿＿＿＿＿＿

您通常以何種方式購書？

□ 1. 書店 □ 2. 網路 □ 3. 傳真訂購 □ 4. 郵局劃撥 □ 5. 其他＿＿＿＿

您喜歡閱讀那些類別的書籍？

□ 1. 財經商業 □ 2. 自然科學 □ 3. 歷史 □ 4. 法律 □ 5. 文學

□ 6. 休閒旅遊 □ 7. 小說 □ 8. 人物傳記 □ 9. 生活、勵志 □ 10. 其他

對我們的建議：＿＿＿＿＿＿＿＿＿＿＿＿＿＿＿＿

＿＿＿＿＿＿＿＿＿＿＿＿＿＿＿＿

＿＿＿＿＿＿＿＿＿＿＿＿＿＿＿＿

請於此處用膠水黏貼